Gerald Schmieder

Analysis

Eine Einführung
für Mathematiker und Informatiker

Mathematische Grundlagen der Informatik

herausgegeben von
Rolf Möhring, Walter Oberschelp und Dietmar Pfeifer

In den letzten Jahren hat sich die Informatik als Hochschuldisziplin gegenüber der Mathematik soweit verselbständigt, daß auch die Lehrinhalte des Studiums hiervon zunehmend betroffen sind. Eine Umgewichtung und Neubewertung des Mathematik-Anteils in den Studiengängen der Informatik hat dazu geführt, daß zum Teil Vorlesungskonzeptionen direkt auf die spezifischen Bedürfnisse von Informatikern zugeschnitten sind.

Die Reihe soll in zweierlei Hinsicht dieser Entwicklung Rechnung tragen. Zum einen sollen Mathematiker mit besonderem Interesse für die Anwendungen der Informatik ihr spezifisches Fachwissen einbringen. Zum anderen sollen Informatiker ihre Erfahrungen einfließen lassen, die die Darstellung und Auswahl des Stoffes aus der Sicht der Informatik betreffen. Erst durch den Dialog beider Fächer ist der Anspruch, „mathematische Grundlagen der Informatik" kompetent zu vermitteln, einzulösen.

Erschienen sind die folgenden
„Bausteine für das Grundstudium":

Analysis
Eine Einführung für Mathematiker und Informatiker
von Gerald Schmieder

Numerik
Eine Einführung für Mathematiker und Informatiker
von Helmuth Späth

Gerald Schmieder

Analysis

Eine Einführung für Mathematiker und Informatiker

Das in diesem Buch enthaltene Programm-Material ist mit keiner Verpflichtung oder Garantie irgendeiner Art verbunden. Der Autor, die Herausgeber und der Verlag übernehmen infolgedessen keine Verantwortung und werden keine daraus folgende oder sonstige Haftung übernehmen, die auf irgendeine Art aus der Benutzung dieses Programm-Materials oder Teilen davon entsteht.

Der Verlag Vieweg ist ein Unternehmen der Bertelsmann Fachinformation GmbH.

Umschlaggestaltung: Klaus Birk, Wiesbaden
Druck und buchbinderische Verarbeitung: Langelüddecke, Braunschweig
Gedruckt auf säurefreiem Papier
Printed in Germany

ISBN 3-528-05418-2

Vorwort

Dieses Buch enthält eine Darstellung der reellen Analysis im Stoffumfang einer Vorlesung von vier Wochenstunden des ersten Studienjahres.

Die Integration im Mehrdimensionalen beschränkt sich hier auf Kurvenintegrale, während die mehrdimensionale Differentialrechnung im üblichen Umfang vollständig behandelt wird, wie auch die gesamte Infinitesimalrechnung einer reellen Variablen, einschließlich der Theorie des Riemann-Integrals.

Das Buch wendet sich in erster Linie an Studierende der Mathematik, Physik und Informatik an den Hochschulstandorten, wo die mathematische Grundausbildung für diese drei Fachrichtungen in einer gemeinsamen Lehrveranstaltung durchgeführt wird. In den anderen Fällen sind die Vorstellungen über den sinnvollen Umfang der zu vermittelnden Mathematikkenntnisse leider noch sehr unterschiedlich. Der vorliegende Text ist aus Vorlesungen erwachsen, die sich insbesondere für Informatikstudenten bewährt haben und es ist daher mit dieser Publikation auch die Hoffnung verbunden, für die Hochschulstandorte mit separater Mathematikausbildung im Informatikstudiengang eine Art Standard zu schaffen. Verbesserungsvorschläge dazu sind sehr willkommen und könnten in einer zweiten Auflage berücksichtigt werden.

Es gibt im wesentlichen zwei Arten, die Methoden und die Denkweise der Analysis, neben der Algebra einer der beiden Grundpfeiler heutiger Mathematik, zu vermitteln:

- Die erste entspricht dem Stil einer Lehrveranstaltung zur Ingenieurausbildung. Hier wird die Handhabung der Resultate vermittelt, nicht unbedingt die Hintergründe und Zusammenhänge. Es verhält sich damit etwa so wie die Kenntnisvermittlung über Kraftfahrzeugtechnik in der Fahrschule.

- Die zweite Art, Analysis zu lernen bzw. zu lehren, entspräche in diesem Bild der Ausbildung zum Automechaniker. Hier lernen wir, warum diese Dinge so funktionieren und gewinnen Einblicke in eine faszinierende Gedankenwelt, die uns durch grundlegende Beschäftigung mit der Materie ihre ausgeprägte Schönheit erst vermittelt und so für die Mühe schließlich belohnt.

Sicher werden die meisten Teilnehmer an einer mathematischen Lehrveranstaltung die aktuellen Inhalte in ihrem späteren Berufsleben selten oder auch garnicht so brauchen, wie sie an der Tafel gestanden haben. Was Mathematiklernen aber *stets* leistet, ist die Vermittlung einer präzisen Denkweise, der klaren Gliederung der Gedanken und Überprüfung der Schlußweisen, die immer und überall von unschätzbarem Nutzen ist.

Die mathematische Analysis ist ein Kulturgut mit starken praktischen Bezügen. Ihre Entwicklung hat schon bei den alten Griechen begonnen und erst um die letzte Jahrhundertwende konnten die letzten Fundamente gefestigt werden. Der technische Fortschritt der vergangenen dreihundert Jahre wäre ohne sie nicht denkbar.

Ihr Untersuchungsgegenstand sind unendliche Mengen wie die reellen Zahlen, die, für sich genommen, rein ideellen Charakter haben. Sie lassen sich in dieser Welt nicht durch ein Modell in irgendeiner Form realisieren, solange die Welt aus „nur" endlich vielen Einheiten (Elementarteilchen) besteht. Trotzdem können wir diese grandiose Theorie *denken*, was alles andere als selbstverständlich ist, denn das Gehirn ist von der Evolution eigentlich doch zu viel profaneren Zwecken entwickelt worden. Und trotzdem ist sie auch noch anwendbar - etwa ein Teilchen in einem Kraftfeld bewegt sich so, als würde es die reellen Zahlen kennen.

Kein Computer kann mit den reellen (oder auch nur den rationalen) Zahlen wirklich etwas anfangen. Die Frage etwa, ob $\sqrt{2}$ rational ist oder nicht, ist einem Computer nicht zugänglich, geschweige denn, daß er die Irrationalität von $\sqrt{2}$ aus sich heraus beweisen könnte.

Im Text finden sich ab und zu Anregungen zu Übungsaufgaben, deren Bearbeitung sehr zu empfehlen ist. Der einzige Weg effektiven Lernens ist die eigene Beschäftigung mit dem dargebotenen Lernstoff.

Dem Verlag Vieweg danke ich für die gute, stets unterstützende und entgegenkommende Zusammenarbeit.

Oldenburg, im Sommer 1994

Gerald Schmieder

Inhaltsverzeichnis

1 Die reellen Zahlen

Die reellen Zahlen bilden das Fundament für das Gedankengebäude der Analysis. Es ist daher wichtig, daß wir zunächst von diesen Zahlen eine einheitliche und tragfähige Vorstellung aufbauen. Sicher hat jeder das Gefühl, die reellen Zahlen aus der Schule mehr oder weniger genau zu kennen. Aber diese, meist wesentlich auf Anschauung und Intuition beruhende, Vorstellung fällt kaum einheitlich aus, und noch weniger ist zu erwarten, daß sie als Fundament für eine mathematische Theorie tragfähig genug ist. Das heißt aber nicht, man sollte tunlichst und schnell alles vergessen, was man über die reellen Zahlen in der Schule gelernt hat. Intuitive Vorstellungen sind in jedem Fall nützlich, wenn es darum geht, Ideen zu entwickeln (etwa wie ein bestimmter Beweis erbracht werden kann). Diese Ideen sollen aber auch in stichhaltige, objektiv nachvollziehbare Argumentationen umgesetzt werden können. Das Erlernen dieser Umsetzung gehört zu den wichtigsten und erfahrungsgemäß schwierigsten Aufgaben, die ein mathematischer Anfänger bewältigen muß. Auch im Hinblick auf reine Rechentechnik sollte man auf Schulwissen zurückgreifen können.

Um eine gemeinsame Grundlage zu schaffen, werden wir Eigenschaften auflisten, auf die wir uns als *Axiome* für die reellen Zahlen einigen wollen. Der große Vorteil für die Mathematik, den die axiomatische Vorgehensweise bietet, liegt in der unbestechlichen Nachprüfbarkeit aller Resultate, da diese stets aus den Axiomen herleitbar sind. Diese Methode schafft die Sicherheit und Verläßlichkeit, die den besonderen Reiz ausmacht, den Mathematik ausüben kann und vor allen anderen Wissenschaften auszeichnet. Die Axiome selbst haben nicht den Stellenwert von „absoluten Wahrheiten", sondern es ist ein Fundament, auf das wir uns einigen, bevor wir darauf das Gedankengebäude errichten. Wir erheben also auch in den Sätzen der zu entwickelnden Theorie nicht den Anspruch, diese wären objektiv wahre Aussagen über die reale Welt, sondern reklamieren „nur" Objektivität innerhalb dieser aus den Axiomen geschaffenen Theorie. Zu einem System von Axiomen könnte etwa die Frage nach der Zweckmäßigkeit gestellt werden, denn wir erhoffen natürlich Anwendbarkeit der darauf gegründeten Mathematik. Allerdings ist diese erst sinnvoll und legitim, wenn man man weiß, was, warum und wie man es ändern will.
Unsere Erwartungen an eine Axiomenliste stellen wir wie folgt zusammen:

- Die in den Axiomen postulierten Eigenschaften der reellen Zahlen entsprechen der intuitiven Vorstellung.

- Alle zum Aufbau der Analysis später benötigten oder gewünschten Eigenschaften sind in der Liste enthalten oder sind aus ihr herleitbar.

- Aus den Axiomen dürfen keine Widersprüche folgen (bis zum Nachweis des Gegenteils nehmen wir nach bestem Wissen und Gewissen an, daß diese Forderung erfüllt ist). [1]

- Die Liste sollte nichts enthalten, was zum Aufbau der Theorie überflüssig ist (eine stilistische Forderung).

Die elementare Aussagenlogik („gesunder Menschenverstand") und einige einfache Dinge aus der Mengenlehre (die wir hier „naiv" handhaben, d.h. wir verzichten auf Axiome zum Mengenbegriff) werden als gegeben hingenommen. Man kann auch diese Grundlagen weiter „diskutieren" und sie ihrerseits aus tieferliegenden Grundlagen entwickeln. Zum Mengenbegriff ist bekannt, daß die „naive" Mengenbildung nicht unproblematisch ist (wie die *Russell'sche Antinomie* zeigt: wäre Mengenbildung beliebig möglich, so könnte auch die Menge M aller Mengen gebildet werden, die sich *nicht* selbst als Element enthalten (was sozusagen die Regel ist). Enthielte sich M selbst als Element, so hätte es auch diese Eigenschaft, enthielte sich also nicht selbst als Element und umgekehrt). Für den Ausbau unserer Theorie brächte allerdings eine vorangestellte axiomatische Mengenlehre keine Verständnisvorteile.

Wir beginnen mit den algebraischen Eigenschaften der reellen Zahlen in Form der beiden „Grundrechenarten".

1.1 Die Körperaxiome

Es sei K eine Menge. Je zwei Elementen $a, b \in K$ sei etwas, $a + b$ genannt, eindeutig zugeordnet. Eine solche Zuordnung $+$ heißt eine Verknüpfung auf K. Eine weitere Verknüpfung auf derselben Menge K sei durch $\cdot$ gegeben.

Wir schreiben $K(+, \cdot)$ für „K sei mit den Verknüpfungen $+$ und $\cdot$ versehen". Unsere erste Forderung ist nun, daß diese Verknüpfungen *abgeschlossen* sind im folgenden Sinn:

Axiom 1.1 *Für jedes Paar $a, b \in K$ ist sowohl $a + b$ als auch $a \cdot b$ wieder ein Element aus K.* [2]

Unser nächstes Axiom beinhaltet die *Assoziativität* der Addition $+$ und der Multiplikation $\cdot$.

Axiom 1.2 *Für alle $a, b, c \in K$ gilt sowohl $(a + b) + c = a + (b + c)$ als auch $(a \cdot b) \cdot c = a \cdot (b \cdot c)$.*

---

[1] Leider gibt es keinen Beweis für die Widerspruchsfreiheit unseres Axiomensystems. Man kann sogar beweisen, daß ein solcher auch nicht gegeben werden kann.

[2] In der üblichen Kurzschrift (diese wird später noch erläutert) kann man dieses so darstellen: $\forall a, b \in K : (a + b \in K \wedge a \cdot b \in K)$. Völlig gleichwertig damit kann man auch notieren: $a, b \in K \Longrightarrow (a + b \in K \wedge a \cdot b \in K)$. Woran liegt das?

Es hat daher Sinn, unter Weglassung von Klammern einfach

$$a + b + c \text{ bzw. } a \cdot b \cdot c$$

zu schreiben.
Unsere nächste Forderung betrifft die *Kommutativität*:

Axiom 1.3 *Für alle $a, b \in K$ gilt sowohl $a + b = b + a$ als auch $a \cdot b = b \cdot a$.*

Außerdem fordern wir die Existenz einer *Null*, das ist ein *neutrales Element bzgl. der Addition* im folgenden Sinn:

Axiom 1.4 *Es gibt ein Element $0 \in K$ so, daß für alle $a \in K$ gilt $a + 0 = a$.*

Wir ziehen eine erste Folgerung:

Satz 1.1 *Erfüllt $K(+)$ die beiden letzten Axiome, so existiert genau ein Element $0 \in K$ mit der genannten Eigenschaft.*

Beweis: Es seien $0, 0' \in K$ gegeben mit $a + 0 = a$ und $a + 0' = a$ für alle $a \in K$. Dann gilt unter Benutzung der Kommutativität:

$$\underbrace{0' = 0' + 0}_{\text{da } 0 \text{ neutral}} = \underbrace{0 + 0' = 0}_{\text{da } 0' \text{ neutral}}$$

und somit gilt $0 = 0'$. □

Auch für die Multiplikation soll ein neutrales Element, *Eins* genannt, existieren. Hierbei ist aber eine Einschränkung erforderlich, deren Notwendigkeit sich aus dem weiter unten formulierten Axiom der Distributivität ergeben wird.

Axiom 1.5 *Es gibt ein Element $1 \in K \setminus \{0\} = \{x \in K \mid x \neq 0\}$ so, daß für alle $a \in K$ gilt $a \cdot 1 = a$.*

Folgerungen:

1. Ist $K(\cdot)$ kommutativ, so existiert in K höchstens ein Eins-Element

   (Beweis analog zu dem von Satz 1.1).

2. Es gilt $0 \neq 1$.

Weiter fordern wir, daß zu jedem Körperelement ein *inverses Element* existiert (mit einer Ausnahme):

Axiom 1.6 *Zu jedem $a \in K$ existiert ein Element $-a \in K$ mit*

$$a + -a = 0.$$

Axiom 1.7 *Zu jedem $a \in K \setminus \{0\}$ existiert ein Element $a^{-1} \in K$ mit $a \cdot a^{-1} = 1$.*

Satz 1.2 *Erfüllt $K(+)$ die obigen Axiome, so existiert zu jedem $a \in K$* genau ein *$-a \in K$ mit $a + -a = 0$.*

Beweis: Es sei ein $a \in K$ und dazu ein inverses Element $-a \in K$ gewählt. Außerdem sei ein $b \in K$ gegeben mit $a + b = 0$. Gezeigt werden soll nun $b = -a$. Aus $a + b = 0$ folgt $-a + (a + b) = -a + 0$. Wegen der Assoziativität ist das gleichbedeutend mit mit

$$(-a + a) + b = -a + 0.$$

Wenden wir auf die Klammer der linken Seite das Kommutativ"gesetz" an und beachten auf der rechten Seite die Eigenschaft der Null, so erhalten wir daraus

$$(a + -a) + b = -a.$$

Da $-a$ zu a das neutrale Element ist, ist das gleichbedeutend mit

$$0 + b = -a.$$

Wegen der Kommutativität kann man dafür auch schreiben

$$b + 0 = -a.$$

und wegen $b + 0 = b$ aufgrund der Eigenschaft der Null folgt somit die Behauptung $b = -a$. □

Bemerkung: Entsprechendes gilt für die Multiplikation.
Bisher ist fast keine Beziehung zwischen Addition und Multiplikation verlangt (bis auf die Nennung der Menge $K \setminus \{0\}$ in den Axiomen 1.5 und 1.7.). Das folgende Axiom der *Distributivität* stellt eine solche her:

Axiom 1.8 *Für alle $a, b, c \in K$ gilt $a \cdot (b + c) = (a \cdot b) + (a \cdot c)$.*

Definition 1.1 *Sind für $K(+, \cdot)$ alle obigen Axiome erfüllt, so heißt K ein (kommutativer)* Körper.

Vereinbarungen: $a - b := a + (-b)$, $\quad ab = a \cdot b$.
$a + bc := a + (bc)$, $\quad \frac{a}{b} := a(b^{-1})$.

Es ist zweckmäßig, für oft auftretende Wendungen Abkürzungen einzuführen. Wir vereinbaren folgende Kürzel:

Abkürzung	Bedeutung(en)	Bezeichnung
$\forall$	für alle, zu jedem	Allquantor
$\exists$	es gibt, gibt es	Existenzquantor
$\exists!$	es gibt genau ein	
:	mit bzw. gilt (auch als 'per definitionem')	
$\neg$	nicht	Negation
$\Longrightarrow$	daraus folgt	Implikation
$\Longleftrightarrow$	'genau dann wenn'	Äquivalenz
$\wedge$	und	
$\vee$	oder	

Die Existenz eines inversen Elementes bzgl. der Addition kann man dann schreiben als

$$\forall a \in K \quad \exists -a \in K : a + -a = 0.$$

Logische Begriffe wie die Implikation lassen sich definieren durch Fallunterscheidung. Es seien A und B irgendwelche Aussagen. In der folgenden Tabelle stellen wir die vier möglichen Fälle zusammen, daß A, B jeweils wahr (w) oder falsch (f) ist, und erklären bzw. listen auf, ob $A \Longrightarrow B$, $A \Longleftrightarrow B$, $A \vee B$, $A \wedge B$, $\neg A$ und $\neg A \vee B$ jeweils wahr oder falsch sein soll bzw. ist.

A	B	$A \Longrightarrow B$	$A \Longleftrightarrow B$	$A \vee B$	$A \wedge B$	$\neg A$	$\neg A \vee B$
w	w	w	w	w	w	f	w
f	w	w	f	w	f	w	w
w	f	f	f	w	f	f	f
f	f	w	w	f	f	w	w

Die dritte und die letzte Spalte zeigt, daß die Aussagen $A \Longrightarrow B$ und $\neg A \vee B$ logisch gleichwertig sind. Weil $\neg(\neg B)$ genau dann wahr ist, wenn B wahr ist, folgt daraus die Gleichwertigkeit der Implikationen $A \Longrightarrow B$ und $(\neg B) \Longrightarrow (\neg A)$ (Kontraposition).

Folgerungen und Rechenregeln:
Es sei $K(+,\cdot)$ ein Körper und $a, b \in K, c, d \in K \setminus \{0\}$. Dann gilt

1. $\exists! x \in K : a + x = b$, 2. $\exists! x \in K : cx = b$, 3. $-(-a) = a$,
4. $(c^{-1})^{-1} = c$, 5. $-a = (-1) \cdot a$, 6. $ab = 0 \Longleftrightarrow a = 0 \vee b = 0$,
7. $-(ab) = (-a)b = a(-b)$, 8. $c^{-1}d^{-1} = (cd)^{-1}$, 9. $\frac{a}{c} = \frac{b}{d} \Leftrightarrow ad = bc$,
10. $\frac{a}{c} + \frac{b}{d} = \frac{ad + bc}{cd}$, 11. $\frac{a}{c} \cdot \frac{b}{d} = \frac{ab}{cd}$, 12. $(\frac{c}{d})^{-1} = \frac{d}{c}$, 13. $\frac{ad}{cd} = \frac{a}{c}$.

Wir beweisen nur eine Auswahl, der Rest diene zur eigenen Übung.

Beweis: Zu 1): Es sind zwei Dinge zu beweisen: Erstens, daß ein solches x in K existiert, und zweitens, daß nicht zwei verschiedene Elemente von K die Anforderung an x erfüllen.
Die *Existenz* von x beweisen wir durch explizite Angabe eines Kandidaten. Wir versuchen es mit x:=-a+b und weisen durch Einsetzen nach, daß dieses x die Gleichung tatsächlich "löst". Unter Benutzung der obigen Axiome erhalten wir nämlich: $a + x = a + (-a + b) = (a + -a) + b = 0 + b = b + 0 = b$.
Die *Eindeutigkeit* weisen wir wie folgt nach: angenommen es gibt *überhaupt ein* $y \in K$ mit $a + y = b$, so muß für dieses y auch gelten
$-a + (a + y) = -a + b$, also auch $0 + y = -a + b$ und damit $y = -a + b$. [3]

Zu 4): $c \cdot (c^{-1} \cdot (c^{-1})^{-1}) = c \cdot 1 = c \Longrightarrow (c \cdot c^{-1}) \cdot (c^{-1})^{-1} = c \Longrightarrow (c^{-1})^{-1} = c$.

[3] Man mache sich klar, daß die Überlegung zur Eindeutigkeit allein nicht ausreichen würde, um die Behauptung zu zeigen. Wenn nämlich die Gleichung $a + y = b$ von keinem $y \in K$ erfüllt wird, so ist die Voraussetzung dieser Schlußkette stets falsch, und somit ist über den Wahrheitsgehalt der Folgerung $y = -a + b$ nichts ausgesagt.

Zu 6): Wir beweisen zunächst, daß gilt

$$\forall c \in K : c \cdot 0 = 0 \cdot c = 0.$$

Es ist nämlich für jedes $c \in K$

$$c \cdot (0+0) - c \cdot 0 = c \cdot 0 - c \cdot 0 = 0 = c \cdot 0 + c \cdot 0 - c \cdot 0 = c \cdot 0$$

woraus man $c \cdot 0 = 0$ ersieht.

Nun zeigen wir die Schlußrichtung "$\Longrightarrow$" in 6):
Es gelte $ab = 0$. Wir unterscheiden zwei Fälle.
1. Fall: $a = 0$. Dann ist nichts mehr zu tun, da die Aussage $a = 0 \vee b = 0$ dann sicher richtig ist.
2. Fall: $a \neq 0$. Dann existiert a^{-1} und unter Benutzung der obigen Hilfsüberlegung erhalten wir

$$b = a^{-1}ab = a^{-1}0 = 0.$$

Die Aussage $a = 0 \vee b = 0$ gilt also.
Zu 8):

$$cdc^{-1}d^{-1} = dcc^{-1}d^{-1} = dd^{-1} = 1 \Longrightarrow c^{-1}d^{-1} = (cd)^{-1}.$$

Zu 10):

$$\frac{a}{c} + \frac{b}{d} = ac^{-1} + bd^{-1} = \underbrace{add^{-1}c^{-1} + bcc^{-1}d^{-1} = ad(cd)^{-1} + bc(cd)^{-1}}_{8)}$$

$$= (ad+bc)(cd)^{-1} = \frac{ad+bc}{cd}.$$

□

1.2 Die Anordnungsaxiome

M sei eine Menge. Für $a, b \in M$ definieren wir das *geordnete Paar*

$$(a,b) := \{a, \{a,b\}\}$$

und die Menge dieser geordneten Paare als das *kartesische Produkt*

$$M \times M = \{(a,b) \mid a, b \in M\}.$$

Eine Menge $R \subset M \times M$ heißt eine *Relation* auf M.

Schreibweise: Statt $(a,b) \in R \subset M \times M$ schreiben wir aRb.

Definition 1.2 *Ein Körper $K(+,\cdot)$ heißt* angeordnet, *wenn auf K eine Relation $\leq$ gegeben ist mit folgenden Eigenschaften für alle $a,b,c \in K$:*

(O1) $a \leq b \vee b \leq a$ *(Vergleichbarkeit),*
(O2) $a \leq b \wedge b \leq a \Longrightarrow a = b$ *(Identitätseigenschaft),*
(O3) $a \leq b \wedge b \leq c \Longrightarrow a \leq c$ *(Transitivität),*
(O4) $a \leq b \Longrightarrow a + c \leq b + c$
(O5) $0 \leq a \wedge 0 \leq b \Longrightarrow 0 \leq ab$ *(Monotoniegesetze).*

Bemerkung: Aus (O1) folgt: $\forall a \in K : a \leq a$ *(Reflexivität)*.
Wir treffen folgende Vereinbarungen:
$\leq$ heißt *Ordnungsrelation* auf K. Die Schreibweise $K(+,\cdot,\leq)$ bedeute, daß der Körper $K(+,\cdot)$ mit der Ordnungsrelation $\leq$ versehen sei. Ein Element $a \in K(+,\cdot,\leq)$ heißt *positiv* , falls $0 < a$ gilt. Ein Element $a \in K(+,\cdot,\leq)$ heißt *negativ* , falls $a < 0$ gilt. Außerdem sei vereinbart:

$$a < b :\Longleftrightarrow a \leq b \wedge a \neq b, \qquad a > b :\Longleftrightarrow b < a,$$

$$a \geq b :\Longleftrightarrow b \leq a, \qquad a \leq b \leq c :\Longleftrightarrow a \leq b \wedge b \leq c,$$

$$a < b \leq c :\Longleftrightarrow a < b \wedge b \leq c \qquad \text{(ähnliche Kombinationen entsprechend).}$$

Bemerkung: Für beliebige $a,b,c \in K$ gilt:
1) Es trifft genau eine der Aussagen zu: $a = b, a < b, a > b$,
2) $a \leq b \wedge b < c \Longrightarrow a < c$,
3) $0 < a \wedge 0 < b \Longrightarrow 0 < ab$,
4) $a \leq b \wedge c \geq 0 \Longrightarrow ac \leq bc$.

Bemerkung: Ein Körper $K(+,\cdot,\leq)$ ist genau dann angeordnet, wenn für alle $a,b,c \in K$ mit der oben definierten Relation $<$ gilt
(SO1) $a \neq b \Longrightarrow a < b \vee b < a$,
(SO2) $a < b \wedge b < c \Longrightarrow a < c$,
(SO3) $a < b \Longrightarrow a + c < b + c$,
(SO4) $a < b \wedge 0 < c \Longrightarrow ac < bc$.

Der Beweis diene als Übungsaufgabe. Es mag eigenartig erscheinen, daß diese vier (SO)-Eigenschaften eine äquivalente Struktur liefern wie die fünf (O)-Eigenschaften. Dies erklärt sich jedoch dadurch, daß die Beziehung zwischen $<$ und $\leq$ noch dazukommt.

Satz 1.3 *Für jedes $a \in K(+,\cdot,\leq)$ gilt*

(i) $a \geq 0 \Longleftrightarrow -a \leq 0$,

(ii) $a \neq 0 \Longleftrightarrow a \cdot a > 0$,

(iii) $a \cdot a \geq 0$,

(iv) $1 > 0$.

Beweis: Zu (i): $a \geq 0 \Longrightarrow 0 = -a + a \overset{(O4)}{\geq} -a$.
Zu (ii): $a \neq 0 \Longrightarrow a \leq 0 \vee a \geq 0$.

1. Fall: $a \geq 0 \overset{(O5)}{\Longrightarrow} a \cdot a \geq 0 \overset{\text{Rechr.6}, a \neq 0}{\Longrightarrow} a \cdot a > 0$.
2. Fall: $a \leq 0 \underset{(i)}{\Longrightarrow} -a \geq 0 \underset{(O5)}{\Longrightarrow} (-a)(-a) \underset{\text{Rechr.3,7}}{=} a \cdot a \geq 0 \underset{\substack{\text{Rechr.6} \\ a \neq 0}}{\Longrightarrow} a \cdot a > 0$.

Zu (iii): $a = 0 \vee a \neq 0 \overset{(ii)}{\Longrightarrow} a \cdot a = 0 \vee a \cdot a > 0 \Longrightarrow a \cdot a \geq 0$.
Zu (iv): Wegen $1 \neq 0$ folgt aus (ii) $1 \cdot 1 = 1 > 0$. □

Definition 1.3 *Für alle* $a \in K(+,\cdot,\leq)$ *heißt*

$$|a| := \begin{cases} a \text{ für } a \geq 0 \\ -a \text{ für } a < 0 \end{cases}$$

der Betrag *von* a.

Satz 1.4 *Für alle* $a, b \in K(+,\cdot,\leq)$ *gilt*

(i) $|a| \geq 0$,

(ii) $|a| = 0 \Longleftrightarrow a = 0$,

(iii) $|a \cdot b| = |a| \cdot |b|$,

(iv) $|a + b| \leq |a| + |b|$ *(Dreiecksungleichung).*

Der Nachweis von (i), (ii), (iii) wird als Übung empfohlen. Dem Beweis von (iv) stellen wir einen Hilfsatz voran, auf den wir auch später noch einige Male zurückgreifen werden:

Hilfssatz 1.1 $a \geq 0 \wedge a \cdot a \geq b \cdot b \Longrightarrow a \geq b$.

Beweis: Wir stellen fest, daß sich die Aussage des Hilfssatzes äquivalent notieren läßt als

$$0 \geq a \wedge a < b \Longrightarrow a \cdot a < b \cdot b,$$

was wie folgt eingesehen werden kann (man beachte die obigen Bemerkungen):

$$0 \leq a \wedge a < b \Longrightarrow 0 \leq a \cdot a \wedge a \cdot a \leq a \cdot b \qquad (*)$$

wie auch

$$0 \leq a \wedge a < b \Longrightarrow 0 < b \wedge a < b \overset{(SO4)}{\Longrightarrow} a \cdot b \leq b \cdot b.$$

Wäre nun $ab = b^2 := b \cdot b$, so würde folgen $(a - b) \cdot b = 0$, und damit ergeben sich aus Rechenregel 6 aus Abschnitt 1.1 die Alternativen $a = b$ oder $b = 0$. Beides ist aber wegen der Voraussetzung unmöglich.
Es muß also $ab < b^2$ gelten. Aus der rechten Seite in (*) ergibt sich damit $a^2 \leq ab < b^2$, also $a^2 < b^2$. Damit ist der Hilfssatz bewiesen. □

Wir können nun den Beweis der Dreiecksungleichung geben.

Beweis: $|a+b| \cdot |a+b| \overset{\text{(iii)}}{=} |(a+b)(a+b)| \overset{\text{Satz 1.3 (iii)}}{=} (a+b)(a+b) = a \cdot a + a \cdot b + a \cdot b + b \cdot b = |a| \cdot |a| + a \cdot b + a \cdot b + |b| \cdot |b|$.
Unter Beachtung von $y \leq |y|$ folgt für alle $x, y \in K(+, \cdot, \leq)$ aus (O4) die Ungleichung

$$x + y \leq x + |y|$$

und damit erhalten wir aus dem Obigem

$$|a + b| \cdot |a + b| \leq |a| \cdot |a| + |ab| + |ab| + |b| \cdot |b|$$

$$= |a||a| + |a||b| + |a||b| + |b||b| = (|a| + |b|)(|a| + |b|).$$

Da wegen $|a| \leq 0$ und $|b| \leq 0$ offenbar gilt $|a| + |b| \leq 0$ folgt aus Hilfssatz 1.1 die Dreiecksungleichung. □

1.3 Die natürlichen Zahlen

Wir möchten die Menge der Elemente

$$1, 1 + 1, 1 + 1 + 1, \ldots$$

aus $K(+, \cdot, \leq)$ präzise beschreiben, wobei die Schwierigkeit darin besteht, "..." durch eine wirkliche Definition zu ersetzen. In der Tat wird durch Testfragen wie

"setze die Folge 1,3,5,7,... fort"

nicht so etwas wie Intelligenz geprüft, sondern bestenfalls Übereinstimmung der Antwort mit der überwiegend gegebenen. Das folgende Beispiel macht das deutlich. Wir geben uns eine Kreisscheibe vor, bei der ein Punkt auf der Peripherie ausgezeichnet ist. Nun wählen wir einen zweiten Peripheriepunkt, verschieden vom ersten, und verbinden beide geradlinig. Dieses zerlegt die Kreisscheibe in zwei Teilflächen. Nach Wahl eines dritten Punktes, verschieden von den beiden vorangegangenen, und geradliniger Verbindung mit den ersten beiden erhalten wir auf diese Weise vier Teilflächen. Wir fahren so fort, wobei noch die Wahl des jeweils neuen Punktes so getroffen werden soll, daß sich in keinem Punkt mehr als zwei Verbindungslinien treffen (sonst wird die Teilflächenzahl kleiner).

Die entstehenden Teilflächenzahlen sind wie folgt

Anzahl Punkte	1	2	3	4	5	6
Anzahl Flächen	1	2	4	8	16	31

Definition 1.4 *Eine Menge $M \subset K(+,\cdot,\leq)$ heißt induktiv, wenn gilt*

(i) $1 \in M$,

(ii) $x \in M \Longrightarrow x+1 \in M$.

Beispiele für induktive Mengen sind K selbst, $\{x \in K \mid x \geq 1\}$ und $\{1\} \cup \{x \in K \mid x \geq 1+1\}$.

Satz 1.5 *Es sei J eine nicht-leere Menge und zu jedem $j \in J$ eine induktive Teilmenge M_j des angeordneten Körpers $K(+,\cdot,\leq)$ gegeben. Dann ist auch*

$$\bigcap_{j \in J} M_j := \{x \in K \mid \forall j \in J : x \in M_j\}$$

eine induktive Teilmenge von $K(+,\cdot,\leq)$.

Beweis: $M := \bigcap_{j\in J} M_j \subset K(+,\cdot,\leq)$ ist trivial.
Zu (i): $\forall j \in J : 1 \in M_j \quad \Longrightarrow \quad 1 \in M$.
Zu (ii): $x \in M \quad \Longrightarrow \quad \forall j \in J : x \in M_j$
$\Longrightarrow \quad \forall j \in J : x+1 \in M_j \quad \Longrightarrow \quad x+1 \in M$. □

Satz 1.5 bedeutet, in Worten ausgedrückt: Ein beliebiger Durchschnitt induktiver Teilmengen von K ist induktiv.

Definition 1.5 *Die induktive Menge*

$$\mathbb{N} := \mathbb{N}(K) := \cap\{A \subset K | A \text{ ist induktiv}\}$$

heißt Menge der natürlichen Zahlen (zum Körper $K(+,\cdot,\leq)$).

Bemerkung: Die natürlichen Zahlen sind also Teilmenge jeder induktiven Menge. Ist umgekehrt eine induktive Menge mit $M \subset \mathbb{N}$ gegeben, so muß schon $M = \mathbb{N}$ gelten. Dies ist der kurze Beweis für den folgenden wichtigen

Satz 1.6 (Vollständige Induktion) *Es sei $M \subset \mathbb{N} \subset K(+,\cdot,\leq)$ eine Menge mit*

(i) $1 \in M$,

(ii) $n \in M \Longrightarrow n+1 \in M$.

Dann ist $M = \mathbb{N}$.

Dieses Prinzip der vollständigen Induktion ist ein sehr bedeutsames (vielfach das einzig mögliche) Hilfsmittel, um die Richtigkeit einer Behauptung für *alle* natürlichen Zahlen zu beweisen.
Für den Rest dieses Abschnittes sei der Körper $K(+,\cdot,\leq)$ fest gewählt, so daß wir ihn nicht mehr eigens notieren brauchen.

Satz 1.7 $m, n \in \mathbb{N} \Longrightarrow m + n \in \mathbb{N}$.

Beweis: Es sei $m \in \mathbb{N}$ fest gewählt.
Wir zeigen: $M := \{n \in \mathbb{N} \mid m + n \in \mathbb{N}\}$ ist induktiv.
Induktionsanfang: $1 \in M$ gilt, da $m \in \mathbb{N}$, also auch $m + 1 \in \mathbb{N}$.
Induktionsschritt: Es sei $n \in M$ gegeben. Dann gilt $m + n \in \mathbb{N}$, nach Induktionsvoraussetzung, also auch $(m + n) + 1 = m + (n + 1) \in \mathbb{N}$, das heißt $n + 1 \in M$.
Nach Definition von M ist $M \subset \mathbb{N}$ klar.
Aus Satz 1.6 erhalten wir $M = \mathbb{N}$, was die Behauptung des Satzes liefert. □

Satz 1.8 $m, n \in \mathbb{N} \Longrightarrow mn \in \mathbb{N}$

Beweis: Es sei $m \in \mathbb{N}$ fest und $M := \{n \in \mathbb{N} \mid mn \in \mathbb{N}\}$. Wir zeigen die Induktivität.
Induktionsanfang: $1 \in M$ ist klar.
Induktionsschritt: $n \in M \Longrightarrow mn \in \mathbb{N} \overset{\text{Satz 1.7}}{\Longrightarrow} mn + m \in \mathbb{N} \overset{\text{Distr.}}{\Longrightarrow} m(n + 1) \in \mathbb{N} \Longrightarrow n + 1 \in M$.
Nach Satz 1.6 gilt also $M = \mathbb{N}$ und somit die Behauptung. □

Wir vereinbaren die folgenden

Schreibweisen: $2 := 1+1, 3 := 2+1, 4 := 3+1, 5 := 4+1, 6 := 5+1, 7 := 6+1, 8 := 7 + 1, 9 := 8 + 1$.

Hilfssatz 1.2 *Es gibt kein* $x \in \mathbb{N}$ *mit* $1 < x < 2$.

Beweis: Die Menge $A = \{1\} \cup \{y \in K \mid 2 \leq y\}$ ist induktiv, also $\mathbb{N} \subset A$. Es gibt kein $x \in A$ mit $1 < x < 2$.
Wegen $\mathbb{N} \subset A$ folgt die Behauptung. □

Hilfssatz 1.3 *Es gilt:* $n \in \mathbb{N} \wedge n > 1 \Longrightarrow n-1 \in \mathbb{N}$.

Beweis: Nach Hilfssatz 1.2 braucht nur gezeigt zu werden:

$$n \in \mathbb{N} \wedge n \geq 2 \Longrightarrow n-1 \in \mathbb{N}.$$

Es sei $M := \{n \in \mathbb{N} \mid n-1 \in \mathbb{N}\}$.
Behauptung: $\{n \in \mathbb{N} \mid n \geq 2\} \subset M$.
Die Menge $\{x \in K \mid x \geq 1\}$ ist induktiv und enthält nicht die 0. Somit gehört die 0 auch nicht zu $\mathbb{N}$ und damit folgt $1 \notin M$.
Also reicht es, zu zeigen

$$\{1\} \cup \{n \in \mathbb{N} \mid n \geq 2\} \stackrel{\text{H.S.1.2}}{=} \mathbb{N} \subset M' := M \cup \{1\}.$$

Dazu behaupten wir: M' ist induktiv.
$1 \in M'$ gilt nach Definition. Sei ein $n \in M'$ gegeben.
1.Fall: $n = 1 \Longrightarrow n+1 = 2 \in M \subset M'$.
2.Fall: $n \in M \Longrightarrow n \in \mathbb{N} \Longrightarrow n+1 \in \mathbb{N} \wedge n = (n+1)-1 \in \mathbb{N} \Longrightarrow n+1 \in M \subset M'$.
Also gilt $M' = \mathbb{N}$. □

Satz 1.9 *Für jedes* $m \in \mathbb{N}$ *gilt: Es gibt kein* $x \in \mathbb{N}$ *mit* $m < x < m+1$.

Beweis: Sei $M := \{m \in \mathbb{N} \mid \neg\exists x \in \mathbb{N} : m < x < m+1\}$.
Induktionsanfang: $1 \in M$ nach Hilfssatz 1.2.
Induktionsschritt: Sei $m \in M$. Annahme: $m+1 \notin M$, das heißt

$$\exists x \in \mathbb{N} : m+1 < x < m+2.$$

Wegen $m \in \mathbb{N}$ folgt $m+1 \geq 2$, damit $x \geq 2 \wedge x \in \mathbb{N} \stackrel{\text{H.S.1.3}}{\Longrightarrow} x-1 \in \mathbb{N}$. Also $m < \underbrace{x-1}_{\in \mathbb{N}} < m+1 \Longrightarrow m \notin M$.
Mit Kontraposition sehen wir $m \in M \Longrightarrow m+1 \in M$. □

Satz 1.10 (Induktion mit Startwert) *Es sei* $A \subset \mathbb{N}, n_0 \in \mathbb{N}$ *mit*

(i) $n_0 \in A$,

(ii) $n \geq n_0 \wedge n \in A \Longrightarrow n+1 \in A$.

Dann gilt $\{n \in \mathbb{N} \mid n \geq n_0\} \subset A$.

Beweis: Übung.

Satz 1.11 *Sei $m, n \in \mathbb{N}$ mit $m > n$. Dann ist $m - n \in \mathbb{N}$.*

Beweis: Sei $n \in \mathbb{N}$ fest gewählt. Nach Satz 1.9 gilt

$$m > n \Longleftrightarrow m \geq n + 1.$$

("$\Longrightarrow$": Sonst wäre $m < n + 1 \Longrightarrow n < m < n + 1$
"$\Longleftarrow$": Sonst wäre $m \leq n \Longrightarrow n \geq n + 1 \Longrightarrow 0 \leq 1$, Widerspruch).
Wir setzen $n_0 := n + 1$ und wenden Satz 1.10 an mit

$$A := \{m \in \mathbb{N} \mid m > n \wedge m - n \in \mathbb{N}\}.$$

Induktionsanfang: $m = n_0 \in \mathbb{N}, n_0 > n$ da $1 > 0$ und $n_0 - n = 1 \in \mathbb{N}$.
Induktionsschluß: Sei $m \geq n_0 \wedge m \in A$.
Daraus erhalten wir $m \geq n_0 \wedge m \in \mathbb{N} \wedge m > n \wedge m - n \in \mathbb{N}$
und weiter $m + 1 \in \mathbb{N} \wedge m + 1 > n \wedge (m + 1) - n = (m - n) + 1 \in \mathbb{N}$
sowie $m + 1 \in A$.
Mit Satz 1.10 folgt nun $\{m \in \mathbb{N} \mid m \geq n_0\} = \{m \in \mathbb{N} \mid m > n\} \subset A$. □

Definition 1.6 *Es sei A eine Teilmenge des angeordneten Körpers K.*

(i) *$a \in K$ heißt eine* obere Schranke *für $A :\Longleftrightarrow \forall x \in A : x \leq a$,*

(ii) *$b \in K$ heißt eine* untere Schranke *für $A :\Longleftrightarrow \forall x \in A : b \leq x$,*

(iii) *A heißt* nach oben (unten) beschränkt, *wenn eine obere (untere) Schranke für A existiert,*

(iv) *A heißt* beschränkt, *wenn A nach unten* **und** *oben beschränkt ist,*

(v) *$m \in K$ heißt* Maximum (Minimum) *von A, wenn m obere (untere) Schranke für A ist* und *$m \in A$ gilt.*

Bemerkung: Existiert für A ein Maximum (Minimum), so genau eines.
Denn: Seien m, m' Maxima für A. Dann ist $m \leq m'$, da m' eine obere Schranke für A und $m \in A$ gilt. Durch Rollentausch ersieht man genauso $m' \leq m$, also gilt $m = m'$.

Definition 1.7 *Es seien $a, b \in K$ mit $a \leq b$. Dann setzen wir*
$[a, b] := \{x \in K \mid a \leq x \wedge x \leq b\}$ *(abgeschlossenes Intervall),*
$]a, b[:= \{x \in K \mid a < x \wedge x < b\}$ *(offenes Intervall),*
$[a, b[:= \{x \in K \mid a \leq x \wedge x < b\}$ *(halboffenes Intervall),*
$]a, b] := \{x \in K \mid a < x \wedge x \leq b\}$ *(halboffenes Intervall).*
Außerdem bezeichnen wir die Mengen

$$\{x \in K \mid x \leq a\},\ \{x \in K \mid x < a\},\ \{x \in K \mid x \geq a\},\ \{x \in K \mid x > a\}$$

und K selbst als Intervalle.

Satz 1.12 *Jede nicht-leere Teilmenge von* $\mathbb{N} \subset K$ *besitzt ein Minimum.*

Beweis: Es sei eine Menge $A \subset \mathbb{N}, A \neq \emptyset$ gegeben.
Wir bilden dazu $M := \{n \in \mathbb{N} \mid \forall a \in A : n \leq a\}$.
Behauptung 1: $M \neq \mathbb{N}$.
Denn: Es gibt ein $a_0 \in A$. Betrachte $b := a_0 + 1$. Wegen $b > a_0$ gilt $\neg(b \leq a_0)$, außerdem $b \in \mathbb{N}$, da $a_0 \in A \subset \mathbb{N}$. Also ist $b \notin M$.
Behauptung 2: $1 \in M$ (klar).
Behauptung 3: $\exists k \in M : k + 1 \notin M$.
Die Negation $\neg(\exists k \in M : k+1 \notin M)$ ist gleichbedeutend mit $(\forall k \in M : k+1 \in M)$. Zusammen mit Behauptung 2 erhält man durch Induktion dann $M = \mathbb{N}$. Da dies nicht zutrifft, folgt Behauptung 3.
Sei ein k gemäß Behauptung 3 gewählt.
Behauptung 4: k ist untere Schranke für A (klar wegen $k \in M$).
Behauptung 5: $k \in A$.
Denn: $k + 1 \notin M$ gilt nach Behauptung 3 . Daraus folgt $\exists b \in A : k + 1 > b$ und mit Satz 1.9 weiter $\exists b \in A : k \geq b$. Da nach Wahl gilt $k \in M$ wissen wir insgesamt $\exists b \in A : k \leq b \wedge k \geq b$. Mit (O3) folgt daher $\exists b \in A : k = b$, also $k \in A$ und somit ist k Minimum von A.

Die Eindeutigkeit des Minimums wurde bereits bewiesen (Bemerkung nach Definition 1.3). □

Neben dem Beweis durch vollständige Induktion gibt es die Definition durch vollständige Induktion.

Beispiel: Es werde jedem $n \in \mathbb{N}$ ein $a_n \in K$ zugeordnet durch

$$a_1 = 1, \qquad a_{n+1} = a_n + \frac{1}{a_n} \quad (n \in \mathbb{N}).$$

Nach dieser Vorschrift können die a_n Schritt für Schritt berechnet werden:

$$a_2 = 1 + 1 = 2, \ a_3 = 2 + \frac{1}{2} = \frac{5}{2}, \quad \text{u.s.w.}$$

Streng genommen muß allerdings nachgewiesen werden, daß diese Art der Definition wirklich funktioniert, das heißt, daß jedem $n \in \mathbb{N}$ ein und nur ein a_n durch die obige Vorschrift zugewiesen wird. Der dafür zuständige *Rekursionssatz* [4] soll hier aber nicht weiter untersucht werden.

Wir greifen auf die Definition durch vollständige Induktion zurück, um zwei nützliche Schreibweisen zu vereinbaren:

[4] Ein Beispiel: Ein Plattenweg soll schöner werden, indem die Platten abwechselnd gelb und grün gestrichen werden. Die erste Platte soll gelb sein. Diese scheinbar klare (und induktive!) Anweisung an den Maler erweist sich aber als unbrauchbar, wenn der Weg passende „Selbstdurchdringungen" besitzt oder sogar geschlossen ist mit ungerader Plattenzahl.

Es sei jedem $n \in \mathbb{N}$ ein $a_n \in K$ zugeordnet. Wir erklären für $m \in \mathbb{N}$ die *Summe*

$$\sum_{n=1}^{m} a_n$$

der a_n durch

$$\sum_{n=1}^{1} a_n := a_1 \quad \text{und} \quad \sum_{n=1}^{k+1} a_n = \left(\sum_{n=1}^{k} a_n\right) + a_{k+1} \quad (k \in \mathbb{N}).$$

Ganz analog erklären wir das *Produkt* durch

$$\prod_{n=1}^{1} a_n = a_1, \quad \prod_{n=1}^{k+1} a_n = \left(\prod_{n=1}^{k} a_n\right) \cdot a_{k+1}.$$

Für festes $\ell \in \mathbb{N}$ und $m \geq \ell$ definieren wir

$$\sum_{n=\ell}^{m} a_n = \sum_{j=1}^{m-\ell+1} a_{j+\ell-1}.$$

Analog modifiziert man das Produkt.
Es erweist sich als praktisch, für $m < \ell$ die *leere Summe* bzw. das *leere Produkt* zu definieren als

$$\sum_{n=\ell}^{m} a_n = 0 \text{ und } \prod_{n=\ell}^{m} a_n = 1.$$

Schreibweise: $\mathbb{N}_0 := \mathbb{N} \cup \{0\}$.
Bemerkung: Das Induktionsprinzip gilt auch für $\mathbb{N}_0$.

Definition 1.8 *Für $a \in K$ und $n \in \mathbb{N}_0$ erklären wir die n-te Potenz von a durch*

(i) $a^0 = 1$ *(auch $0^0 = 1$!),*

(ii) $a^{m+1} = a^m \cdot a \qquad (m \in \mathbb{N})$.

Rechenregeln: Es seien $a, b \in K$ und $n, m \in \mathbb{N}_0$

1) $a^{n+m} = a^n a^m$,

2) $(a^n)^m = a^{nm} := a^{(nm)}$,

3) $(ab)^n = a^n b^n$.

Beweis: zu 2): Es seien $n \in \mathbb{N}_0$ und $a \in K$ gegeben. Wir setzen

$$M := \{m \in \mathbb{N}_0 \mid (a^n)^m = a^{nm}\}$$

und zeigen durch Induktion $M = \mathbb{N}_0$.
Induktionsanfang: $0 \in M$, da $(a^n)^0 = 1 = a^{n \cdot 0} = a^0 = 1$.
Induktionsschritt: Für $m \in M$ erhalten wir

$$(a^n)^{m+1} \overset{\text{Def.}}{=} (a^n)^m \cdot a^n \overset{m \in M}{=} a^{nm} \cdot a^n \overset{1)}{=} a^{nm+n} = a^{n(m+1)} \Longrightarrow m+1 \in M.$$

□

Definition 1.9

a) Für $n \in \mathbb{N}$ heißt $n! := \prod_{j=1}^{n} j$ die n-te Fakultät. Außerdem sei $0! := 1$ gesetzt.

b) Für $n, k \in \mathbb{N}_0$ mit $n \geq k$ sei $\binom{n}{k} := \frac{n!}{k!(n-k)!}$ („n über k“).

Die Zahlen $\binom{n}{k}$ heißen Binomialkoeffizienten.

Von der Richtigkeit des folgenden Satzes kann man sich durch einfaches Nachrechnen überzeugen.

Satz 1.13 (vom Pascalschen Dreieck)
Für $n, k \in \mathbb{N}_0$ mit $n > k$ gilt $\binom{n}{k} + \binom{n}{k+1} = \binom{n+1}{k+1}$.

Satz 1.13 zeigt, daß die Binomialkoeffizienten nach folgendem Schema ausgerechnet werden können (*Pascalsches Dreieck*):

$$\binom{0}{0}$$

$$\binom{1}{0} \quad \binom{1}{1}$$

$$\binom{2}{0} \quad \binom{2}{1} \quad \binom{2}{2}$$

$$\cdots\cdots\cdots\cdots\cdots$$

$$\binom{n}{0} \cdots \underbrace{\binom{n}{k} \binom{n}{k+1}}_{+} \cdots \binom{n}{n}$$

$$=$$

$$\binom{n+1}{0} \cdots\cdots \overbrace{\binom{n+1}{k+1}} \cdots\cdots \binom{n+1}{n+1}$$

Wegen $\binom{n}{0} = \binom{n}{n} = 1$ für alle $n \in \mathbb{N}_0$ kennt man den „Rand“ dieses Schemas und kann das „Innere“ durch Addition der links und rechts darüberstehenden Zahlen sukzessive ausfüllen. So ergeben sich die Werte:

$$1$$

$$1 \quad 1$$

$$1 \quad 2 \quad 1$$

$$1 \quad 3 \quad 3 \quad 1$$

$$1 \quad 4 \quad 6 \quad 4 \quad 1$$

u.s.w.

Diese Methode ist meist die praktischste, um Binomialkoeffizienten $\binom{n}{k}$ für kleine n, k auszurechnen. Satz 1.13 läßt auch erkennen, *daß die Binomialkoeffizienten natürliche Zahlen sind*, was aus der ursprünglichen Definition nicht ohne weiteres erkennbar ist.

Satz 1.14 (Binomischer Satz) *Für $a, b \in K(+,\cdot,\leq)$ und $n \in \mathbb{N}_0$ gilt:*

$$(a+b)^n = \sum_{k=0}^{n} \binom{n}{k} a^{n-k} b^k. \qquad (*)$$

Beweis: Durch Induktion über n.
Induktionsanfang: $n = 0 : 1 = \binom{0}{0} a^0 b^0 = 1$
Induktionsschritt: Zu zeigen ist, daß $(*)$ auch für $n+1$ gilt: Es ist

$$(a+b)^{n+1} \overset{\text{Def.1.8}}{=} (a+b)(a+b)^n = (a+b) \sum_{k=0}^{n} \binom{n}{k} a^{n-k} b^k$$

$$= a\left(\sum_{k=0}^{n} \binom{n}{k} a^{n-k} b^k\right) + b\left(\sum_{k=0}^{n} \binom{n}{k} a^{n-k} b^k\right) = \sum_{k=0}^{n} \binom{n}{k} a^{n+1-k} b^k + \sum_{k=0}^{n} \binom{n}{k} a^{n-k} b^{k+1}$$

$$= a^{n+1} + \sum_{k=1}^{n} \binom{n}{k} a^{n+1-k} b^k + \sum_{k=0}^{n-1} \binom{n}{k} a^{n-k} b^{k+1} + b^{n+1}$$

$$= a^{n+1} + \sum_{k=1}^{n} \binom{n}{k} a^{n+1-k} b^k + \sum_{l=1}^{n} \binom{n}{l-1} a^{n+1-l} b^l + b^{n+1}$$

$$= a^{n+1} + \sum_{k=1}^{n} [\binom{n}{k} + \binom{n}{k-1}] a^{n+1-k} b^k + b^{n+1}$$

$$\overset{\text{Satz 1.13}}{=} a^{n+1} + \sum_{k=1}^{n} \binom{n+1}{k} a^{n+1-k} b^k + b^{n+1} = \sum_{k=0}^{n+1} \binom{n+1}{k} a^{n+1-k} b^k.$$

□

Satz 1.15 (Geometrische Summenformel) *Für $q \in K \setminus \{1\}$ und $n \in N_0$ ist*

$$\sum_{j=0}^{n} q^j = \frac{1-q^{n+1}}{1-q}.$$

Beweis: Durch Induktion.
Induktionsanfang $n = 0 : 1 = \dfrac{1-q}{1-q} = 1.$

Induktionsschritt:

$$\sum_{j=0}^{n+1} q^j = \sum_{j=0}^{n} q^j + q^{n+1} = \frac{1-q^{n+1}}{1-q} + q^{n+1} = \frac{1-q^{n+1}+q^{n+1}-q^{n+2}}{1-q} = \frac{1-q^{n+1}}{1-q}.$$

□

Korollar 1.16 *Für $x, y \in K, x \neq y$ und $n \in N_0$ ist*

$$\frac{x^{n+1} - y^{n+1}}{x - y} = \sum_{j=0}^{n} x^{n-j} y^j.$$

Beweis:

$$\frac{x^{n+1} - y^{n+1}}{x - y} = \frac{x^{n+1}}{x} \frac{1 - (\frac{y}{x})^{n+1}}{1 - \frac{y}{x}} = x^n \cdot \sum_{j=0}^{n} (\frac{y}{x})^j = \sum_{j=0}^{n} x^{n-j} j.$$

□

Satz 1.17 (Bernoullische Ungleichung)
Für $x \in K(+, \cdot, \leq)$, $x \geq -1$ und $n \in \mathbb{N}_0$ gilt

$$(1 + x)^n \geq 1 + nx.$$

Beweis: durch Induktion über n für festes $x \geq -1$.
Induktionsanfang: $n = 0 : (1 + x)^0 = 1 = 1 + 0 \cdot x$
Induktionsvoraussetzung: Für ein $n \in \mathbb{N}_0$ gelte $(1 + x)^n \geq 1 + nx$
Induktionsschluß:
$(1 + x)^n \geq 1 + nx \overset{\cdot(1+x)\geq 0}{\Longrightarrow} (1 + x)^{n+1} \geq 1 + x + nx + nx^2 \geq 1 + (n + 1)x$,
denn $nx^2 \geq 0$. □

Bemerkung: Für $x \geq 0$ sieht man die Gültigkeit der Bernoullischen Ungleichung auch leicht aus dem binomischen Satz. Übrigens gilt die Bernoullische Ungleichung in Wirklichkeit sogar für $x \geq -2$. Das kann später mit dem 1. Mittelwertsatz der Differentialrechnung gezeigt werden.

1.4 Ganze und rationale Zahlen

Definition 1.10 *Sei $K(+, \cdot, \leq)$ ein angeordneter Körper und $\mathbb{N} = \mathbb{N}(K)$.*
Die Menge der ganzen Zahlen zu K ist

$$\mathbb{Z} = \mathbb{Z}(K) = \mathbb{N} \cup \{0\} \cup \{-n \mid n \in \mathbb{N}\}.$$

Die Menge der rationalen Zahlen in K ist

$$\mathbb{Q} = \mathbb{Q}(K) = \{\frac{n}{m} \mid n \in \mathbb{Z}, m \in \mathbb{N}\}.$$

Bemerkung: $\mathbb{Z}$ ist gegenüber der Addition und der Multiplikation abgeschlossen.

Satz 1.18 *Die Menge* $\mathbb{Q} \subset K(+,\cdot,\leq)$ *bildet einen angeordneter Körper. Es gilt* $\mathbb{Q}(\mathbb{Q}(K)) = \mathbb{Q}(K)$.

Beweis: Die Abgeschlossenheit folgt aus den obigen Regeln zum Rechnen mit Brüchen (Seite 5). Die anderen Teile der Behauptung sind unmittelbar einzusehen. □

Ist nun unsere Axiomenliste für die reellen Zahlen komplett, oder lassen die bisherigen Axiome Wünsche offen? Aufgrund unserer intuitiven Vorstellung von den reellen Zahlen sollten beispielsweise die folgenden Eigenschaften gelten:

- $\mathbb{N}$ ist nach oben nicht beschränkt.
- Ist $A \subset K$ und gilt für beliebige $a, b \in A, c \in K$ mit $a \leq c \leq b$ stets auch $c \in A$, so ist A ein Intervall.

Zu beiden Aussagen kann man einen angeordneten Körper konstruieren, der die jeweilige Eigenschaft nicht hat. Unser Axiomensystem bedarf also noch einer Erweiterung, um unsere Erwartungen erfüllen zu können. Erstaunlich mag allerdings erscheinen, daß eine recht schlicht anmutende zusätzliche Forderung ausreicht, um die reellen Zahlen in vollem Umfang zu beschreiben. Diesem letzten Axiom ist der nächste Abschnitt gewidmet.

1.5 Das Vollständigkeitsaxiom

Unser letztes Axiom lautet:

Axiom 1.9 *Zu jeder nichtleeren, nach oben beschränkten Teilmenge A des angeordneten Körpers* $K(+,\cdot,\leq)$ *existiert eine kleinste obere Schranke.*

Definition 1.11 *Ein angeordneter Körper, der Axiom 1.9 erfüllt, heißt vollständig.*

Wir wollen einen Sachverhalt andeuten, dessen genaue Formulierung (und erst recht dessen Beweis) eine gute Übung im Umgang mit einigen mathematischen Begriffen erfordert. Man kann zeigen:
Zwei vollständig angeordnete Körper sind stets bis auf Umbenennung gleich.
Das heißt hier für uns: Wenn es überhaupt einen vollständig angeordneten Körper gibt [5], so gibt es (bis auf Umbenennungen) nur einen.

[5] An die Existenz eines solchen Körpers zu glauben bedeutet, die Widerspruchsfreiheit der genannten Axiome anzunehmen.

Die Grundlage für den Aufbau der Analysis besteht in der Annahme der Existenz eines solchen Körpers.

Es sei an dieser Stelle erwähnt, daß zum Erhalt eines solchen Körpers das argumentative Fundament tiefer gelegt werden kann. Es lassen sich nämlich die natürlichen Zahlen axiomatisch einführen (durch die sogenannten Peano-Axiome) und der Rest daraus rein konstruktiv gewinnen (s. etwa [1]). Jedoch ist der Aufwand deutlich größer, und auch dann werden die reellen Zahlen nicht aus dem Nichts geschaffen.

Definition 1.12 *Der (bis auf Umbennungen eindeutige) vollständig angeordnete Körper heißt Körper der reellen Zahlen und wird mit* $\mathbf{R}$ *bezeichnet.*

Definition 1.13 *Es sei* $A \subset \mathbf{R}$. *Die reelle Zahl* S *heißt Supremum von* A, *falls* S *obere Schranke für* A *ist und für jede obere Schranke* x *für* A *gilt* $S \leq x$ *(das heißt,* S *ist* kleinste *obere Schranke). Ein* $s \in \mathbf{R}$ *heißt Infimum von* A, *falls* s *untere Schranke für* A *ist und für jede untere Schranke* y *für* A *gilt* $y \leq s$ *(d.h.* s *ist* größte *untere Schranke). Schreibweise:* $S = \sup A, s = \inf A$.

Satz 1.19 (Archimedes) *Zu jedem* $x \in \mathbf{R}$ *existiert ein* $n \in \mathbf{N}$ *mit* $x < n$ *(das heißt,* $\mathbf{N}$ *ist in* $\mathbf{R}$ *nach oben nicht beschränkt).*

Beweis: durch Widerspruch, Annahme: $\exists x \in \mathbf{R} \forall n \in \mathbf{N} : x \geq n$, das heißt $\mathbf{N}$ ist nach oben beschränkt. Nach dem Vollständigkeitsaxiom (Axiom 1.9) und $\mathbf{N} \neq \emptyset$ existiert $S = \sup \mathbf{N}$.
Wegen der sup-Eigenschaft von S kann $S - 1$ keine obere Schranke für $\mathbf{N}$ sein. Also gilt

$$\exists S \in \mathbf{R} \, \exists n \in \mathbf{N} : n > S - 1 \wedge S = \sup \mathbf{N}.$$

Daraus erhalten wir sofort

$$\exists S \in \mathbf{R} \, \exists n \in \mathbf{N} : n + 1 > S \wedge S = \sup \mathbf{N}.$$

Wegen $n + 1 \in \mathbf{N}$ ist das ein Widerspruch. □

Satz 1.20 (Eudoxos) *Zu jeder positiven Zahl* $\varepsilon \in \mathbf{R}$ *existiert ein* $n \in \mathbf{N}$ *mit* $\frac{1}{n} < \varepsilon$; *für alle* $m \in \mathbf{N}$ *mit* $m \geq n$ *ist* $\frac{1}{m} < \varepsilon$.

Beweis: $\varepsilon > 0 \Longrightarrow \dfrac{1}{\varepsilon} \in \mathbf{R} \overset{\text{Satz 1.19}}{\Longrightarrow} \exists n \in \mathbf{N} : \dfrac{1}{\varepsilon} < n$.
Da sowohl ε, als auch $\frac{1}{n}$ positiv ist, folgt daraus $\exists n \in \mathbf{N} : \frac{1}{n} < \varepsilon$.
Der Zusatz ist klar. □

Satz 1.21 *Zu jedem $x \in \mathbb{R}$ und jedem $\varepsilon > 0$ existiert ein $r \in \mathbb{Q}$ mit $x - \varepsilon < r < x + \varepsilon$ („$\mathbb{Q}$ liegt dicht in $\mathbb{R}$“).*

Bemerkung: Es gilt $x - \varepsilon < r < x + \varepsilon \Longleftrightarrow |x - r| < \varepsilon$.
$|x - r|$ ist ein Maß für die „Abweichung“ oder „Fehler“ von r gegenüber x. Satz 1.21 sagt also, daß man jede reelle Zahl durch eine rationale Zahl mit beliebig klein positiv vorschreibbarer Fehlerschranke annähern („approximieren“) kann.

Beweis: Sei $x \in \mathbb{R}, \varepsilon > 0$ gegeben. Sei $n \in \mathbb{N}$ gewählt mit $\frac{1}{n} < \varepsilon$.
1. Fall $x \geq 0$.
Sei $M = \{m \in \mathbb{N} \mid m > nx\}$.
Nach Satz 1.19 ist $M \neq \emptyset$. Nach Satz 1.12 besitzt M ein Minimum, $k := \min M$.
Dann gilt $k - 1 \notin M$, also ist $k - 1 = 0$ oder $k - 1 \leq nx$.Da $nx \geq 0$ ohnehin gilt, braucht nur $k - 1 \leq nx$ betrachtet werden.
Wegen $k \in M$ ist $k - 1 \leq nx < k$. Mit $r := \frac{k}{n} \in \mathbb{Q}$ folgt $r - \varepsilon < x < r + \varepsilon$, und damit erhalten wir $r < x + \varepsilon \wedge x - \varepsilon < r$.
2. Fall: $x < 0$.
Zu $-x$ finden wir nach Fall 1 ein $R \in \mathbb{Q}$ mit $R - \varepsilon < -x < R + \varepsilon$.
Nun ist $r = -R \in \mathbb{Q}$ und $-r - \varepsilon < -x < -r + \varepsilon$. Durch Multiplikation mit -1 ergibt sich daraus $r + \varepsilon > x > r - \varepsilon$. □

Definition 1.14 *Für $A, B \subset \mathbb{R}, \lambda \in \mathbb{R}$ sei*
$A + B = \{a + b \mid a \in A, b \in B\}$, $\quad A \cdot B = \{a \cdot b \mid a \in A, b \in B\}$,
$-A = \{-a \mid a \in A\}$, $\quad \lambda \cdot A = \{\lambda \cdot a \mid a \in A\}$.

Bemerkung: Für $A \subset \mathbb{R}$ gilt
(i) $S = \sup A \Longleftrightarrow -S = \inf -A$,
(ii) A ist nach oben beschränkt $\Longleftrightarrow -A$ ist unten beschränkt.

Denn: "$\Longrightarrow$" Sei $S = \sup A$. Wir wissen dann zweierlei:

1) S ist obere Schranke für A, also $x \in A \Longrightarrow x \leq S$. Wegen $x \leq S \Longleftrightarrow -x \geq -S$ ist also $-S$ eine untere Schranke für $-A$, was (ii) beweist.

2) S ist *kleinste* obere Schranke für A. Zu zeigen ist noch, daß $-S$ *größte* untere Schranke für $-A$ ist. Annahme: Es existiert eine unter Schranke $-s$ für $-A$ mit $-s > -S$. Dann ist $s < S$ und $\forall y \in -A : -s \leq y \overset{x=-y}{\Longleftrightarrow} \forall x \in A : s \geq x$. Also ist s eine obere Schranke für A und $s < S$. Also kann S nicht das Supremum von A gewesen sein.

"$\Longleftarrow$" analog. Aus dieser Bemerkung ersieht man, daß das Vollständigkeitsaxiom äquivalent formuliert werden kann als

Jede nichtleere, nach unten beschränkte Menge $A \subset \mathbb{R}$ besitzt ein Infimum.

Rechenregeln für sup und inf:
Es seien $A, B, C, D \subset \mathbf{R}$ nicht leer, A, B nach oben und C, D nach unten beschränkt. Dann gilt

1) $\sup(A+B) = \sup A + \sup B$,

2) $\inf(C+D) = \inf C + \inf D$,

3) $\lambda \in \mathbf{R}, \lambda \geq 0 \Longrightarrow \sup(\lambda \cdot A) = \lambda \sup A \wedge \inf(\lambda C) = \lambda \inf C$,

4) $(\forall x \in A \cup B : x \geq 0) \Longrightarrow \sup(A \cdot B) = \sup A \cdot \sup B$,

5) $(\forall x \in C \cup D : x \geq 0) \Longrightarrow \sup(C \cdot D) = \sup C \cdot \sup D$,

6) $A \subset B \Longrightarrow \sup A \leq \sup B$,

7) $C \subset D \Longrightarrow \inf C \geq \inf D$.

Es soll hier nur der Beweis zu 5) ausgeführt werden. Der Rest sei zur eigenen Übung empfohlen. Dem Nachweis von 5) stellen wir einen Hilfssatz voran.

Hilfssatz 1.4 *Es sei $C \subset \mathbf{R}$ und b eine untere Schranke für C. Dann gilt*

$$b = \inf C \iff \forall \varepsilon > 0 \, \exists a \in C : b \leq a \leq b + \varepsilon.$$

Beweis: "$\Longrightarrow$" durch Kontraposition. Wir setzen also voraus: $\exists \varepsilon > 0 \, \forall a \in C : a \notin [b, b+\varepsilon]$. Das bedeutet $\exists \varepsilon > 0 \, \forall a \in C : a < b \vee a > b + \varepsilon$. Da nach Voraussetzung b eine untere Schranke für C darstellt, bleibt $\exists \varepsilon > 0 \, \forall a \in C : a > b + \varepsilon$. Demnach ist auch $b + \varepsilon$ eine untere Schranke und damit kann b nicht das Infimum von C gewesen sein.
"$\Longleftarrow$" beweisen wir ebenfalls durch Kontraposition. Sei b nicht das Infimum von C, das heißt: Es gibt eine untere Schranke $c > b$ von C. Mit $2\delta := c - b$ gilt dann $b + 2\delta \leq a$ für alle $a \in C$, also auch

$$\exists \delta > 0 \, \forall a \in C : b + \delta < a.$$

Zu dieser Aussage kann mit $\vee$ eine beliebige Aussage angefügt werden, etwa $b > a$. Dafür kann geschrieben werden

$$\exists \varepsilon > 0 \, \forall a \in C : \neg(b \leq a \leq b + \varepsilon),$$

was äquivalent ist zu

$$\neg(\forall \varepsilon > 0 \, \exists a \in C : b \leq a \leq b + \varepsilon).$$

□

Nun folgt der bereits angekündigte Beweis der Rechenregel:
Es sei $x \in C, y \in D$. Nach Voraussetzung ist $x \geq \inf C \geq 0$ und $y \geq \inf D \geq 0$. Es folgt $xy \geq \inf C \cdot \inf D$. Also ist jedenfalls die Zahl $\inf C \cdot \inf D$ eine untere Schranke für $C \cdot D$.
Zur Gegenrichtung:
1. Fall: Es gelte $\inf C \neq 0 \wedge \inf D \neq 0$ Dann folgt

$$\forall \varepsilon > 0 \; \exists x \in C \; \exists y \in D : \inf C \leq x \leq \inf C + \frac{\varepsilon}{2 \inf D} \wedge \inf D \leq y \leq \inf d + \frac{\varepsilon}{2x}$$

$$\Longrightarrow \forall \varepsilon > 0 \; \exists x \in C \; \exists y \in D :$$

$$\inf C \cdot \inf D \leq xy = \inf C \cdot \inf D + (x - \inf C) \inf D + (y - \inf D) \cdot x$$

$$\leq \inf C \cdot \inf D + \varepsilon/2 + \varepsilon/2,$$

was die Behauptung liefert.
2. Fall: Es darf gleich $\inf C = 0$ angenommen werden. Zu zeigen ist $\inf CD \leq 0 = \inf C \cdot \inf D$. Gilt $D = \{0\}$, so ist nichts zu tun. Also existiere ein $y_0 \in D : y_0 > 0$. Aus dem Hilfssatz 1.4 erhalten wir

$$\forall \varepsilon > 0 \exists x \in C : 0 \leq x \leq \frac{\varepsilon}{y_0} \Longrightarrow$$

$$\forall \varepsilon > 0 \exists x \in C \exists y_0 \in D : 0 \leq xy_0 \leq \varepsilon \Longrightarrow 0 = \inf CD.$$

□

Zum Schluß dieses Kapitels untersuchen das Verhalten von Potenzen reeller Zahlen. Dazu beginnen wir mit dem

Hilfssatz 1.5 *Für $x, y \in \mathbb{R}, x, y > 0$ und $n \in \mathbb{N}$ gilt*

$$x < y \Longleftrightarrow x^n < y^n.$$

Bemerkung: Das ist verwandt mit dem Hilfssatz 1.1 zum Beweis der Dreiecksungleichung und gilt auch tatsächlich in jedem angeordneten Körper - die wesentliche Eigenschaft von $\mathbb{R}$, die Vollständigkeit, wird hier nicht benötigt.
Beweis: Für $x = y$ sind beide Seiten der Äquivalenz falsch und somit die Äquivalenz wahr.
Sei $x \neq y$. Dann ist nach dem Korollar zur geometrischen Summenformel:

$$x^n = y^n \Longleftrightarrow 0 < y^n - x^n = (y - x) \sum_{j=0}^{n-1} y^{n-1-j} x^j$$

$$\Longleftrightarrow 0 < y - x \text{ (denn die Summe positiver Summanden ist positiv)} \Longleftrightarrow x < y.$$

□

Schreibweise: $\mathbb{R}_{\geq 0} := \{x \in \mathbb{R} | x \geq 0\}$, analog $\mathbb{R}_{>0}$ und ähnliche Bildungen.

Satz 1.22 *Zu $a \in \mathbb{R}_{\geq 0}$ und $n \in \mathbb{N}$ existiert genau ein $x \in \mathbb{R}_{\geq 0}$ mit $x^n = a$.*

Beweis: Trivial sind die Fälle $a = 0$ sowie $n = 1$. Wir dürfen also gleich annehmen $a > 0, n > 1$.
Eindeutigkeit: Sei $x, y \in \mathbb{R}_{\geq 0}$ mit $x^n = y^n \overset{\text{H.S.1.5}}{\Longrightarrow} x = y$.
Existenz: Sei $M := \{y \in \mathbb{R}_{\geq 0} | y^n < a\}$. Wegen $0^n = 0 < a$ und ist jedenfalls $0 \in M$, also $M \neq \emptyset$.
Behauptung 1: M ist nach oben beschränkt.
Denn: $(1 + a)^n \overset{\text{Bernoulli}}{\geq} 1 + na > na \overset{a>0}{>} a > y^n$ für alle $y \in M$. Nach dem Hilfssatz 1.5 gilt also $1 + a > y$ für alle $y \in M$.
Nach dem Vollständigkeitsaxiom existiert daher $x = \sup M$. Klar ist $x \in \mathbb{R}_{\geq 0}$. Wegen $a > 0$ gibt es nach dem Satz von Eudoxos (Satz 1.20) ein $m \in \mathbb{N}$ mit $\frac{1}{m} < a$. Wegen $n > 1$ folgt

$$0 < \left(\frac{1}{m}\right)^n < \frac{1}{m} < a.$$

Somit ist $\frac{1}{m} \in M$ und damit $x \in \mathbb{R}_{>0}$.
Behauptung 2: $x^n = a$
Wir zeigen dazu, daß weder $x^n < a$ noch $x^n > a$ möglich ist.
1. Annahme: Es gelte $x^n < a$.
Gezeigt werden soll: Dann kann x nicht obere Schranke für M sein.
Für alle $m \in \mathbb{N}$ gilt wegen $\frac{1}{m}^k \leq \frac{1}{m}$ für alle $k \in \mathbb{N}$

$$(x + \frac{1}{m})^n \overset{\text{bin.Form.}}{=} \sum_{j=0}^{n} \binom{n}{j} x^j (\frac{1}{m})^{n-j} \leq (\sum_{j=0}^{n-1} \binom{n}{j} x^j \frac{1}{m}) + x^n$$

$$= \frac{1}{m} \underbrace{(\sum_{j=0}^{n-1} \binom{n}{j} x^j)}_{=A} + x^n = \frac{A}{m} + x^n. \qquad (*)$$

Offenbar ist $A > 0$ (sogar $A \geq 1$!) und daher $\varepsilon := \dfrac{a - x^n}{A} > 0$. Nach dem Satz von Eudoxos existiert ein $m_0 \in \mathbb{N}$ mit $\frac{1}{m} < \varepsilon$ für alle $m \in \mathbb{N}$ mit $m > m_0$. Für diese m gilt damit

$$\frac{a - x^n}{A} > \frac{1}{m} \Longrightarrow a - x^n > \frac{A}{m} \Longrightarrow a > \frac{A}{m} + x^n.$$

Wegen (*) folgt $(x + \frac{1}{m})^n < a$, und das bedeutet $x + \frac{1}{m} \in M$, so daß x keine obere Schranke für M sein kann.
2. Annahme: Es gelte $x^n > a$.
Gezeigt werden soll: Dann kann x nicht *kleinste* obere Schranke für M sein.
Für jedes $k \in \mathbb{N}$ mit $k > \frac{1}{x}$ ist

$$\left(x-\frac{1}{k}\right)^n = x^n\left(1-\frac{1}{xk}\right)^n \overset{\text{Bernoulli}}{\geq} x^n\left(1-\frac{n}{xk}\right)$$

Wegen $x > 0$ gilt

$$x^n(1-\frac{n}{xk}) > a \Longleftrightarrow 1-\frac{n}{xk} > \frac{a}{x^n} \Longleftrightarrow 1-\frac{a}{x^n} > \frac{n}{xk} \Longleftrightarrow x^n - a > \frac{nx^n}{xk}$$

$$\Longleftrightarrow k > \frac{nx^n}{x(x^n-a)} =: B. \qquad (**)$$

Nach dem Satz von Archimedes existiert ein $k_1 \in \mathbb{N}$ mit $k_1 > B$. Somit ist (**) erfüllbar. Ebenso existiert ein $k_2 \in \mathbb{N}$ mit $k_2 > \frac{1}{x}$. Für $k := \max\{k_1, k_2\}$ ist dann beides erfüllt. Damit ist gezeigt:

$$\exists k \in \mathbb{N} : \left(x-\frac{1}{k}\right)^n > a.$$

Nach der Wahl von x als Supremum von M gilt:

$$\forall m \in \mathbb{N}\, \exists y \in M : y > x - \frac{1}{m},$$

denn sonst wäre x nicht *kleinste* obere Schranke für M. Mit dem obigen k erhält man jedoch mit dem Hilfssatz 1.5 $\exists y \in M : y > x - \frac{1}{k}$ und damit auch

$$\exists y \in M : y^n > (x-\frac{1}{k})^n > a,$$

was der Definition von M widerspricht. □

Definition 1.15 *Die nach dem vorstehenden Satz zu $a \in \mathbb{R}_{\geq 0}$ und $n \in \mathbb{N}$ eindeutig bestimmte Zahl $x \in \mathbb{R}_{\geq 0}$ mit $x^n = a$ heißt die n-te Wurzel aus a (Schreibweise: $x = \sqrt[n]{a}$ $(n \geq 2)$, $\sqrt[2]{a} = \sqrt{a}$).*

Definition 1.16 *Für $r = \frac{n}{m} \in \mathbb{Q}$ $(n \in \mathbb{Z}, m \in \mathbb{N})$ und $a \in \mathbb{R}_{\geq 0}$ sei*

$$a^r = \begin{cases} \sqrt[m]{a^n} & \text{für} \quad r \geq 0 \\ (\frac{1}{a})^{-r} & \text{für} \quad r < 0 \quad \text{und} \quad a > 0 \end{cases}.$$

Rechenregeln: Für $a, b \in \mathbb{R}_{\geq 0}$ und $n, m, k \in \mathbb{N}, r, s \in \mathbb{Q}$ gilt

1. $(\sqrt[m]{a})^n = (\sqrt[mk]{a})^{nk}$,
2. $(\sqrt[m]{a})^n = \sqrt[m]{a^n}$, $\sqrt[m]{\sqrt[n]{a}} = \sqrt[n]{\sqrt[m]{a}} = \sqrt[nm]{a}$,
3. $\sqrt[n]{ab} = \sqrt[n]{a}\sqrt[n]{b}$,
4. $(a^r)^s = a^{rs}$,

5. $a^r a^s = a^{r+s}$,

6. $a^r b^r = (ab)^r$,

7. $a \neq 0 \Longrightarrow (\frac{1}{a})^r = \frac{1}{a^r} = a^{-r}$.

Beweis: Wir zeigen nur eine Auswahl, der Rest diene der eigenen Übung.

Zu 1): $x = \sqrt[mk]{a} \iff x \geq 0 \land x^{mk} = a \iff x \geq 0 \land (x^k)^m = a$
$\iff x \geq 0 \land x^k \geq 0 \land (x^k)^m = a \iff x \geq 0 \land x^k = \sqrt[m]{a}$. $\qquad (*)$
Also ist $(\sqrt[mk]{a})^{nk} \overset{x=\sqrt[mk]{a}}{=} x^{nk} = (x^k)^n = (\sqrt[m]{a})^n$.
Aus $(*)$ folgt auch $\sqrt[k]{\sqrt[m]{a}} = \sqrt[mk]{a}$, und damit ersehen wir 2).
Zu 4): Es sei $r = \frac{N}{M}, s = \frac{K}{L}$ mit $N, K \in \mathbf{Z}, M, L \in \mathbf{N}$.
1.Fall (von insgesamt vier): $r, s \geq 0$
$(a^r)^s = (\sqrt[L]{a^r})^K = (\sqrt[L]{\sqrt[M]{a^N}})^K \overset{2)}{=} (\sqrt[L]{\sqrt[M]{a}})^{NK} = (\sqrt[LM]{a})^{NK} = a^{\frac{NK}{LM}} = a^{rs}$.
Die restlichen Fälle sind analog zu behandeln. □

Bemerkung: Für alle $a \in \mathbf{R}$ gilt $|a| = \sqrt{a^2}$.

2 Die komplexen Zahlen

Bevor wir uns dem eigentlichen Aufbau der Analysis zuwenden, soll noch eine Erweiterung der reellen Zahlen behandelt werden, die oft ein tieferes Verständnis der auftretenden Phänome erst ermöglicht.
Für $(x,y),(u,v) \in \mathbf{R}^2$ definieren wir

$$(x,y) \oplus (u,v) := (x+u, y+v),$$

$$(x,y) \odot (u,v) := (xu - yv, xv + yu).$$

Definition 2.1 $\mathbf{C} := \mathbf{R}^2(\oplus, \odot)$ *heißt die Menge der komplexen Zahlen.*

Satz 2.1 $\mathbf{C}$ *ist ein Körper.*

Beweis: Die Assoziativität und Kommutativität von $\oplus, \odot$ sowie das Distributivgesetz sei zur Übung belassen. Als neutrale Elemente ersieht man die komplexen Zahlen
bzgl. $\oplus : (0,0) =: \mathbf{0}$
bzgl. $\odot : (1,0) =: \mathbf{1}$
Als neutrales Element zu (x,y) bzgl. $\oplus$ erhält man leicht

$$\ominus(x,y) = (-x,-y)$$

Im Fall $(x,y) \neq \mathbf{0}$ ist außerdem, wie man durch Nachrechnen sofort bestätigt, das inverse Element bezüglich $\odot$ gegeben durch

$$(x,y)^{-1} = \left(\frac{x}{x^2+y^2}, \frac{y}{x^2+y^2}\right).$$

□

Bemerkung: Die Menge $\tilde{\mathbf{R}} = \{(x,0) \in \mathbf{R}^2 | x \in \mathbf{R}\} \subset \mathbf{C}$ ist bezüglich $\oplus, \cdot$ ein Körper, der sich von $\mathbf{R}$ nur durch die Darstellungsart der Elemente unterscheidet („der *isomorph* zu $\mathbf{R}$ ist").
Die Abbildung $\varphi : \mathbf{R} \longrightarrow \tilde{\mathbf{R}}$, definiert durch $\varphi(x) = (x,0)$ ist bijektiv (sie kann daher als *Umbenennung* von x in $(x,0)$ interpretiert werden), und es gilt

$$\varphi(x+y) = (x+y,0) = (x,0) \oplus (y,0) = \varphi(x) \oplus \varphi(y),$$

$$\varphi(xy) = (xy,0) = (x,0) \odot (y,0) = \varphi(x) \odot \varphi(y).$$

Jeder Aussage über $\tilde{\mathbf{R}}(\oplus, \odot)$ entspricht mittels φ die analoge Aussage in $\mathbf{R}(+,\cdot)$ und umgekehrt. Da nun $\mathbf{R}$ ohnehin nur bis auf Umbenennungen eindeutig ist, kann man auch sagen

$$\mathbf{R} \subset \mathbf{C}$$

und gleich die Schreibweise verabreden

$$\lambda \text{ statt } (\lambda, 0) \in \mathbf{C}, \quad \text{sowie } +, \cdot \text{ statt } \oplus, \odot.$$

Dann ist also

$$\lambda \cdot (x,y) = (\lambda, 0)(x,y) = (\lambda x, \lambda y) = (x,y) \cdot \lambda.$$

Definition 2.2 $i := (0,1)$.

Bemerkung: $(x,y) = x + iy$.
Denn: $z = (x,y) = (x,0) + (0,1) \cdot y = x + iy$.
x heißt der *Realteil*, y (nicht iy!) der *Imaginärteil* von $z = x + iy$ und wir schreiben $x = \Re z, y = \Im z$.

Vereinbarung: Für $z \in \mathbf{C}, n \in \mathbf{N}_0$ sei z^n wie in $\mathbf{R}$ erklärt (s. Definition 1.8), ebenso übertragen sich die Definitionen für $\sum_{k=m}^{n} a_k$, $\prod_{k=m}^{n} a_k$ für $a_k \in \mathbf{C}, m \in \mathbf{N}_0$ unmittelbar.

Bemerkung: Satz 1.14 (binomischer Satz) und Satz 1.15 (geometrische Summenformel) gelten auch für komplexe Zahlen (die Beweise sind wörtlich zu übernehmen).

Satz 2.2 $i^2 = -1$.

Beweis: $i^2 = (=,1) \cdot (0,1) = (-1,0) = -1$. □

Bemerkung: Auf $\mathbf{C}$ existiert keine Ordnungsrelation, $\mathbf{C}$ läßt sich auf keine Weise zu einem angeordneten Körper machen, denn:
$1 \in K(+,\cdot,\leq) \Longrightarrow 1 > 0 \Longrightarrow -1 < 0$ (nach Satz 1.3).
Wegen $a \in K(+,\cdot,\leq) \Longrightarrow a^2 \geq 0$, aber $i^2 = -1 < 0$ folgt die Behauptung.

Bemerkung: Das Distributivgesetzes erlaubt, folgendermaßen zu rechnen:

$$(x+iy)(u+iv) = xu + ixv + iyu + iiyv = xu - yv + i(xv + yu).$$

Definition 2.3 *Für* $z = x+iy \in \mathbf{C}$ *sei* $|z| = \sqrt{x^2+y^2}$ *der* Betrag *von* z *und* $\overline{z} = x - iy$ *die zu* z konjugierte *komplexe Zahl.*

Bemerkung: Für $z \in \mathbf{R}$ stimmt der Betrag mit dem in Definition 1.5 erklärten überein.

Rechenregeln: Für $z, w \in \mathbf{C}, \lambda \in \mathbf{R}$ gilt

1. $\overline{z+w} = \overline{z} + \overline{w}$,
2. $\overline{zw} = \overline{z}\,\overline{w}$,
3. $\overline{\lambda z} = \lambda \overline{z}$,
4. $z\overline{z} = |z|^2$,
5. $z \neq 0 \Longrightarrow \dfrac{w}{z} = \dfrac{w\overline{z}}{z\overline{z}} = \dfrac{1}{|z|^2} \cdot w\overline{z}$,
6. $z + \overline{z} = 2\Re z$,
7. $z - \overline{z} = 2i\Im z$.

Beispiel zu 5: $\quad \dfrac{1+i}{1-i} = \dfrac{(1+i)^2}{(1-i)(1+i)} = \dfrac{1+2i-1}{1-i^2} = \dfrac{2i}{2} = i.$

Satz 2.3 *Für $z, w \in \mathbf{C}$ gilt*

i. $|z| \geq 0$,
ii. $|z| = 0 \Longleftrightarrow z = 0$,
iii. $|z|w = |z||w|$,
iv. $z \neq 0 \Longrightarrow |\frac{1}{1}z = \frac{1}{|z|}$,
v. $|z + w| \leq |z| + |w|$ *(Dreiecksungleichung),*
vi. $|z - w| \geq ||z| - |w|| \geq |z| - |w|$.

Es soll nur die Dreiecksungleichung (in der Form *v.*) bewiesen werden. Dazu stellen wir einen Hilfssatz bereit.

Hilfssatz 2.1 *Für $x, y \in \mathbf{R}_{\geq 0}$ gilt $x \leq y \Longleftrightarrow \sqrt{x} \leq \sqrt{y}$.*

Dies ist nur eine Variante des Hilfssatzes 1.1 (Seite 8 bzw. des Hilfssatzes 1.5 (Seite 23) und ergibt sich unmittelbar aus diesen.

Beweis *der Dreiecksungleichung:*
Es seien komplexe Zahlen z, w gegeben.

1. Fall: $z = 0$. Dann ist $|z + w| = |w| = |z| + |w|$.

2. Fall: $z \neq 0$.
Es gelten die folgenden Äquivalenzen (die genaue Begründung sei zur Übung empfohlen)

$$|z + w| \leq |z| + |w| \Longleftrightarrow |z + w| \cdot \frac{1}{|z|} \leq (|z| + |w|) \cdot \frac{1}{|z|}$$

$$\Longleftrightarrow |1 + \frac{w}{z}| \leq 1 + |\frac{w}{z}|.$$

Also reicht es zu zeigen: Für alle $\xi \in \mathbf{C}$ ist

$$(*) \qquad |1+\xi| \leq 1+|\xi|.$$

Für alle $\xi \in \mathbf{C}$ gilt nach (i): $|1+\xi|, 1+|\xi| \in \mathbf{R}_{\geq 0}$.

Nach dem Hilfssatz 1.5 ist $(*)$ äquivalent zu $|1+\xi|^2 \leq (1+|\xi|)^2$ und wir erhalten die folgende Kette von Äquivalenzen

$$|1+\xi|^2 \leq (1+|\xi|)^2 \Longleftrightarrow (1+\xi)(\overline{1+\xi}) \leq (1+|\xi|)^2$$

$$\Longleftrightarrow (1+\xi)(1+\overline{\xi}) \leq 1+2|\xi|+|\xi|^2 \Longleftrightarrow 1+\overline{\xi}+\xi+|\xi|^2 \leq 1+2|\xi|+|\xi|^2$$

$$\Longleftrightarrow 2\Re\xi \leq 2|\xi| \Longleftrightarrow \Re\xi \leq |\xi| \qquad (**).$$

Wir setzen $\xi = x+iy$. Damit ist $(**)$ äquivalent zu

$$x \leq \sqrt{x^2+y^2}.$$

Wegen $x \leq |x| = \sqrt{x^2} \leq \sqrt{x^2+y^2}$ folgt die Richtigkeit der Behauptung. □

3 Funktionen

Der Begriff der Funktion, also der eindeutigen Zuordnung von Elementen einer Menge A zu Elementen einer Menge B, läßt sich ebenfalls auf den Mengenbegriff zurückführen. Das kartesische Produkt $A \times B$ der beiden Mengen besteht aus allen geordneten Paaren (a, b) von Elementen $a \in A$ und $b \in B$.

Definition 3.1 *Es seien A, B Mengen. Eine Menge $f \subset A \times B$ heißt eine Funktion oder Abbildung von A nach B, falls gilt*

$$\forall x \in A \, \exists! \, y \in B : (x, y) \in f.$$

Nachdem wir diese Definition des Funktionsbegriffes zur Kenntnis genommen haben, kehren wir zu den gewohnten Darstellungen zurück und vereinbaren die

Schreibweisen: $y = f(x) \Longleftrightarrow (x, y) \in f$,

$f : A \to B$ statt $f \subset A \times B$ ist Funktion,

$f(x)$ heißt das Bild von $x \in A$ unter f,

A heißt der Definitionsbereich von f,

B heißt der Wertebereich von f,

$f[A] = \{f(x) | x \in A\}$ heißt die Bildmenge von f,

Für $T \subset B$ heißt $f^{-1}[T] := \{x \in A | f(x) \in T\}$ die Urbildmenge von T.

Definition 3.2 *Für Funktionen $f : A \to B, g : B \to C$ sei die Hintereinanderausführung $g \circ f : A \to C$ definiert durch $g \circ f(x) := g(f(x)) \quad (x \in A)$.*

Definition 3.3 *Sei $f : A \to B$ eine Funktion.*
f heißt injektiv $:\Longleftrightarrow (\forall x, y \in A : x \neq y \Longrightarrow f(x) \neq f(y))$,
f heißt surjektiv $:\Longleftrightarrow \forall y \in B \, \exists x \in A : y = f(x) (\Longleftrightarrow B = f[A])$,
f heißt bijektiv $:\Longleftrightarrow f$ ist injektiv und surjektiv.

Definition 3.4 *Zu einer bijektiven Funktion $f : A \to B$ ist die* Umkehrfunktion *$f^{-1} : B \to A$ gegeben durch*

$$f^{-1}(y) = x :\Longleftrightarrow y = f(x)$$

für alle $x \in A$ und $y \in B$.

Bemerkung: Mit der Bezeichnung $id_A(x) = x$ ($x \in A$) gilt für jede bijektive Funktion $f : A \to B$

$$f^{-1} \circ f = id_A, \quad f \circ f^{-1} = id_B.$$

Definition 3.5 *Es sei A eine Menge und $F : A \to B$ eine Funktion.*
f heißt nach oben beschränkt, *wenn $f[A]$ nach oben beschränkt ist.*
f heißt nach unten beschränkt, *wenn $f[A]$ nach unten beschränkt ist.*
f heißt beschränkt, *wenn $f[A]$ beschränkt ist.*
Eine Funktion $g : A \to \mathbb{C}$ heißt beschränkt, wenn $f := |g| : A \to \mathbb{R}_{\geq 0}$, definiert durch $|g|(x) = |g(x)|, x \in A$, beschränkt ist.

Definition 3.6 *Es sei $A \subset \mathbb{R}$ und $f : A \to \mathbb{R}$ eine Funktion.*
f heißt monoton steigend $:\iff (\forall x, y \in A : x < y \Longrightarrow f(x) \leq f(y))$,
f heißt streng monoton steigend $:\iff (\forall x, y \in A : x < y \Longrightarrow f(x) < f(y))$,
f heißt monoton fallend $:\iff (\forall x, y \in A : x < y \Longrightarrow f(x) \geq f(y))$,
f heißt streng monoton fallend $:\iff (\forall x, y \in A : x < y \Longrightarrow f(x) > f(y))$.

Definition 3.7 *Eine Menge A heißt endlich, wenn es eine bijektive Abbildung von A auf eine beschränkte Teilmenge von $\mathbb{N}$ gibt. Eine Menge A heißt abzählbar (unendlich), wenn es eine bijektive Abbildung von A auf eine unbeschränkte Teilmenge von $\mathbb{N}$ gibt. Eine Menge A heißt überabzählbar (unendlich), wenn A weder endlich noch abzählbar unendlich ist.*

Bemerkung: Eine Menge A ist genau dann endlich, wenn ein $n \in \mathbb{N}$ und eine bijektive Abbildung von A auf $\{k \in \mathbb{N} | k \leq n\}$ existiert.
Eine Menge A ist genau dann abzählbar unendlich, wenn eine bijektive Abbildung von A auf $\mathbb{N}$ existiert.
Auf den Beweis soll hier verzichtet werden.

Zum Abschluß dieses Definitions-Kapitels wollen wir aber noch einige Beispiele vorstellen, die zur mathematischen Grundbildung gezählt werden dürfen.

1) Das zuerst zu behandelnde Beispiel wird traditionell in Form einer Rahmengeschichte gegeben, die den Titel „Hilberts Hotel" trägt: wir stellen uns ein Hotel vor mit abzählbar unendlich vielen Zimmern. Die bijektive Abbildung f der Menge der Zimmer auf $\mathbb{N}$ benutzen wir, um die Zimmer zu numerieren: das Zimmer Z bekommt die Nummer $n \in \mathbb{N}$, falls $f(Z) = n$ gilt, und wir versehen es dann mit dem Namensschild Z_n.
In jedem Zimmer Z_n wohnt ein Gast, der G_n heißen möge. Das Hotel ist somit voll belegt.

Nun fährt ein Bus mit abzählbar unendlich vielen Touristen T_n, ($n \in \mathbb{N}$) vor, die in dem vollen Hotel übernachten wollen. Der Portier sieht darin kein Problem. Er bittet alle Gäste G_n lediglich, ihr Zimmer Z_n zu räumen und in das Zimmer Z_{2n} zu ziehen. Danach sind die Zimmer Z_{2n-1} ($n \in \mathbb{N}$) frei und können durch T_n belegt werden.

2) Die ganzen Zahlen sind abzählbar unendlich. Dies läßt sich mit ganz ähnlichen Überlegungen wie unter 1) einsehen. Allgemeiner zeigt die Argumentation: die endliche Vereinigung abzählbar unendlicher Mengen ist abzählbar unendlich.

3) $\mathbb{Q}$ ist abzählbar unendlich. Das kann wie folgt eingesehen werden:
Für $n \in \mathbb{N}$ sei $I_n := [-n, n]$ und

$$Q_n := \{\frac{k}{n} | k \in \mathbb{Z}, -n^2 \leq k \leq n^2\}$$

die Menge der in I_n enthaltenen rationalen Zahlen, die sich als Quotient mit dem Nenner n schreiben lassen. Eine Bijektion $\varphi : \mathbb{N} \to \mathbb{Q}$ erklären wir dann induktiv.
Es ist $Q_1 = \{-1, 0, 1\}$ und wir definieren $\varphi(1) = -1, \varphi(2) = 0, \varphi(3) = 1$.
Nun nehmen wir an, daß ein $n \in \mathbb{N}$ und dazu eine Zahl $\nu_n \in \mathbb{N}$ gegeben ist mit

$$Q_n = \{\varphi(j) | j \in \mathbb{N} \wedge 1 \leq j \leq \nu_n\}.$$

Außerdem seien die $\varphi(j)$ ($j = 1, \ldots, \nu_n$) paarweise verschieden.
Induktionsschritt: Die Menge der rationalen Zahlen aus $Q_{n+1} \setminus Q_n$ ist endlich, sie besitze genau μ Elemente, die wir der Größe nach durchnumerieren:

$$(-n =) r_1 < r_2 < \ldots < r_{\mu-1} < r_\mu (= n).$$

Nun setzen wir

$$\varphi(\nu_n + 1) := r_1, \varphi(\nu_n + 2) := r_2, \ldots, \varphi(\nu_n + \mu) := r_\mu$$

und definieren $\nu_{n+1} := \nu_n + \mu$. Damit sind die in der Induktionsvoraussetzung genannten Anforderungen erfüllt.
Die so induktiv definierte Abbildung $\varphi : \mathbb{N} \to \mathbb{Q}$ ist bijektiv, wie der Konstruktion leicht zu entnehmen ist.
In diesem Sinn hat $\mathbb{Q}$ also nicht „mehr“ Elemente als die echte Teilmenge $\mathbb{N}$. Anders verhält es sich mit den reellen Zahlen, wie wir im nächsten Beispiel sehen werden.

4) Wir machen deutlich, daß keine surjektive Abbildung $\psi : \mathbb{N} \to [0, 1[$ existiert (so daß erst recht keine bijektive Abbildung $\mathbb{N} \to \mathbb{R}$ möglich ist).
Aus der Schule ist bekannt, daß jede reelle Zahl $x \in [0, 1[$ eine Dezimalbruchdarstellung der Form $x = 0, a_1 a_2 \ldots$ mit Ziffern $a_j \in \{0, \ldots, 9\}$ besitzt, die bis auf 9er Perioden eindeutig ist. Letztere lassen sich bekanntlich aufrunden (was wir hier zunächst ohne Beweis handhaben, die Begründungen werden am Ende des Kapitels 5 nachgeholt). Statt $0,359999\ldots$ werde also $0,360000\ldots$ notiert.

Wir nehmen nun an, es gäbe eine surjektive Abbildung $\psi : \mathbb{N} \to [0,1[$. Für $n \in \mathbb{N}$ schreiben wir $\psi(n) = 0, a_{n1}a_{n2}\dots$ und bilden die Zahl $b = 0, b_1 b_2 \dots$ durch die Vorschrift:

$$b_j := \begin{cases} 1 & \text{falls} \quad a_{jj} \neq 1 \\ 2 & \text{falls} \quad a_{jj} = 1 \end{cases} \qquad (j \in \mathbb{N}).$$

Dann gilt $b \in [0,1[$ und wegen der Surjektivität müßte ein $m \in \mathbb{N}$ existieren mit $\psi(m) = b$. Daraus würde aber $a_{mk} = b_k$ für alle $k \in \mathbb{N}$ folgen, also auch $a_{mm} = b_m$, was der Konstruktion widerspricht.

4 Folgen und Konvergenz

Definition 4.1 *Eine Funktion $a : \mathbb{N} \to \mathbb{C}$ heißt eine komplexe (Zahlen-)Folge. Eine Funktion $a : \mathbb{N} \to \mathbb{R}$ heißt eine reelle (Zahlen-)Folge.*

Schreibweise: Statt $a : \mathbb{N} \to \mathbb{C}$ (bzw. $\mathbb{R}$) notieren wir Folgen bequemer in der Form $a_n = a(n)$ $(n \in \mathbb{N})$ oder $(a_n)_{n\in\mathbb{N}}$ oder kurz als (a_n).

Definition 4.2 *Eine reelle bzw. komplexe Folge $(a_n)_{n\in\mathbb{N}}$ heißt konvergent, wenn ein $a \in \mathbb{R}$ bzw. $a \in \mathbb{C}$ existiert mit der Eigenschaft:*

$$\forall \varepsilon > 0\, \exists n_0 \in \mathbb{N}\, \forall n \in \mathbb{N} : n \geq n_0 \Longrightarrow |a_n - a| < \varepsilon.$$

Die Zahl a heißt dann Grenzwert von $(a_n)_{n\in\mathbb{N}}$.
Eine Folge heißt divergent, wenn sie nicht konvergent ist.

Bezeichnungsweisen: Die (reelle oder komplexe) Folge $(a_n)_{n\in\mathbb{N}}$ sei konvergent mit dem Grenzwert a.
Dann sagen bzw. schreiben wir: (a_n) konvergiert gegen a, oder $a_n \to a$, oder auch $a = \lim_{n\to\infty} a_n$ (damit hier das "=" wirklich wie ein Gleichheitszeichen behandelt werden darf, muß nachgewiesen werden, daß der Grenzwert eindeutig ist. Wir tun dies später und verzichten bis dahin darauf, dieses wirklich als Gleichung zu handhaben). Die Bezeichnung lim steht für Limes (das lateinische Wort für Grenze).

Beispiel 1: $a_n = \frac{1}{n}$.
Behauptung: $\lim_{n\to\infty} = 0$, d.h. a_n ist konvergent und der Grenzwert ist 0.
Zu zeigen ist also: $\forall \varepsilon > 0\, \exists n_0 \in \mathbb{N}\, \forall n \geq n_0 : |\frac{1}{n}| < \varepsilon$.
Wegen $|\frac{1}{n}| = \frac{1}{n}$ folgt dieses aus dem Satz von Eudoxos (Satz 1.20).

Beispiel 2: $a_n = (-1)^n$.
Behauptung: (a_n) ist divergent, also ist zu zeigen

$$\neg\, (\exists a \in \mathbb{R}\, \forall \varepsilon > 0\, \exists n_0 \in \mathbb{N}\, \forall n \in \mathbb{N} : n \geq n_0 \Longrightarrow |a_n - a| < \varepsilon)$$

was äquivalent ist zu

$$\forall a \in \mathbb{R}\, \exists \varepsilon > 0\, \forall n_0 \mathbb{N}\, \exists n \in \mathbb{N} : n \geq n_0 \wedge |a_n - a| \geq \varepsilon.$$

1.Fall: $a = 1$. Wähle $\varepsilon = 1, n = 2n_0 + 1\, (n_0 \in \mathbb{N})$.
Dann ist $n \geq n_0$ und $|a_n - 1| = |-1-1| = 2 \geq 1$.

2.Fall: $a \neq 1$. Es folgt $|1 - a| =: \varepsilon > 0$.
Wähle $n = 2n_0$. Dann ist $n \geq n_0 \wedge |a_n - a| = |1 - a| \geq \varepsilon$.

Beispiel 3: $a_n = n + \frac{i}{n}$.
Wir behaupten: (a_n) ist divergent. Zu zeigen ist also:

$$\forall a \in \mathbf{R}\, \exists \varepsilon > 0\, \forall n_0 \in \mathbf{N}\, \exists n \in \mathbf{N} : n \geq n_0 \ \wedge\ |a_n - a| \geq \varepsilon.$$

Sei $a = \alpha + i\beta$ beliebig vorgegeben. Dann ist

$$|a_n - a| = \sqrt{(n-\alpha)^2 + (\frac{1}{n} - \beta)^2} \geq |n - \alpha|.$$

Nach dem Satz von Archimedes (Satz 1.19) existiert ein $m \in \mathbf{N}$ mit $m > \alpha$.
Das heißt, für alle $k \geq m+1, k \in \mathbf{N}$ ist $k - \alpha > 1$ und damit auch $|k - \alpha| = k - \alpha$.
Wähle nun $\varepsilon := 1, n := \max\{n_0, m+1\}$. Dann ist $n \geq n_0$ und

$$|a_n - a| \stackrel{\text{s.o.}}{\geq} |n - \alpha| \stackrel{n \geq m+1}{=} n - \alpha \stackrel{\text{s.o.}}{>} 1 = \varepsilon.$$

Beispiel 4: $a_n = \dfrac{n-2i}{n-i}$.
Behauptung: $\lim_{n\to\infty} a_n = 1$.
Wir betrachten zunächst

$$|a_n - 1| = |\frac{n-2i}{n-i} - 1| = |\frac{n-2i-n+i}{n-i}| = |\frac{-i}{n-i}| = \frac{|-i|}{|n-i|} = \frac{1}{\sqrt{n^2+1}}$$

$$\leq \frac{1}{\sqrt{n^2}} = \frac{1}{|n|} = \frac{1}{n}.$$

Aus Beispiel 1 wissen wir :

$$\forall \varepsilon > 0\, \exists n_0 \in \mathbf{N}\, \forall n \in \mathbf{N} : n \geq n_0 \Longrightarrow \frac{1}{n} < \varepsilon.$$

Also gilt erst recht

$$\forall \varepsilon > 0\, \exists n_0 \in \mathbf{N}\, \forall n \in \mathbf{N} : n \geq n_0 \Longrightarrow |a_n - 1| < \varepsilon.$$

Es folgt der bereits angekündigte Satz über die Eindeutigkeit des Grenzwertes.

Satz 4.1 *Eine konvergente Folge besitzt genau einen Grenzwert.*

Beweis: Zur Eindeutigkeit: Sei $a, b \in \mathbf{C}$, $(a_n)_{n\in\mathbf{N}}$ eine Folge mit

$$\forall \varepsilon > 0\, \exists n_0 \in \mathbf{N}\, \forall n \in \mathbf{N} : n \geq n_0 \Longrightarrow |a_n - a| < \frac{\varepsilon}{2}$$

und

$$\forall \varepsilon > 0\, \exists m_0 \in \mathbf{N}\, \forall m \in \mathbf{N} : m \geq m_0 \Longrightarrow |a_m - b| < \frac{\varepsilon}{2}.$$

Es sei eine Zahl $\varepsilon > 0$ gegeben und dazu n_0, m_0 wie oben gewählt.

Mit $k_0 = \max\{n_0, m_0\}$ und $|a-b| \leq |a_n - a| + |a_n - b|$ (Dreiecksungleichung) sieht man

$$\forall k \in \mathbf{N} : k \geq k_0 \Longrightarrow |a-b| < \varepsilon$$

Da $\varepsilon > 0$ beliebig wählbar war, folgt $|a-b| = 0$, und damit $a-b=0$, also $a=b$. □

Satz 4.2 *Eine komplexe Folge $(a_n)_{n\in\mathbf{N}}$ konvergiert genau dann, wenn die reellen Folgen $(\Re a_n)_{n\in\mathbf{N}}$ und $(\Im a_n)_{n\in\mathbf{N}}$ beide konvergieren, und dann gilt*

$$\lim_{nto\infty} a_n = \lim_{nto\infty} \Re a_n + i \lim_{nto\infty} \Im a_n.$$

Dem Beweis dieses Satzes stellen wir den folgenden Hilfssatz voran.

Hilfssatz 4.1 *Für $x, y \in \mathbf{R}_{\geq 0}$ ist $\sqrt{x+y} \geq \sqrt{x} + \sqrt{y}$.*

Beweis: Die Ungleichung $\sqrt{x+y} \leq \sqrt{x} + \sqrt{y}$ ist äquivalent zu $x+y \leq x + 2\sqrt{x}\sqrt{y} + y$ (denn nach Definition 1.15 sind die Werte der Wurzel stets ≥ 0, so daß der Hilfssatz 1.5 die Äquivalenz zeigt), und dies ist gleichwertig zu $0 \leq \sqrt{x}\sqrt{y}$, was eine wahre Aussage darstellt. □

Beweis von Satz 4.2:
"$\Longrightarrow$" Sei $a_n \to a = \alpha + i\beta, x_n = \Re a_n, y_n = \Im a_n$. Dann gilt

$$\forall \varepsilon > 0\, \exists n_0 \in \mathbf{N}\, \forall n \in \mathbf{N} : n \geq n_0 \Longrightarrow |a_n - a| = \sqrt{(x_n-\alpha)^2 + (y_n-\beta)^2} < \varepsilon.$$

Wegen $|x_n - \alpha| = \sqrt{(x_n-\alpha)^2} \leq \sqrt{(x_n-\alpha)^2 + (y_n-\beta)^2} < \varepsilon$ (Hilfssatz 2.1) für $n \geq n_0$ folgt $x_n \to \alpha$.
Analog erhält man $y_n \to \beta$.
"$\Longleftarrow$" Aus $x_n \to \alpha \wedge y_n \to \beta$ folgt

$$\forall \varepsilon > 0\, \exists n_0 \in \mathbf{N}\, \forall n \in \mathbf{N} : n \geq n_0 \Longrightarrow |x_n - \alpha| < \frac{\varepsilon}{2}$$

und

$$\forall \varepsilon > 0\, \exists m_0 \in \mathbf{N}\, \forall m \in \mathbf{N} : m \geq m_0 \Longrightarrow |y_m - \beta| < \frac{\varepsilon}{2}.$$

Sei $\varepsilon > 0$ beliebig gewählt und dazu solche n_0, m_0 fixiert. Für $k \geq k_0 := \max\{n_0, m_0\}$ gilt dann sowohl $|x_k - \alpha| < \frac{\varepsilon}{2}$, als auch $|y_k - \beta| < \frac{\varepsilon}{2}$, und das bedeutet mit $a := \alpha + i\beta$ unter Benutzung des obigen Hilfssatzes:

$$|a_k - a| = \sqrt{(x_n-\alpha)^2 + (y_n-\beta)^2} \leq \sqrt{(x_k-a)^2} + \sqrt{(y_k-\beta)^2} < \frac{\varepsilon}{2} + \frac{\varepsilon}{2} < \varepsilon.$$

Also ist gezeigt, da ε beliebig gewählt sein durfte:

$$\forall \varepsilon > 0 \, \exists k_0 \in \mathbb{N} \, \forall k \in \mathbb{N} : k \geq k_0 \Longrightarrow |a_k - a| < \varepsilon.$$

Damit gilt $a_n \to a = \alpha + i\beta$. □

Sprechweise: Anstelle von „es existiert ein $n_0 \in \mathbb{N}$ so, daß für alle $n \in \mathbb{N}$ mit $n \geq n_0$ gilt ..." sagt man auch „für fast alle $n \in \mathbb{N}$ gilt ... ".
„Für fast alle" bedeutet also „bis auf endlich viele".
Schreibweise: Für $a \in \mathbb{C}, \varepsilon > 0$ heißt $U_\varepsilon(a) := \{x \in \mathbb{C} \mid |x - a| < \varepsilon\}$ die (offene) $\varepsilon-$Umgebung von a in $\mathbb{C}$. Entsprechend heißt für $a \in \mathbb{R}, \varepsilon > 0$ die Menge $U_\varepsilon(a) := \{x \in \mathbb{R} \mid |x - a| < \varepsilon\}$ die (offene) $\varepsilon-$Umgebung von a in $\mathbb{R}$.
Bemerkung: Die $\varepsilon-$Umgebungen im Komplexen sind also Kreisscheiben ohne die Peripherie, die reellen $\varepsilon-$Umgebungen sind offene, beschränkte Intervalle.
Damit kann $a_n \to a$ äquivalent notiert werden als: Für jedes $\varepsilon > 0$ gilt $a_n \in U_\varepsilon(a)$ für fast alle $n \in \mathbb{N}$.
Die folgende Definition betrifft eine Abschwächung des Grenzwertbegriffs.

Definition 4.3 *Ein $b \in \mathbb{C}$ heißt Häufungswert der Folge $(a_n)_{n\in\mathbb{N}}$, wenn gilt*

$$\forall \varepsilon > 0 \, \forall n_0 \in \mathbb{N} \, \exists n \in \mathbb{N} : n \geq n_0 \wedge |a_n - b| < \varepsilon.$$

(Man beachte die Veränderung der Quantorenverteilung gegenüber der Konvergenz-Definition und mache sich deren Bedeutung klar!)
Bemerkung: Der Punkt b ist Häufungswert von $(a_n)_{n\in\mathbb{N}}$ genau dann, wenn für jedes $\varepsilon > 0$ gilt: $a_n \in U_\varepsilon(b)$ für unendlich viele $n \in \mathbb{N}$. Dabei ist auch möglich, daß gleichermaßen für unendlich viele $n \in \mathbb{N}$ gilt $a_n \notin U_\varepsilon(b)$.

Beispiel: $a_n = (-1)^n$.
Sei $\varepsilon > 0$ gegeben, $a_{2k} \in U_\varepsilon(1), a_{2k-1} \in U_\varepsilon(-1)$. Nun gilt
Zu jedem $n_0 \in \mathbb{N}$ existiert ein $n = 2k \geq n_0$, und
zu jedem $n_0 \in \mathbb{N}$ existiert ein $n = 2k - 1 \geq n_0$.
Somit sind 1 und -1 beides Häufungswerte von $(a_n)_{n\in\mathbb{N}}$.
Weitere Häufungswerte existieren nicht (in $\mathbb{C}$ nicht, und damit auch in $\mathbb{R}$ nicht), da zu jedem $\alpha \notin \{1, -1\}$ eine ε-Umgebung gefunden werden kann, die sogar überhaupt kein a_n enthält (und damit schon garnicht unendlich viele).
Auffallend ist, daß man diese Folge in zwei Folgen so zerlegen kann, daß die eine gegen 1 und die andere gegen -1 konvergiert. Zur Beantwortung der Frage, ob und wie dieses einem allgemeinen Sachverhalt entspricht, dient die folgende

Definition 4.4 *Es sei $(a_n)_{n\in\mathbb{N}}$ eine Folge und $\varphi : \mathbb{N} \to \mathbb{N}$ streng monoton steigend. Die Folge $(a_{\varphi(n)})_{n\in\mathbb{N}}$ heißt eine Teilfolge von $(a_n)_{n\in\mathbb{N}}$.*

Beispiele: $\varphi(n) = n : (a_{\varphi(n)})_{n\in\mathbb{N}} = (a_n)_{n\in\mathbb{N}}$,
$\varphi(n) = 2n : (a_{\varphi(n)})_{n\in\mathbb{N}} = (a_{2n})_{n\in\mathbb{N}} (= a_2, a_4, a_6, ...)$,
$\varphi(n) = n^n : (a_{\varphi(n)})_{n\in\mathbb{N}} (= a_1, a_4, a_{27}, a_{256}, ...)$.

Bemerkung: Aus $a_n \to a$ folgt $a_{\varphi(n)} \to a$ für jede Teilfolge $(a_{\varphi(n)})_{n\in\mathbb{N}}$ von $(a_n)_{n\in\mathbb{N}}$.

Satz 4.3 *Der Punkt α ist Häufungswert der Folge $(a_n)_{n\in\mathbb{N}}$ genau dann, wenn eine Teilfolge von $(a_n)_{n\in\mathbb{N}}$ existiert, die gegen α konvergiert.*

Beweis: "$\Rightarrow$" Es sei α ein Häufungswert von $(a_n)_{n\in\mathbb{N}}$.
Eine passende Funktion φ soll induktiv definiert werden:
Induktionsanfang: Wähle $n_0 = 1$. Dazu existiert dann ein $n \in \mathbb{N}$ mit

$$n \geq n_0 \wedge |a_n - \alpha| < 1.$$

Ein solches n sei ausgewählt und damit $\varphi(1) := n$ gesetzt.
Induktionsannahme: Es sei $\varphi(j)$ erklärt für $j = 1, ..., k$ mit einem $k \in \mathbb{N}$.
Induktionsschritt: Es sei $\varepsilon := \frac{1}{k+1}, n_0 := \varphi := 1 + \varphi(k)$.
Dann existiert ein $n \in \mathbb{N}$ mit $n \geq n_0 > \varphi(k) \wedge |a_n - \alpha| < \varepsilon$
Wir wählen ein solches n aus und setzen dann $\varphi(k+1) := n$.

Die so induktiv definierte Funktion φ hat nach Konstruktion folgende Eigenschaften:
1) $\varphi : \mathbb{N} \to \mathbb{N}$ ist streng monoton steigend,
2) $\forall k \in \mathbb{N} : |a_{\varphi(k)} - \alpha| < \frac{1}{k}$.
Da zu jedem $\varepsilon > 0$ ein $k_0 \in \mathbb{N}$ existiert mit $\frac{1}{k} < \varepsilon$ für $k \geq k_0$ (Eudoxos!), so folgt aus 2) und 1) sofort $a_{\varphi(k)} \to \alpha$.

"$\Leftarrow$" Es sei $\varphi : \mathbb{N} \to \mathbb{N}$ streng monoton steigend gegeben mit

$$\lim_{k\to\infty} a_{\varphi(k)} = \alpha,$$

das heißt

$$(*) \qquad \forall \varepsilon > 0 \, \exists k_0 \in \mathbb{N} \, \forall k \in \mathbb{N} : k \geq k_0 \Longrightarrow |a_{\varphi(k)} - \alpha| < \varepsilon.$$

Behauptung: $(**) \qquad \forall n_0 \in \mathbb{N} \, \exists k \in \mathbb{N} : \varphi(k) \geq n_0$.
Denn andernfalls hätte man $\exists n_0 \in \mathbb{N} \, \forall k \in \mathbb{N} : \varphi(k) < n_0$. Die Bildmenge $\varphi[\mathbb{N}]$ ist also dann eine nach oben beschränkte Teilmenge von $\mathbb{N}$ und besitzt daher (Übungsaufgabe!) ein Maximum $m \in \varphi[\mathbb{N}]$.
Also existiert ein $l \in \mathbb{N} : \varphi(l) = m$. Wegen der strengen Monotonie von φ gilt aber $\varphi(l+1) > m$, im Widerspruch zur Maximumseigenschaft. Also gilt $(**)$. Wegen der Monotonie folgt aus $(**)$

$$(***) \qquad \forall n_0 \in \mathbb{N} \, \exists k_1 \in \mathbb{N} \, \forall k \in \mathbb{N} : k \geq k_1 \Longrightarrow \varphi(k) \geq n_0.$$

Es sei nun $\varepsilon > 0$ und $n_0 \in \mathbb{N}$ beliebig vorgegeben.
Nach $(*)$ existiert $k_0 = k_0(\varepsilon)$ mit $|a_{\varphi(k)} - \alpha| < \varepsilon$ für alle $k \geq k_0$.

Nach $(***)$ existiert ein $k_1 = k_1(n_0)$ mit $\varphi(k) \geq n_0$ für alle $k \geq k_1$.

Es sei $k_2 := \max\{k_0, k_1\}$ gesetzt; dann gilt

$$\exists k_2 \in \mathbf{N} : \varphi(k_2) \geq n_0 \wedge |a_{\varphi(k_2)} - \alpha| < \varepsilon.$$

Mit $n := \varphi(k_2)$ ergibt sich

$$\exists n \in \mathbf{N} : n \geq n_0 \wedge |a_n - \alpha| < \varepsilon.$$

Wegen der freien Wählbarkeit von ε, n_0 folgt also

$$\forall \varepsilon > 0 \, \forall n_0 \in \mathbf{N} \, \exists n \in \mathbf{N} : n \geq n_0 \wedge |a_n - \alpha| < \varepsilon.$$

Damit ist α Häufungswert von $(a_n)_{n\in\mathbf{N}}$. □

Satz 4.4 *Es sei $(a_n)_{n\in\mathbf{N}}$ eine reelle, nach oben (bzw. nach unten) beschränkte Folge. Die Menge M der Häufungswerte von $(a_n)_{n\in\mathbf{N}}$ sei nicht leer. Dann besitzt M ein Maximum (bzw. ein Minimum).*

Beweis: Es sei $(a_n)_{n\in\mathbf{N}}$ nach oben beschränkt. Dann ist auch M beschränkt.
Sei $x := \sup M$. Zu zeigen ist: $x \in M$, also die Häufungswert-Eigenschaft von x. Dazu sei ein $\varepsilon > 0$ gewählt. Aus Hilfssatz 1.4, sinngemäß auf die Supremum-Situation angewendet, erhalten wir:

$$\exists a \in M : x - \frac{\varepsilon}{2} \leq a \leq x.$$

Insbesondere gilt für diese $a \in M$ also $|x - a| \leq \frac{\varepsilon}{2}$.
Da a Häufungswert von $(a_n)_{n\in\mathbf{N}}$ ist, wissen wir

$$\forall n_0 \in \mathbf{N} \, \exists n \in \mathbf{N} : n \geq n_0 \wedge |a_n - a| < \frac{\varepsilon}{2}.$$

Gilt nun *sowohl* $|a_n - a| < \frac{\varepsilon}{2}$ *als auch* $|x - a| \leq \frac{\varepsilon}{2}$, so folgt

$$|a_n - x| = |a_n - a + a - x| \leq |a_n - a| + |a - x| < \frac{\varepsilon}{2} + \frac{\varepsilon}{2} = \varepsilon.$$

Damit ist gezeigt

$$\forall n_0 \in \mathbf{N} \exists n \in \mathbf{N} : n \geq n_0 \wedge |a_n - x| < \varepsilon.$$

Da $\varepsilon > 0$ beliebig wählbar war, folgt $x \in M$. □

Definition 4.5 *Das Maximum aus Satz 4.4 heißt der Limes superior von $(a_n)_{n\in\mathbf{N}}$ (Schreibweise: $\limsup_{n\to\infty} a_n$ oder $\overline{\lim}_{n\to\infty} a_n$), das Minimum heißt der Limes inferior von $(a_n)_{n\in\mathbf{N}}$ (Schreibweise: $\liminf_{n\to\infty} a_n$ oder $\underline{\lim}_{n\to\infty} a_n$).*

Die Begriffe $\limsup, \liminf$ machen für komplexe Folgen keinen Sinn. Woran liegt das?

Bemerkung: Für eine konvergente reelle Folge $(a_n)_{n\in\mathbb{N}}$ gilt

$$\limsup_{n\to\infty} a_n = \liminf_{n\to\infty} a_n = \lim_{n\to\infty} a_n.$$

Beispiele: 1) $a_n = (-1)^n$; es ist $\liminf_{n\to\infty} a_n = -1$ und $\limsup_{n\to\infty} a_n = 1$.

2) $a_n = 1 + (-1)^n + \frac{1}{n}$; es ist $\liminf_{n\to\infty} a_n = 0$ und $\limsup_{n\to\infty} a_n = 2$.

3) $a_n = (1 + (-1)^n)n - \frac{1}{n}$; hier gilt: $\limsup_{n\to\infty} a_n$ existiert nicht, $\liminf_{n\to\infty} a_n = 0$.

4) $(a_n)_{n\in\mathbb{N}}$ wird induktiv definiert: Es sei $a_1 := 1, q_1 := 1, p_1 := 1$, sowie

$$a_{n+1} := \begin{cases} \frac{1}{q_n+1} & \text{für} \quad p_n = q_n, \text{ und dann } p_{n+1} := 1, q_{n+1} := q_n + 1 \\ \frac{p_n+1}{q_n} & \text{für} \quad p_n < q_n, \text{ und dann } p_{n+1} := p_n + 1, q_{n+1} := q_n \end{cases}.$$

$(a_n)_{n\in\mathbb{N}}$ durchläuft dann alle rationalen Zahlen im Intervall $]0,1]$, die Menge der Häufungswerte ist also $[0,1]$, und damit $\liminf_{n\to\infty} a_n = 0$, $\limsup_{n\to\infty} a_n = 1$.

Bemerkung: Eine konvergente Folge ist beschränkt.

Beweis: Übung.

Rechenregeln für konvergente Folgen: Es seien $(a_n)_{n\in\mathbb{N}}$, $(b_n)_{n\in\mathbb{N}}$ konvergente (komplexe) Folgen mit $a_n \to a, b_n \to b$. Dann gilt

1) $a_n + b_n \to a + b$, 2) $a_n - b_n \to a - b$, 3) $a_n \cdot b_n \to ab$.

4) Falls für alle $n \in \mathbb{N}$ gilt $b_n \neq 0$ und auch $b \neq 0$, so ist auch $\dfrac{a_n}{b_n} \to \dfrac{a}{b}$.

Beweis: Zu 1): Es sei $\varepsilon > 0$ gewählt. Dann gilt

$$\exists n_1 \in \mathbb{N}\, \forall n \in \mathbb{N} : n \geq n_1 \Longrightarrow |a_n - a| < \frac{\varepsilon}{2}$$

und

$$\exists n_2 \in \mathbb{N}\, \forall n \in \mathbb{N} : n \geq n_2 \Longrightarrow |b_n - b| < \frac{\varepsilon}{2}.$$

Mit $n_0 := \max\{n_1, n_2\}$ erhalten wir

$$\forall n \in \mathbb{N} : n \geq n_0 \Longrightarrow |a_n + b_n - a - b| \leq |a_n - a| + |b_n - b| < \frac{\varepsilon}{2} + \frac{\varepsilon}{2} = \varepsilon.$$

Zu 3): $a_n b_n - ab = (a_n - a)b_n + a(b_n - b)$.

Sei $|b_n| \leq B$ für alle $n \in \mathbb{N}$ (s. Bemerkung oben), ohne Einschränkung darf $B > 0$ angenommen werden.

Weiter sei ein $A \in \mathbb{R}$ gewählt mit $A > |a|$ und $\varepsilon > 0$. Dann gilt

$$\exists n_1 \in \mathbb{N}\, \forall n \in \mathbb{N} : n \geq n_1 \Longrightarrow |a_n - a| < \frac{\varepsilon}{2B}$$

sowie

$$\exists n_2 \in \mathbb{N}\, \forall n \in \mathbb{N} : n \geq n_2 \Longrightarrow |b_n - b| < \frac{\varepsilon}{2A}.$$

Mit $n_0 := \max\{n_1, n_2\}$ erhalten wir

$$\forall n \in \mathbb{N} : n \geq n_0 \Longrightarrow |a_n b_n - ab| \leq |a_n - a| \cdot |b_n| + |a| \cdot |b_n - b|$$

$$< \frac{\varepsilon}{2B} + A\frac{\varepsilon}{2A} = \varepsilon.$$

Zu 4): Wegen 3) braucht nur noch gezeigt werden: $\dfrac{1}{b_n} \to \dfrac{1}{b}$.
Es ist

$$\frac{1}{b_n} - \frac{1}{b} = -\frac{b_n - b}{b_n b}.$$

Aus der Voraussetzung folgt die Existenz eines $B > 0$ mit $|b_n| \geq B$ für alle $n \in \mathbb{N}$. Sei nun ein $\varepsilon > 0$ gewählt. Dann gilt

$$\exists n_0 \in \mathbb{N}\, \forall n \in \mathbb{N} : n \geq n_0 \Longrightarrow |b_n - b| < \varepsilon B|b|.$$

Damit sieht man

$$|\frac{1}{b_n} - \frac{1}{b}| = |\frac{b_n - b}{b_n b}| \overset{n \geq n_0}{<} \frac{\varepsilon B|b|}{|b_n|b||} = \frac{\varepsilon B}{|b_n|} \leq \varepsilon.$$

Also gilt $\dfrac{1}{b_n} \to \dfrac{1}{b}$. □

Satz 4.5 *Die reellen Folgen $(a_n)_{n\in\mathbb{N}}$ bzw. $(b_n)_{n\in\mathbb{N}}$ seien konvergent gegen a bzw. b. Gilt $a_n \leq b_n$ für fast alle $n \in \mathbb{N}$, so auch $a \leq b$.*

Beweis: Kontraposition: Wird angenommen $a > b$, so würde für $\varepsilon \leq \frac{|a-b|}{2}$ folgen: Es gibt ein $n_0 \in \mathbb{N}$ so, daß für alle $n \in \mathbb{N}$ mit $n \geq n_0$ gilt

$$|a_n - a| < \varepsilon \wedge |b_n - b| < \varepsilon$$

und damit $a_n > b_n$ für alle $n \geq n_0$. □

Bemerkung: Falls $a_n < b_n$ für alle $n \in \mathbb{N}$ gilt, so folgt aus Satz 4.5 ebenfalls $a \leq b$ für die Grenzwerte, und hier kann Gleichheit auftreten (Beispiel: $\forall n \in \mathbb{N} : 0 < \frac{1}{n}$, aber $0 = \lim \frac{1}{n}$).

Satz 4.6 (Einschachtelungsprinzip) *Es seien $(a_n)_{n\in\mathbb{N}}$, $(b_n)_{n\in\mathbb{N}}$ und $(c_n)_{n\in\mathbb{N}}$ reelle Folgen mit $a_n \leq b_n \leq c_n$ für fast alle $n \in \mathbb{N}$ und es gelte $a_n \to a, c_n \to a$. Dann folgt $b_n \to a$.*

Beweis: Es sei ein $\varepsilon > 0$ gegeben. Wir wissen dann

$$\exists n_0 \in \mathbb{N} \forall n \in \mathbb{N} : n \geq n_0 \Longrightarrow a_n \in U_\varepsilon(a) \wedge c_n \in U_\varepsilon(a) \wedge a_n \leq b_n \leq c_n.$$

Also ist

$$a - \varepsilon < a_n \leq b_n \leq c_n < a + \varepsilon$$

und somit $b_n \in U_\varepsilon(a)$ für $n \geq n_0$, das heißt $b_n \to a$. □

Satz 4.7 *Es sei $(a_n)_{n\in\mathbb{N}}$ eine komplexe Folge mit $|a_n| \to 0$. Dann gilt $a_n \to 0$.*

Beweis: $|a_n - 0| = |a_n| \to 0$. □

Beispiele: 1) $\frac{1}{\sqrt{n}} \to 0$; denn wegen $\frac{1}{n} \to 0$ gilt

$$\forall \varepsilon > 0 \, \exists n_0 \in \mathbb{N} \, \forall n \in \mathbb{N} : n \geq n_0 \Longrightarrow \frac{1}{n} < \varepsilon^2.$$

Nun ist

$$\frac{1}{n} < \varepsilon^2 \Longleftrightarrow \frac{1}{\sqrt{n}} < \varepsilon \Longleftrightarrow |\frac{1}{\sqrt{n}} - 0| < \varepsilon.$$

Ganz analog kann man zeigen: $\sqrt[k]{n} \to 0$ für festes $k \in \mathbb{N}$.
2) $\sqrt[n]{n} \to 1$; es sei $b_n := \sqrt[n]{n} - 1$ gesetzt. Das Ziel ist also, $b_n \to 0$ nachzuweisen. Nach dem Hilfssatz 1.5 gilt $\sqrt[n]{n} > 1$, also $b_n > 0$. Nach der binomischen Formel ist für $n \geq 2$

$$n = (1 + b_n)^n = \sum_{k=0}^{n} \binom{n}{k} {b_n}^k \geq 1 + \binom{n}{2} {b_n}^2$$

$$\Longrightarrow \frac{n-1}{\binom{n}{2}} \geq {b_n}^2 \Longrightarrow \frac{2}{n} \geq {b_n}^2 \Longrightarrow \frac{\sqrt{2}}{\sqrt{n}} \geq b_n \geq 0.$$

Aus dem Einschachtelungsprinzip ergibt sich die Behauptung $b_n \to 0$.
3) Es sei $q \in \mathbb{C}, |q| < 1$. Behauptung: $q^n \to 0$.
Im Fall q=0 ist nichts zu beweisen, so daß gleich $0 < |q| < 1$ angenommen werden darf. Wir setzen $\frac{1}{|q|} =: 1 + h$. Dann ist $h > 0$, und

$$0 \leq ||q^n| - 0| = ||q|^n| = |q|^n = \frac{1}{(1+h)^n} \overset{\text{Bernoulli}}{\leq} \frac{1}{1+nh} < \frac{1}{nh}.$$

Nach der zuständigen Rechenregel gilt $\frac{1}{nh} \to 0$. Nach Satz 4.6 ist damit $|q^n| \to 0$, sowie nach Satz 4.7 $q^n \to 0$.

Satz 4.8 *Die reelle Folge $(a_n)_{n\in\mathbb{N}}$ sei monoton und beschränkt. Dann ist $(a_n)_{n\in\mathbb{N}}$ konvergent.*

Beweis: Es sei $(a_n)_{n\in\mathbb{N}}$ monoton fallend (für monoton steigende Folgen schließt man analog).
Außerdem sei $a := \inf\{a_n | n \in \mathbb{N}\}$ gesetzt und ein $\varepsilon > 0$ gegeben. Nach Hilfssatz 1.4 gilt :

$$\exists n_0 \in \mathbb{N} : a \leq a_{n_0} \leq a + \frac{\varepsilon}{2}.$$

Wegen der Monotonie und der Wahl von a folgt

$$\exists n_0 \in \mathbb{N}\, \forall n \in \mathbb{N} : n \geq n_0 \Longrightarrow a \leq a_n \leq a_{n_0} \leq a + \frac{\varepsilon}{2}$$

und damit

$$\exists n_0 \in \mathbb{N}\, \forall n \in \mathbb{N} : n \geq n_0 \Longrightarrow \underbrace{a - \varepsilon < a_n < a + \varepsilon}_{\text{d.h. } |a_n - a| < \varepsilon}.$$

Da $\varepsilon > 0$ beliebig gewählt werden durfte, folgt $a_n \to a$. □

Satz 4.9 (Intervallschachtelung) *Es sei $(x_n)_{n\in\mathbb{N}}$ eine monoton steigende und $(y_n)_{n\in\mathbb{N}}$ eine monoton fallende reelle Folge mit $y_n - x_n \to 0$. Dann ist sowohl $(x_n)_{n\in\mathbb{N}}$ als auch $(y_n)_{n\in\mathbb{N}}$ konvergent mit demselben Grenzwert.*

Beweis: Es gilt für alle $n, m \in \mathbb{N} : x_n \leq y_m$, denn: wenn es $n_0, m_0 \in \mathbb{N}$ gäbe mit $x_{n_0} > y_{m_0}$, so hätte die angenommene Monotonie zur Folge $y_m - x_n \leq y_{m_0} - x_{n_0}$ für alle $m \geq m_0, n \geq n_0$. Also hätten wir $y_n - x_n \leq y_{m_0} - x_{n_0} < 0$ für fast alle $n \in \mathbb{N}$, im Widerspruch zu $y_n - x_n \to 0$. Insbesondere ist damit gezeigt: $(x_n)_{n\in\mathbb{N}}, (y_n)_{n\in\mathbb{N}}$ sind beide beschränkt.
Nach Satz 4.8 gilt daher $\exists a, b \in \mathbb{R} : x_n \to a, y_n \to b$. Nach einer Rechenregel ist nun $y_n - x_n \to b - a = 0$. □

Korollar 4.10 *Es seien $(x_n)_{n\in\mathbb{N}}$, $(y_n)_{n\in\mathbb{N}}$ wie in Satz 4.9. Dann existiert ein $a \in \mathbb{R}$ mit $\bigcap_{n\in\mathbb{N}}[x_n, y_n] = \{a\}$.*

Beweis: Es sei $a := \lim_{n\to\infty} x_n = \lim_{n\to\infty} y_n$. Wegen der Monotonie ergibt sich $x_n \leq a \leq y_n$ für alle $n \in \mathbb{N}$. Daraus folgt $\bigcap_{n\in\mathbb{N}}[x_n, y_n] \supset \{a\}$.
Andererseits sei ein $b \in \mathbb{R}, b \neq a$ gegeben. Mit $\varepsilon = |b - a| > 0$ hat man $b \notin U_\varepsilon(a)$ und $[x_n, y_n] \subset U_\varepsilon(a)$ für fast alle $n \in \mathbb{N}$, da $x_n, y_n \in U_\varepsilon(a)$ für fast alle n. Also folgt $b \notin \bigcap_{n\in\mathbb{N}}[x_n, y_n]$, und damit $\bigcap_{n\in\mathbb{N}}[x_n, y_n] \subset \{a\}$. □

Satz 4.11 (Bolzano-Weierstraß)
Jede beschränkte (komplexe) Folge besitzt mindestens einen Häufungswert.

Beweis:
1.Fall: $(a_n)_{n\in\mathbf{N}}$ sei eine *reelle* beschränkte Folge.
Wir nehmen an $A \leq a_n \leq B$ für alle $n \in \mathbf{N}$.
Es folgt eine induktive Definition zweier reeller Folgen $(A_n)_{n\in\mathbf{N}}, (B_n)_{n\in\mathbf{N}}$:
Induktionsanfang: $A_1 := A, B_1 = B$.
Induktionsannahme: Es seien $A_1, ..., A_k, B_1, ..., B_k$ bereits definiert mit den Eigenschaften:

$$A_1 \leq A_2 \leq ... \leq A_k,$$

$$B_1 \geq B_2 \geq ... \geq B_k,$$

$$a_n \in [A_k, B_k] \text{ für unendlich viele } n \in \mathbf{N},$$

$$B_k - A_k = \tfrac{B-A}{2^{k-1}}.$$

Induktionsschritt: Das $k-$te Intervall wird halbiert:

$$[A_k, B_k] = \underbrace{[A_k, \frac{A_k + B_k}{2}]}_{=:I_1} \cup \underbrace{[\frac{A_k + B_k}{2}, B_k]}_{=:I_2}.$$

Fall α: Es sei $a_n \in I_1$ für unendlich viele $n \in \mathbf{N}$.
Dann sei gewählt

$$A_{k+1} = A_k, B_{k+1} = \frac{A_k + B_k}{2}.$$

Trifft dieser Fall nicht zu, so tritt zwangsläufig ein der
Fall β: $a_n \in I_2$ für unendlich viele $n \in \mathbf{N}$.
Dann sei gewählt

$$A_{k+1} = \frac{A_k + B_k}{2}, B_{k+1} = B_k$$

In beiden Fällen gilt $B_{k+1} - A_{k+1} = \dfrac{A_k - B_k}{2} = \dfrac{B - A}{2^k}.$

Damit ist die induktive Definition der Folgen $(A_n)_{n\in\mathbf{N}}, (B_n)_{n\in\mathbf{N}}$ abgeschlossen.
Nach dem Intervallschachtelungsprinzip existiert ein $a \in \mathbf{R}$ mit $A_k \to a, B_k \to a$.
Behauptung: a ist Häufungswert von $(a_n)_{n\in\mathbf{N}}$.
Sei $\varepsilon > 0$ beliebig vorgegeben. Dann gilt $[A_k, B_k] \subset U_\varepsilon(a)$ für fast alle $k \in \mathbf{N}$, also $a_n \in U_\varepsilon(a)$ für unendlich viele $n \in \mathbf{N}$ (nach obiger Wahl der Intervalle). Also ist a tatsächlich Häufungswert von $(a_n)_{n\in\mathbf{N}}$.

2. Fall: $(a_n)_{n\in\mathbf{N}}$ sei eine beliebige (beschränkte) komplexe Folge.
Mit $a_n = x_n + iy_n$ ist, wenn A eine Schranke für die Beträge der a_n darstellt:

$$|x_n|, |y_n| \leq |a_n| = \sqrt{x_n^2 + y_n^2} \leq A$$

und damit gilt $-A \leq x_n \leq A$. Nach den Überlegungen im 1. Fall besitzt daher die Folge $(x_n)_{n\in\mathbb{N}}$ einen Häufungswert x.
Nach Satz 4.3 existiert eine Teilfolge $(x_{\varphi(n)})_{n\in\mathbb{N}}$ mit $x_{\varphi(n)} \to x$. Mit $(y_n)_{n\in\mathbb{N}}$ ist auch $(y_{\varphi(n)})_{n\in\mathbb{N}}$ beschränkt, so daß auch wieder eine Teilfolge $y_{\varphi(\psi(n))} \to y$ gefunden werden kann.
Nun ist $x_{\varphi(\psi(n))}$ als Teilfolge der konvergenten Folge $x_{\varphi(n)}$ konvergent mit demselben Grenzwert x.
Schließlich folgt die Konvergenz von $a_{\varphi(\psi(n))}$, einer Teilfolge von a_n gegen $x + iy$ (Satz 4.2). Wiederum aus Satz 4.3 ergibt sich, daß $a := x+iy$ ein Häufungswert von $(a_n)_{n\in\mathbb{N}}$ ist. □

Definition 4.6 *Eine (komplexe) Folge $(a_n)_{n\in\mathbb{N}}$ heißt eine Cauchy-Folge, wenn gilt*

$$\forall \varepsilon > 0\, \exists n_0 \in \mathbb{N}\, \forall n, m \in \mathbb{N} : n, m \geq n_0 \Longrightarrow |a_n - a_m| < \varepsilon.$$

Der folgende Satz spricht die keineswegs selbstverständliche Tatsache aus, daß die konvergenten Folgen genau die Cauchyfolgen sind. Das ist vor allem deshalb überraschend, weil zum Test der Cauchy-Folgen-Eigenschaft der Grenzwert keine Rolle spielt.

Satz 4.12 (Cauchysches Konvergenzkriterium)
Eine (komplexe) Folge $(a_n)_{n\in\mathbb{N}}$ ist genau dann konvergent, wenn sie eine Cauchy-Folge ist.

Beweis: "$\Longrightarrow$" Es gelte $a_n \to a$, also

$$\forall \varepsilon > 0\, \exists n_0 \in \mathbb{N}\, \forall n \in \mathbb{N} : n \geq n_0 \Longrightarrow |a_n - a| < \frac{\varepsilon}{2}.$$

Sei nun $\varepsilon > 0$ gegeben und dazu ein solches n_0 gewählt. Dann gilt für $n, m \geq n_0$:

$$|a_n - a - m| = |a_n - a + a - a_m| \leq |a_n - a| + |a - a_m| < \frac{\varepsilon}{2} + \frac{\varepsilon}{2} = \varepsilon.$$

"$\Longleftarrow$"
Behauptung 1: $(a_n)_{n\in\mathbb{N}}$ ist beschränkt.
Denn: Zu $\varepsilon = 1$ existiert ein $n_0 \in \mathbb{N}$ so, daß für alle $n, m \in \mathbb{N}$ mit $n \geq n_0$ gilt $|a_n - a_m| < \varepsilon$.
Also gilt auch $|a_n - a_{n_0}| < 1$ für alle $n \geq n_0$, und damit

$$|a_n| - |a_{n-0}| \leq |a_n - a_{n_0}| < 1.$$

Daraus ersehen wir

$$\forall n \geq n_0 : |a_n| \leq 1 + |a_{n_0}|$$

und damit

$$\forall n \geq n_0 : |a_n| \leq \max\{1 + |a_{n_0}|, \max\{|a_k| | k \in \mathbf{N} \land k < n_0\}\}.$$

Nach dem Satz von Bolzano und Weierstraß besitzt also $(a_n)_{n \in \mathbf{N}}$ einen Häufungswert a und damit gilt

$$(*) \qquad \forall \varepsilon > 0 \; \forall n_0 \in \mathbf{N} \; \exists n \in \mathbf{N} : n \geq n_0 \; \land |a_n - a| < \frac{\varepsilon}{2}.$$

Behauptung 2: $a_n \to a$
Sei $\varepsilon > 0$ gewählt. Da $(a_n)_{n \in \mathbf{N}}$ eine Cauchy-Folge ist, existiert ein $n \in \mathbf{N}$ mit

$$\forall n, m \in \mathbf{N} : n, m \geq n_0 \Longrightarrow |a_n - a_m| < \frac{\varepsilon}{2}.$$

Ein solches n_0 sei gewählt. Nach $(*)$ existiert dann ein $n \in \mathbf{N}$ mit

$$n \geq n_0 \land |a_n - a| < \frac{\varepsilon}{2}.$$

Für alle $m \in \mathbf{N}, m \geq n_0$ gilt damit

$$|a_m - a| = |a_m - a_n + a_n - a| \leq |a_m - a_n| + |a_n - a| < \frac{\varepsilon}{2} + \frac{\varepsilon}{2} = \varepsilon.$$

Insgesamt ist damit gezeigt:

$$\forall \varepsilon > 0 \exists n_0 \in \mathbf{N} \forall m \in \mathbf{N} : m \geq n_0 \Longrightarrow |a_m - a| < \varepsilon.$$

was behauptet war. □

Beispiele für die Anwendung des Cauchyschen Konvergenzkriteriums lernen wir in Kürze kennen. Als nächstes geben wir eine im Prinzip entbehrliche, aber technisch nützliche Definition.

Definition 4.7 *Die reelle Folge $(a_n)_{n \in \mathbf{N}}$ divergiert gegen $+\infty$ (bzw. gegen $-\infty$), wenn zu jedem $x \in \mathbf{R}_{>0}$ ein $n_0 \in \mathbf{N}$ existiert mit $a_n > x$ (bzw. $a_n < -x$) für alle $n \in \mathbf{N}$ mit $n \geq n_0$.*

Schreibweise: $a_n \to +\infty, a_n \to -\infty, \lim_{n \to \infty} a_n = +\infty, \lim_{n \to \infty} a_n = -\infty$.
Warnung: $+\infty, -\infty$ sind keine Zahlen. Rechnen darf man mit diesen Symbolen nur mit Vorsicht, etwa nach den folgenden

Rechenregeln: Es sei $\alpha \in \mathbf{R}_{>0}$ und für die reellen Folgen

$$(a_n)_{n \in \mathbf{N}}, \; (b_n)_{n \in \mathbf{N}}, \; (c_n)_{n \in \mathbf{N}}$$

gelte

$$a_n \to +\infty, \; b_n \to +\infty, \; c_n \to c \in \mathbf{R}.$$

Dann ist

1. $a_n + b_n \to +\infty$ ("$(+\infty) + (+\infty) = +\infty$"),
2. $-a_n \to -\infty$ ("$-(+\infty) = -\infty$"),
3. $-a_n - b_n \to -\infty$ ("$(-\infty) + (-\infty) = -\infty$"),
4. $a_n + c_n \to +\infty$ ("$(+\infty) + c = +\infty$ für $c \in \mathbf{R}$"),
5. $\alpha a_n \to +\infty$ ("$\alpha \cdot (+\infty) = +\infty$ für $\alpha \in \mathbf{R}_{>0}$"),
6. $a_n b_n \to +\infty$ ("$(+\infty)(+\infty) = +\infty$"),
7. $\forall n \in \mathbf{N} : a_n \neq 0 \Longrightarrow \frac{\alpha}{a_n} \to 0$ ("$\frac{\alpha}{+\infty} = 0$ für $\alpha \in \mathbf{R}_{>0}$").

Nicht pauschal vorhersehbar ist dagegen das Verhalten zum Beispiel von:
$\frac{a_n}{b_n}$ ("$\frac{+\infty}{+\infty}$"), auch zu schreiben als
$\frac{1}{b_n} a_n$ ("$0 \cdot \infty$"), wie auch das von
$a_n - b_n$ ("$+\infty - (+\infty)$").

Es kann hier alles passieren: Divergenz oder Konvergenz gegen irgendeinen Grenzwert (Beispiele suchen!). Man spricht von *unbestimmten Ausdrücken.*

Definition 4.8 *Für eine reelle Folge* $(a_n)_{n \in \mathbf{N}}$ *sei*

$$\limsup_{n\to\infty} a_n =: +\infty :\Longleftrightarrow (a_n)_{n\in\mathbf{N}} \textit{ ist nach oben unbeschränkt},$$

$$\liminf_{n\to\infty} a_n =: -\infty :\Longleftrightarrow (a_n)_{n\in\mathbf{N}} \textit{ ist nach unten unbeschränkt}.$$

Vereinbarung: Für $a \in \mathbf{R}$ gelte $a < +\infty, -\infty < a, -\infty < +\infty$.

Beispiel: $a_n = \sqrt[n]{n!} \to +\infty$, denn es gilt $(\frac{n}{3})^n \leq n!$ (etwas tüftelige Übungsaufgabe unter Verwendung des binomischen Satzes und der geometrischen Summenformel).

5 Unendliche Reihen

Auch in diesem Kapitel sollen komplexe Zahlen in die Betrachtungen einbezogen sein. Das bedeutet keine zusätzliche Schwierigkeit der Überlegungen, sondern einen wesentlichen Vorteil für spätere Untersuchungen. Selbstverständlich gelten alle Resultate automatisch für reelle Folgen und Reihen, da die reellen Zahlen Teil der komplexen sind.

Definition 5.1 *Es sei $(a_k)_{k\in\mathbb{N}}$ eine Folge komplexer Zahlen und*

$$s_n = \sum_{k=1}^{n} a_k \qquad (n \in \mathbb{N}).$$

Die Folge $(s_n)_{n\in\mathbb{N}}$ heißt eine (unendliche) Reihe.

Schreibweise: $(s_n)_{n\in\mathbb{N}} =: \sum_{k=1}^{\infty} a_k$ (analog für Folgen $(a_k)_{k\in\mathbb{N}_0}$).

Definition 5.2 *Eine Reihe $\sum_{k=1}^{\infty} a_k$ heißt konvergent, wenn die Folge der Zahlen $s_n = \sum_{k=1}^{n} a_k$ (n-te Teilsumme der Reihe) konvergiert, andernfalls divergent.*

Schreibweise: Gilt $s_n \to s$, so notieren wir $\sum_{k=1}^{\infty} a_k = s$.
Das Symbol $\sum_{k=1}^{\infty} a_k$ besitzt somit eine doppelte Bedeutung (Folge der Teilsummen *und* Grenzwert, falls existent). Was gemeint ist, muß jeweils dem Zusammenhang entnommen werden.

Satz 5.1 *Konvergiert die Reihe $\sum_{k=1}^{\infty} a_k$, so gilt $a_k \to 0$.*

Beweis: Da $(s_n)_{n\in\mathbb{N}}$ eine Cauchy-Folge ist, gilt $|s_{n+1} - s_n| = |a_{n+1}| \to 0$. □

Beispiele: 1) Die *geometrische Reihe* $\sum_{k=0}^{\infty} q^k \quad (q \in \mathbb{C})$.
1.Fall: $|q| < 1$. Es gilt nach der geometrischen Summenformel

$$s_n = \sum_{k=0}^{n} q^k = \frac{1 - q^{n+1}}{1 - q}.$$

Wegen $q^{n+1} \to 0$ folgt aus den Rechenregeln für konvergente Folgen

$$\sum_{k=0}^{\infty} q^k = \frac{1}{1-q} \qquad (|q| < 1).$$

2.Fall: $|q| \geq 1$.
Dann gilt $|q|^k \not\to 0$, also auch $q^k \not\to 0$ nach Satz 4.7. Nach Satz 5.1 ist daher die Reihe divergent.

2) Die *harmonische Reihe* $\sum_{k=1}^{\infty} \frac{1}{k}$ ist divergent.
(Das zeigt: $a_k \to 0$ ist nur notwendig, aber nicht hinreichend für die Konvergenz der Reihe $\sum_{k=1}^{\infty} a_k$.)
Mit $s_n = \sum_{k=1}^{n} \frac{1}{k}$ gilt

$$|s_{2n} - s_n| = s_{2n} - s_n = \sum_{k=1}^{2n} \frac{1}{k} - \sum_{k=1}^{n} \frac{1}{k} = \sum_{k=n+1}^{2n} \frac{1}{k} \overset{\text{Summandenzahl}}{\geq} n\frac{1}{2n} = \frac{1}{2}.$$

Somit ist für $(s_n)_{n\in\mathbb{N}}$ das Cauchy-Kriterium nicht erfüllt.
Mit den „uneigentlichen Grenzwerten“ können wir auch schreiben

$$\sum_{k=1}^{\infty} \frac{1}{k} = +\infty.$$

3) Die Reihe $\sum_{k=1}^{\infty} \frac{1}{k^2}$ ist konvergent, denn es ist

$$s_n = \sum_{k=1}^{n} \frac{1}{k^2} \leq 1 + \sum_{k=2}^{n} \frac{1}{k^2 - 1} = 1 + \sum_{k=2}^{n} \frac{1}{(k-1)(k+1)}.$$

Wegen $\dfrac{1}{(k-1)(k+1)} = \dfrac{\frac{1}{2}}{k-1} + \dfrac{\frac{-1}{2}}{k+1}$ folgt

$$s_n \leq 1 + \frac{1}{2}\sum_{k=2}^{n} \frac{1}{k-1} - \frac{1}{2}\sum_{k=2}^{n} \frac{1}{k+1} = 1 + \frac{1}{2}\sum_{k=0}^{n-2} \frac{1}{k+1} - \frac{1}{2}\sum_{k=2}^{n} \frac{1}{k+1}$$

$$= 1 + \frac{1}{2} + \frac{1}{4} - \frac{1}{2}\left(\frac{1}{n} + \frac{1}{n+1}\right) \leq 1 + \frac{1}{2} + \frac{1}{4} = \frac{7}{4}.$$

Da $(s_n)_{n\in\mathbb{N}}$ eine monoton wachsende und beschränkte Folge ist, ergibt sich die Konvergenz der Reihe.
Einige Konvergenzkriterien für Reihen erhalten wir unmittelbar durch Umschreiben der entsprechenden Ergebnisse für die Konvergenz von Folgen.

Satz 5.2 (Cauchy-Kriterium für Reihen)
Die Reihe $\sum_{k=1}^{\infty} a_k \quad (a_k \in \mathbb{C})$ *konvergiert genau dann, wenn gilt*

$$\forall \varepsilon > 0 \exists n_0 \in \mathbb{N} \forall n, p \in \mathbb{N} : n \geq n_0 \Longrightarrow |\sum_{k=n+1}^{n+p} a_k| < \varepsilon.$$

Beweis: Die Reihe konvergiert genau dann, wenn die Folge der Teilsummen eine Cauchyfolge ist (nach Satz 4.12). Die Teilsummen s_n bilden genau dann eine Cauchy-Folge, wenn gilt

$$\forall \varepsilon > 0 \exists n_0 \in \mathbb{N} \forall n, m \in \mathbb{N} : n, m \geq n_0 \Longrightarrow |s_n - s_m| < \varepsilon.$$

Ein $\varepsilon > 0$ sei gegeben, dazu ein n_0 wie oben gewählt und $n, m \in \mathbb{N}$ mit $n, m \geq n_0$ fixiert. Es darf gleich $m > n$ angenommen werden (für $m = n$ ist die Aussage trivial). Dann existiert nach Satz 1.11 ein $p \in \mathbb{N}$ mit $m = n + p$, also

$$|s_n - s_m| = |\sum_{k=1}^{n} a_k - \sum_{k=1}^{n+p} a_k| = |\sum_{k=n+1}^{n+p} a_k|.$$

Das gibt die Behauptung. □

Satz 5.3 *Eine Reihe $\sum_{k=1}^{\infty} a_k$ mit $a_k \in \mathbb{R}_{\geq 0}$ für alle $k \in \mathbb{N}$ konvergiert genau dann, wenn die Folge der Teilsummen beschränkt ist.*

Beweis: Die Teilsummenfolge ist wegen $a_k \geq 0$ monoton wachsend. □

Ein sehr handliches Kriterium gilt für solche reellen Reihen, bei denen die Summanden abwechselnd positiv und negativ sind.

Definition 5.3 *Eine Reihe $\sum_{k=1}^{\infty} a_k$ mit $a_k \in \mathbb{R}$ heißt alternierend, wenn für alle $k \in \mathbb{N}$ gilt: $a_k > 0 \Longleftrightarrow a_{k+1} < 0$.*

Bemerkung: Die Reihe $\sum_{k=1}^{\infty} a_k$ ist genau dann alternierend, wenn alle a_k ungleich Null sind und für alle $k \in \mathbb{N}$ entweder $a_k = (-1)^k |a_k|$ oder $a_k = (-1)^{k+1} |a_k|$ gilt.
Auf solche Reihen ist der folgende Satz anwendbar.

Satz 5.4 (Leibniz-Kriterium) *Ist die Reihe $\sum_{k=1}^{\infty} a_k$ ($a_k \in \mathbb{R}$) alternierend und ist $(|a_k|)_{k \in \mathbb{N}}$ eine monotone, gegen Null konvergente Folge, so konvergiert $\sum_{k=1}^{\infty} a_k$.*

Beweis: Mit $s_n = \sum_{k=1}^{n} a_k$ gilt

$$s_{2n+2} - s_{2n} = a_{2n+2} + a_{2n+1},$$

$$s_{2n+3} - s_{2n+1} = a_{2n+3} + a_{2n+2}.$$

Es zwei Fälle möglich:

1. Fall: $a_{2n+2} > 0$. Dann ist $a_{2n+1} < 0$ und $a_{2n+3} < 0$, also

$$a_{2n+2} = |a_{2n+2}| \leq -a_{2n+1} = |a_{2n+1}|,$$

sowie

$$-a_{2n+3} = |a_{2n+3}| \leq a_{2n+2} = |a_{2n+2}|.$$

Damit gilt

$$s_{2n+2} - s_{2n} \leq 0, \text{ d.h. } s_{2n+2} \leq s_{2n}$$

und

$$s_{2n+3} - s_{2n+1} \geq 0, \text{ d.h. } s_{2n+3} \geq s_{2n+1}.$$

Mit $x_n := s_{2n+1}, y := s_{2n}$ haben wir

$$y_n - x_n = s_n - s_{2n+1} = a_{2n+1} \to 0.$$

Nach dem Intervallschachtelungsprinzip (Satz 4.9) konvergieren die Folgen (s_{2n}) und (s_{2n+1}) und besitzen denselben Grenzwert s. Somit ist auch $(s_n)_{n\in\mathbb{N}}$ gegen s konvergent.

Der 2.Fall ($a_{2n+2} < 0$) ist analog zu behandeln. □

Bemerkung: Für eine konvergente alternierende Reihe bilden die Teilsummenfolgen $(s_{2n}), (s_{2n+1})$ eine Intervallschachtelung, die sich auf den Reihengrenzwert zusammenzieht (und damit diesen anzunähern gestattet).

Beispiel: $\sum_{k=1}^{\infty} \frac{(-1)^{k+1}}{k}$ ist konvergent.

Durch Berechnung der ersten Teilsummen erhält man die Näherungen:

$$\text{1. Näherung: } \frac{1}{2} < \sum_{k=1}^{\infty} \frac{(-1)^{k+1}}{k} < 1, \qquad \text{2. Näherung: } \frac{7}{12} < \sum_{k=1}^{\infty} \frac{(-1)^{k+1}}{k} < \frac{5}{6}, \quad \ldots$$

Eine alternierende Reihe $\sum_{k=1}^{\infty} a_k$ mit $a_k \to 0$ (ohne Monotonieforderung) muß nicht konvergent sein.

Beispiel: Es sei $a_{2k-1} = \frac{2}{k}, a_{2k} = \frac{-1}{k}$. Dann ist $\sum_{k=1}^{\infty} a_k$ divergent wegen

$$s_{2n} = \sum_{k=1}^{2n} a_k = \sum_{m=1}^{n} (a_{2m-1} + a_{2m}) = \sum_{m=1}^{n} \frac{1}{m},$$

und dieses ist eine Teilsumme der harmonischen Reihe.

Definition 5.4 *Eine Reihe $\sum_{k=1}^{\infty} a_k$ $(a_k \in \mathbb{C})$ heißt absolut konvergent, wenn die Reihe $\sum_{k=1}^{\infty} |a_k|$ konvergent ist.*

Satz 5.5 *Eine absolut konvergente Reihe $\sum_{k=1}^{\infty} a_k$ ist konvergent und es gilt für die Grenzwerte*

$$|\sum_{k=1}^{\infty} a_k| \leq \sum_{k=1}^{\infty} |a_k|.$$

Beweis: Für alle $n, p \in \mathbb{N}$ ist nach der Dreiecksungleichung

$$|\sum_{k=n+1}^{n+p} a_k| \leq \sum_{k=n+1}^{n+p} |a_k|.$$

Daraus folgt die Konvergenz nach dem Cauchy-Kriterium.
Wegen $|\sum_{k=1}^{n} a_k| \leq \sum_{k=1}^{n} |a_k|$ folgt die Behauptung über die Grenzwerte aus Satz 4.5, da mit $s_n = \sum_{k=1}^{n} a_k$ auch die Folge der Beträge der s_n konvergiert (denn $|s_n - s| \geq ||s_n| - |s||$). □

Satz 5.6 (Majorantenkriterium) *Für $k \in \mathbb{N}$ seien $a_k, c_k \in \mathbb{R}$ gegeben und $\sum_{k=1}^{\infty} c_k$ sei konvergent. Gilt für fast alle $k \in \mathbb{N}$ die Ungleichung*

$$0 \leq a_k \leq c_k,$$

so ist $\sum_{k=1}^{\infty} a_k$ konvergent (die Reihe $\sum_{k=1}^{\infty} c_k$ heißt dann eine konvergente Majorante zu $\sum_{k=1}^{\infty} a_k$).

Beweis: Es gelte $0 \leq a_k \leq c_k$ gleich für alle $k \in \mathbb{N}$ (andernfalls lassen wir die Reihe später beginnen, was für die Konvergenz unerheblich ist). Dann gilt

$$s_n = \sum_{k=1}^{n} a_k \leq \sum_{k=1}^{n} c_k \leq \sum_{k=1}^{\infty} c_k.$$

Demnach ist die, offenkundig monotone, reelle Folge $(s_n)_{n\in\mathbb{N}}$ beschränkt und damit nach Satz 4.8 konvergent. □

Satz 5.7 (Minorantenkriterium) *Für $k \in \mathbb{N}$ seien $b_k, d_k \in \mathbb{R}$ gegeben und $\sum_{k=1}^{\infty} d_k$ divergent angenommen. Gilt für fast alle $k \in \mathbb{N}$ die Ungleichung*

$$b_k \geq d_k \geq 0,$$

so ist auch $\sum_{k=1}^{\infty} b_k$ divergent (die Reihe $\sum_{k=1}^{\infty} d_k$ heißt dann eine divergente Minorante zu $\sum_{k=1}^{\infty} b_k$).

Beweis: Wäre $\sum_{k=1}^{\infty} b_k$ konvergent, so würde nach dem Majorantenkriterium auch $\sum_{k=1}^{\infty} d_k$ konvergieren. □

Sehr nützliche Folgerungen aus dem Majorantenkriterium ergeben sich in Form der beiden nächsten Konvergenzkriterien:

Satz 5.8 (Wurzelkriterium) *Es sei eine komplexe Folge $a_k \in \mathbb{C}$ gegeben und*

$$a := \limsup_{k \to =\infty} \sqrt[k]{|a_k|}.$$

Dann ist die Reihe $\sum_{k=1}^{\infty} a_k$ absolut konvergent, falls $a < 1$ gilt, und divergent im Fall $a > 1$. Für $a = 1$ ist sowohl Konvergenz als auch Divergenz möglich.

Beweis: Folgende Aussagen sind äquivalent:

(i) $\limsup_{k\to\infty} \sqrt[k]{|a_k|} < 1$,

(ii) Es gibt ein $q \in \mathbb{R}, q < 1$ mit $\sqrt[k]{|a_k|} \le q$ für fast alle $k \in \mathbb{N}$.

(i)$\Longrightarrow$(ii): Mit $a = \limsup_{k\to=\infty} \sqrt[k]{|a_k|} < 1$ ist $\varepsilon := \frac{1-a}{2} > 0$.
Dann gilt für fast alle k : $\sqrt[k]{|a_k|} < a + \varepsilon = \frac{a+1}{2} < 1$. Damit ist (ii) mit $q = \frac{a+1}{2}$ erfüllt.
(ii)$\Longrightarrow$(i): Aus (ii) folgt $\limsup_{k\to=\infty} \sqrt[k]{|a_k|} \le q < 1$.

Nun werde $a < 1$ angenommen. Nach (ii) existiert ein $q < 1$ mit $\sqrt[k]{|a_k|} \le q$ für $k \ge k_0$. Setzen wir nun

$$\tilde{a}_k = \begin{cases} 0 & \text{für} \quad k < k_0 \\ a_k & \text{für} \quad k \ge k_0 \end{cases},$$

so gilt

$$\sum_{k=1}^{\infty} \tilde{a}_k \text{ ist } \begin{cases} \text{(absolut) konvergent} \\ \text{divergent} \end{cases} \Longleftrightarrow \sum_{k=1}^{\infty} a_k \text{ ist } \begin{cases} \text{(absolut) konvergent} \\ \text{divergent} \end{cases}.$$

Man darf also gleich annehmen, daß $\sqrt[k]{|a_k|} \le q$ für alle $k \in \mathbb{N}$ gilt und damit auch $|a_k| \le q^k$.
Wegen $q < 1$ ist die geometrische Reihe $\sum_{k=1}^{\infty} q^k$ eine konvergente Majorante zur Reihe $\sum_{k=1}^{\infty} |a_k|$, und somit ist $\sum_{k=1}^{\infty} a_k$ absolut konvergent.

Es sei nun $a > 1$ angenommen. Dann gilt $\sqrt[k]{|a_k|} > 1$ für unendlich viele $k \in \mathbb{N}$, und damit ist $|a_k| > 1$ für unendlich viele $k \in \mathbb{N}$. Daher bilden die a_k keine Nullfolge. Nach Satz 5.1 ist daher $\sum_{k=1}^{\infty} a_k$ divergent.

Daß im Fall $a = 1$ sowohl Divergenz wie auch Konvergenz eintreten kann, zeigen die Beispiele:

Divergenz: $\sum_{k=1}^{\infty} \frac{1}{k}$, wir erhalten $\sqrt[k]{\frac{1}{k}} = \frac{1}{\sqrt[k]{k}} \to 1$ (vgl. Beispiel 2 nach Satz 4.7).

Konvergenz: $\sum_{k=1}^{\infty} \frac{1}{k^2}$, hier gilt $\sqrt[k]{\frac{1}{k^2}} = \frac{1}{\sqrt[k]{k}\sqrt[k]{k}} \to 1$. □

Satz 5.9 (Quotientenkriterium) *Für $k \in \mathbb{N}$ sei $a_k \in \mathbb{C} \setminus \{0\}$. Falls gilt*

$$\limsup_{k\to\infty} |\frac{a_{k+1}}{a_k}| < 1,$$

so ist $\sum_{k=1}^{\infty} a_k$ absolut konvergent. Ist $|\frac{a_{k+1}}{a_k}| \geq 1$ für fast alle k, so ist $\sum_{k=1}^{\infty} a_k$ divergent.

Bevor wir den Beweis geben, soll die Voraussetzung näher betrachtet werden. Falls $\liminf_{k\to\infty} |\frac{a_{k+1}}{a_k}| > 1$ gilt, so folgt $|\frac{a_{k+1}}{a_k}| \geq 1$ für fast alle k, was nach Satz 5.9 Divergenz bedeutet. Andererseits muß aber die Reihe nicht schon divergieren, wenn nur $\limsup_{k\to\infty} |\frac{a_{k+1}}{a_k}| > 1$ ist. Dies zeigt das Beispiel

$$a_k = \begin{cases} 2^{-k} \text{ für } k & \text{ungerade} \\ 2^{-k+2} \text{ für } k & \text{gerade} \end{cases},$$

also $a_1 = \frac{1}{2}, a_2 = 1, a_3 = \frac{1}{8}, a_4 = \frac{1}{4}, \ldots$ und somit

$$s_{2n} = \frac{1}{2} + 1 + \frac{1}{2^3} + \frac{1}{2^2} \cdots + \frac{1}{2^{2n-1}} + \frac{1}{2^{2n-2}}$$

$$= \sum_{m=0}^{2n-1} (\frac{1}{2})^m = \frac{1 - (\frac{1}{2})^{2n}}{\frac{1}{2}} = 2\left(1 - (\frac{1}{2})^{2n}\right),$$

sowie

$$s_{2n+1} = \frac{1}{2} + 1 + \cdots + \frac{1}{2^{2n-1}} + \frac{1}{2^{2n-2}} + \frac{1}{2^{2n+1}}$$

$$= \frac{1}{2^{2n+1}} + \sum_{m=0}^{2n-1} (\frac{1}{2})^m = \frac{1}{2^{2n+1}} + 2(1 - (\frac{1}{2})^{2n}).$$

Daraus folgt die Konvergenz und der Grenzwert von $\sum_{k=1}^{\infty} a_k$, aber

$$\frac{a_{k+1}}{a_k} = \begin{cases} \frac{2^{k-2}}{2^{k+1}} \text{ für } k & \text{gerade} \\ \frac{2^k}{2^{k-1}} \text{ für } k & \text{ungerade} \end{cases} = \begin{cases} \frac{1}{8} & \text{für } k & \text{gerade} \\ 2 & \text{für } k & \text{ungerade} \end{cases}.$$

Hier gilt also

$$\limsup_{k\to\infty} \frac{a_{k+1}}{a_k} = 2 > 1,$$

während die Reihe konvergiert (s.u.).
Bei diesem Beispiel versagt also das Quotientenkriterium, nicht dagegen das Wurzelkriterium. Wir erhalten nämlich

$$\sqrt[k]{|a_k|} = \begin{cases} \frac{1}{2} & \text{für } k \text{ ungerade} \\ & \text{für } k \\ \sqrt[k]{\frac{1}{2^{k-2}}} = \frac{\sqrt[k]{4}}{2} & \text{für } k \text{ gerade} \end{cases}.$$

Also ist

$$\limsup_{k\to\infty} \sqrt[k]{|a_k|} = \frac{1}{2} < 1$$

und damit folgt aus dem Wurzelkriterium die Konvergenz der Reihe.

Beweis *des Quotientenkriteriums:* Die Aussage

$$\limsup_{k\to\infty} |\frac{a_{k+1}}{a_k}| < 1$$

ist gleichbedeutend mit

$$\exists q \in \mathbf{R} : 0 < q < 1 \wedge |\frac{a_{k+1}}{a_k}| \leq q$$

für fast alle k.

Es darf gleich angenommen werden (andernfalls lassen wir die Reihe später beginnen)

$$|\frac{a_{k+1}}{a_k}| \leq q \qquad (k \in \mathbf{N})$$

Behauptung: Mit $M := \frac{|a_1|}{q}$ gilt $|a_k| \leq q^k \cdot M$ für alle $k \in \mathbf{N}$.

Das beweisen wir durch Induktion.

Induktionsanfang: $k = 1 : |a_1| \leq q \cdot \frac{|a_1|}{q}$ gilt.

Induktionsschritt: $|a_{k+1}| \leq |a_k| \cdot q \overset{Ind.vor.}{\leq} q^k \cdot M \cdot q = q^{k+1} \cdot M$.

Die Reihe $\sum_{k=1}^{\infty} q^k M$ ist konvergent:

$$s_n = \sum_{k=1}^{n} q^k M = M \cdot \sum_{k=1}^{n} q^k = Mq \sum_{k=0}^{n-1} q^k = MQ\frac{1-q^n}{1-q} \to \frac{Mq}{1-q}.$$

Damit ist $\sum_{k=1}^{\infty} q^k M$ eine konvergente Majorante zu $\sum_{k=1}^{\infty} |a_k|$.

Die Divergenz im Fall $|\frac{a_{k+1}}{a_k}| \geq 1$ für $k \geq k_0$ ist evident, da dann $|a_k|$ für $k \geq k_0$ monoton wächst. □

Unmittelbar auf die entsprechenden Rechenregeln für Folgen zurückzuführen sind die **Rechenregeln:** Es seien $a_k, b_k, c \in \mathbf{C}$ und $\sum_{k=1}^{\infty} a_k$, $\sum_{k=1}^{\infty} b_k$ konvergente Reihen. Dann sind auch die Reihen $\sum_{k=1}^{\infty} a_k + b_k, \sum_{k=1}^{\infty} a_k - b_k, \sum_{k=1}^{\infty} ca_k$ konvergent und es gilt

$$\sum_{k=1}^{\infty} a_k + b_k = \sum_{k=1}^{\infty} a_k + \sum_{k=1}^{\infty} b_k, \quad \sum_{k=1}^{\infty} a_k - b_k = \sum_{k=1}^{\infty} a_k - \sum_{k=1}^{\infty} b_k, \quad \sum_{k=1}^{\infty} ca_k = c\sum_{k=1}^{\infty} a_k.$$

Das ergibt sich aus der Betrachtung der jeweiligen Partialsummen.

Eine Art allgemeines Kommutativgesetz für konvergente Reihen (das es gestatten würde, die Reihenfolge der Summanden beliebig zu verändern, ohne den Grenzwert zu verändern oder auch nur die Konvergenz stets zu gewährleisten) gilt nicht. Wir betrachten als Beispiel die alternierende harmonische Reihe:

$$s = 1 - \frac{1}{2} + \frac{1}{3} - \frac{1}{4} + \frac{1}{5} - \frac{1}{6} + \ldots$$

deren Grenzwert wir bereits zu $\frac{1}{2} < s < 1$ abgeschätzt haben.
Nun verändern wir die Reihenfolge unendlich vieler Summanden wie folgt [1]

$$s' = \underbrace{1 - \frac{1}{2}} - \frac{1}{4} + \underbrace{\frac{1}{3} - \frac{1}{6}} - \frac{1}{8} + \underbrace{\frac{1}{5} - \frac{1}{10}} - \frac{1}{12} + \underbrace{\frac{1}{7} - \frac{1}{14}} - \ldots$$

$$= \frac{1}{2} - \frac{1}{4} + \frac{1}{6} - \frac{1}{8} + \frac{1}{10} - \frac{1}{12} + \frac{1}{14} - \ldots$$

$$= \frac{1}{2}(1 - \frac{1}{2} + \frac{1}{3} - \frac{1}{4} + \frac{1}{5} - \frac{1}{6} + \frac{1}{7} - \ldots) = \frac{1}{2}s < s$$

Die „umgeordnete“ Reihe konvergiert hier zwar, besitzt aber einen anderen Grenzwert.

Definition 5.5 *Es sei $\delta : \mathbb{N} \to \mathbb{N}$ eine bijektive Abbildung. Die Reihe $\sum_{k=1}^{\infty} a_{\delta(k)}$ heißt dann eine Umordnung der Reihe $\sum_{k=1}^{\infty} a_k$.*

Der nächste Satz ist die Antwort auf die Frage, unter welchen Gegebenheiten die Reihenfolge der Summanden einer Reihe keinen Einfluß auf Konvergenz und Grenzwert besitzt.

Satz 5.10 *Die Reihe $\sum_{k=1}^{\infty} a_k$ mit $a_k \in \mathbb{C}$ sei absolut konvergent. Dann konvergiert jede Umordnung der Reihe, und zwar gegen denselben Grenzwert.*

Beweis: in drei Schritten.
1. Es gelte $a_k \in \mathbb{R}_{\geq 0}$ für alle $k \in \mathbb{N}$.
Wir geben eine Bijektion $\delta : \mathbb{N} \to \mathbb{N}$ vor. Die zur Umordnung gebildete Teilsummenfolge $s'_n = \sum_{k=1}^{n} a_{\delta(k)}$ ist monoton steigend und beschränkt durch $\sum_{k=1}^{\infty} a_k = s$, damit konvergent und es gilt

$$s' = \lim_{n \to \infty} s'_n \leq s.$$

Da $\sum_{k=1}^{\infty} a_k$ aber ebenfalls eine Umordung von

$$\sum_{k=1}^{\infty} a_{\delta(k)}$$

darstellt (die zuständige Bijektion ist δ^{-1}), muß auch gelten $s \leq s'$, also $s = s'$.
2. Es sei $a_k \in \mathbb{R}$ für alle $k \in \mathbb{N}$.
Wir setzen

$$b_k = \frac{|a_k| + a_k}{2}, \quad c_k = \frac{|a_k| - a_k}{2}.$$

[1] Veränderung der Reihenfolge *nur endlich vieler* Summanden beeinträchtigt offenbar weder Konvergenz noch Grenzwert.

Dann gilt

$$0 \leq b_k \leq |a_k|, \quad 0 \leq c_k \leq |a_k|.$$

Aus dem Majorantenkriterium folgt die Konvergenz von $\sum_{k=1}^{\infty} b_k$ und $\sum_{k=1}^{\infty} c_k$. Nach 1. konvergiert jede Umordnung von $\sum_{k=1}^{\infty} b_k$ und $\sum_{k=1}^{\infty} c_k$ gegen ein und denselben Grenzwert. Sei wieder eine Bijektion $\delta : \mathbb{N} \to \mathbb{N}$ gegeben. Wir erhalten dann:

$$\sum_{k=1}^{\infty} a_{\delta(k)} = \sum_{k=1}^{\infty} (b_{\delta(k)} - c_{\delta(k)}) = \sum_{k=1}^{\infty} b_{\delta(k)} - \sum_{k=1}^{\infty} c_{\delta(k)}$$

$$= \sum_{k=1}^{\infty} b_k - \sum_{k=1}^{\infty} c_k = \sum_{k=1}^{\infty} (b_k - c_k) = \sum_{k=1}^{\infty} a_k.$$

3. Es sei schließlich $a_k = x_k + iy_k \in \mathbb{C}$ für alle $k \in \mathbb{N}$.
Wegen $|x_k| \leq \sqrt{x_k{}^2 + y_k{}^2} = |a_k|$ ist $\sum_{k=1}^{\infty} x_k$ absolut konvergent, analog $\sum_{k=1}^{\infty} y_k$. Mit der Bijektion $\delta : \mathbb{N} \to \mathbb{N}$ erhalten wir

$$\sum_{k=1}^{\infty} a_{\delta(k)} = \sum_{k=1}^{\infty} x_{\delta(k)} + i \sum_{k=1}^{\infty} y_{\delta(k)} \stackrel{2.}{=} \sum_{k=1}^{\infty} x_k + i \sum_{k=1}^{\infty} y_k \stackrel{\text{Rech.reg.}}{=} \sum_{k=1}^{\infty} a_k.$$

□

Nun wenden wir uns der Multiplikation zweier Reihen zu. Für endliche Summen folgt aus dem Distributivgesetz

$$(\sum_{k=1}^{n} a_k)(\sum_{j=1}^{m} b_j) = \sum_{k=1}^{n} (\sum_{j=1}^{m} a_k b_j).$$

In einer vernünftigen *Produktreihe* der Reihen $\sum_{k=1}^{\infty} a_k$ und $\sum_{j=1}^{\infty} b_j$) sollte damit jeder Ausdruck des folgenden Schemas genau einmal vorkommen:

$$\begin{array}{ccccc}
a_1b_1 & a_1b_2 & a_1b_3 & a_1b_4 & \cdots \\
a_2b_1 & a_2b_2 & a_2b_3 & a_2b_4 & \cdots \\
a_3b_1 & a_3b_2 & a_3b_3 & a_3b_4 & \cdots \\
a_4b_1 & a_4b_2 & a_4b_3 & a_4b_4 & \cdots \\
. & . & . & . & \cdots \\
. & . & . & . & \cdots \\
. & . & . & . & \cdots
\end{array}$$

Unklar ist allerdings die Reihenfolge. Offensichtlich gibt es sehr viele verschiedene Möglichkeiten, von denen keine gegenüber einer anderen besonders ausgezeichnet wäre. Zum Beispiel könnte man alle „waagerechten Summen“ zuerst bilden und dann die Ergebnisse „von oben nach unten aufsummieren“. Oder man könnte zuerst „Spaltensummen“ bilden und dann „von links nach rechts aufsummieren“. Oder man könnte die „Diagonalensummen“ $a_1b - 1, a_2b_1 + a_1b_2, a_3b_1 + a_2b_2 + a_1b_3, \ldots$ bilden und die Reihe aus diesen Zahlen bilden. Damit sind natürlich längst nicht alle Möglichkeiten aufgeführt. Eine Produktreihe kann jedenfalls dann sinnvoll gebildet werden, wenn das Ergebnis dieser „Summation“ unabhängig von der gewählten Summationsart ist.

Da die Zweierprodukte im obigen Schema ohnehin für beliebige Zahlen stehen, geben wir uns die Situation noch etwas allgemeiner vor in Form eines doppelt-unendlichen Schemas komplexer Zahlen:

$$\begin{array}{ccccc} a_{11} & a_{12} & a_{13} & a_{14} & \cdots \\ a_{21} & a_{22} & a_{23} & a_{24} & \cdots \\ a_{31} & a_{32} & a_{33} & a_{34} & \cdots \\ a_{41} & a_{42} & a_{43} & a_{44} & \cdots \\ . & . & . & . & \cdots \\ . & . & . & . & \cdots \\ . & . & . & . & \cdots \end{array}$$

Dieses Zahlenschema ist die Darstellung einer Abbildung $a : \mathbf{N} \times \mathbf{N} \to \mathbf{C}$, die als $a(n,m) = a_{nm}$ notiert wurde.
Es gibt Bijektionen $\xi : \mathbf{N} \to \mathbf{N} \times \mathbf{N}$ (zum Beispiel die Abzählung im Diagonalverfahren, von der später noch die Rede sein wird). Unser Problem kann also jetzt so gestellt werden: Unter welchen Voraussetzungen an die a_{nm} konvergieren die folgenden Ausdrücke unter Beibehaltung des Grenzwertes:

$$\sum_{n=1}^{\infty}(\sum_{m=1}^{\infty} a_{nm}), \quad \sum_{m=1}^{\infty}(\sum_{n=1}^{\infty} a_{nm}), \quad \sum_{k=1}^{\infty} a(\xi(k)).$$

Die Antwort gibt der folgende Satz.

Satz 5.11 (Umordnungssatz für Doppelreihen) *Es sei* $a : \mathbf{N} \times \mathbf{N} \to \mathbf{C}$ *und* $a_{nm} := a(n,m)$ *für* $n, m \in \mathbf{N}$. *Existiert eine Zahl* $A \in \mathbf{R}$ *mit*

$$\sum_{n=1}^{N}\sum_{m=1}^{N} |a_{nm}| \leq A \quad \textit{für alle } N \in \mathbf{N},$$

so gilt
1) Für jedes $n, m \in \mathbf{N}$ *ist sowohl* $\sum_{k=1}^{\infty} a_{nk}$ *als auch* $\sum_{\ell=1}^{\infty} a_{\ell m}$ *absolut konvergent.*
2) Bezeichnet $\lambda_n = \sum_{k=1}^{\infty} a_{nk}$ *und* $\mu_m = \sum_{\ell=1}^{\infty} a_{\ell m}$ $(n, m \in \mathbf{N})$ *die Grenzwerte, so sind die Reihen* $\sum_{n=1} \infty \lambda_n$ *und* $\sum_{m=1}^{\infty} \mu_m$ *ebenfalls absolut konvergent und besitzen denselben Grenzwert* s.
3) Ist $\xi : \mathbf{N} \to \mathbf{N} \times \mathbf{N}$ *eine Bijektion, so ist* $\sum_{k=1}^{\infty} a(\xi(k))$ *absolut konvergent und es ist auch* $\sum_{k=1}^{\infty} a(\xi(k)) = s$.

Beweis: Wir beweisen zuerst die absolute Konvergenz.
Zu 1): Sei $n, N \in \mathbf{N}, s_N = \sum_{k=1}^{N} |a_{nk}|$ und $M := \max\{n, N\}$. Dann ist

$$s_N \leq \sum_{\ell=1}^{M}\sum_{k=1}^{M} |a_{\ell k}| \leq A.$$

Aus Satz 5.3 folgt die Konvergenz von $\sum_{k=1}^{\infty} |a_{nk}|$, also die absolute Konvergenz von $\sum_{k=1}^{\infty} a_{nk}$ (analog für $\sum_{\ell=1}^{\infty} a_{\ell m}$).

Zu 2) Für $p, q \in \mathbb{N}, p \leq q$ ist (Dreiecksungleichung)

$$\sum_{n=1}^{p} |\sum_{k=1}^{q} a_{nk}| \leq \sum_{n=1}^{p} \sum_{k=1}^{q} |a_{nk}| \leq \sum_{n=1}^{q} \sum_{k=1}^{q} |a_{nk}| \leq A.$$

Wir halten nun p fest und erhalten für $q \to \infty$ nach den Rechenregeln für Folgen sowie aus Satz 4.5

$$\lim_{q\to\infty} \sum_{n=1}^{p} |\sum_{k=1}^{q} a_{nk}| = \sum_{n=1}^{p} \lim_{q\to\infty} |\sum_{k=1}^{q} a_{nk}| = \sum_{n=1}^{p} |\lambda_n| \overset{\text{s.o.}}{\leq} A$$

(die letzte Summenumformung gilt wegen $|z_q| \to |z|$ falls $z_q \to z$). Aus Satz 5.3 folgt die Konvergenz von $\sum_{n=1}^{\infty} |\lambda_n|$, also die absolute Konvergenz von $\sum_{n=1}^{\infty} \lambda_n$.

Zu 3) Es sei $\xi : \mathbb{N} \to \mathbb{N} \times \mathbb{N}$ eine Bijektion, $\xi(k) = (\xi_1(k), \xi_2(k))$ für $k \in \mathbb{N}$. Außerdem sei eine natürliche Zahl N gegeben und

$$M = \max(\{\xi_1(k)|k \leq N\} \cup \{\xi_2(k)|k \leq N\})$$

gesetzt. Dann gilt

$$\sum_{k=1}^{N} |a(\xi(k))| = \sum_{k=1}^{N} |a_{\xi_1(k)\xi_2(k)}| \leq \sum_{p=1}^{M} \sum_{q=1}^{M} |a_{pq}| \leq A.$$

Aus Satz 5.3 folgt wie oben die absolute Konvergenz von $\sum_{k=1}^{\infty} a(\xi(k))$.

4) Es bleibt die Gleichheit der Grenzwerte nachzuweisen.
Dazu sei $\xi = (\xi_1, \xi_2)$ eine Bijektion wie oben und ein $\varepsilon > 0$ beliebig vorgegeben.
Nach 3) existiert ein $\nu_0 \in \mathbb{N}$ mit $\sum_{k=\nu+1}^{\infty} |a(\xi(k))| < \varepsilon$ für $\nu \geq \nu_0$.
Sei ein solches ν_0 und ein $\nu \geq \nu_0$ gewählt sowie

$$n_0 = \max(\{\xi_1(k)|k \leq \nu\} \cup \{\xi_2(k)|k \leq \nu\})$$

gesetzt. Für $\ell, h \geq \nu_0$ betrachten wir

$$|\sum_{n=1}^{\ell} \sum_{m=1}^{h} a_{nm} - \sum_{k=1}^{\nu} a(\xi(k))|.$$

Jeder Summand der zweiten Summe hebt sich auf gegen den entsprechenden aus der ersten Doppelsumme. Es bleiben also höchstens Summanden der ersten Doppelsumme übrig. Wegen der Bijektions-Eigenschaft von ξ müssen sich die übrigbleibenden Summanden aber auch in der Reihe $\sum_{k=\nu+1}^{\infty} a(\xi(k))$ finden lassen. Daher ergibt sich die Abschätzung

$$|\sum_{n=1}^{\ell} \sum_{m=1}^{h} a_{nm} - \sum_{k=1}^{\nu} a(\xi(k))| \leq \sum_{k=\nu+1}^{\infty} |a_{\xi(k)}| < \varepsilon.$$

Da dieses für alle hinreichend großen ℓ, h, ν gilt, folgt mit $h \to \infty$

$$|\sum_{n=1}^{\ell} \lambda_n - \sum_{k=1}^{\nu} a(\xi(k))| \leq \varepsilon$$

und damit auch (zunächst $\ell \to \infty$ und dann $\nu \to \infty$)

$$|\sum_{n=1}^{\infty} \lambda_n - \sum_{k=1}^{\infty} a(\xi(k))| \leq \varepsilon.$$

Da dieses für alle $\varepsilon > 0$ gültig ist, ersehen wir

$$\sum_{n=1}^{\infty} \lambda_n = \sum_{k=1}^{\infty} a(\xi(k)) \quad \overset{\text{analog}}{=} \sum_{m=1}^{\infty} \mu_m.$$

□

Bemerkung: Analog zu Satz 5.11 für $\mathbb{N}^2$ kann man einen Umordnungssatz für $\mathbb{N}^n$ für beliebiges $n \in \mathbb{N}$ formulieren und beweisen.

Satz 5.11 gestattet nun, für absolut konvergente Reihen in vernünftiger Weise ein Produkt einzuführen, da nun für solche Reihen sichergestellt ist, daß es nicht auf die Art (Reihenfolge) ankommt, wie die Einzelprodukte $a_n b_m$ (s.o.) summiert werden.
Es seien $\sum_{n=1}^{\infty} a_n, \sum_{m=1}^{\infty} b_m$ absolut konvergent angenommen.
Wir erhalten

$$\sum_{n=1}^{N} \sum_{m=1}^{N} |a_n b_m| = \left(\sum_{n=1}^{N} |a_n|\right)\left(\sum_{n=1}^{N} |b_m|\right) \leq \left(\sum_{n=1}^{\infty} |a_n|\right)\left(\sum_{n=1}^{\infty} |b_m|\right) =: A.$$

Eine Bijektion $\mathbb{N} \times \mathbb{N} \to \mathbb{N}$ wird durch die „Diagonalabzählung" vermittelt: die Diagonale mit der Nummer k in dem quadratischen Schema für $\mathbb{N} \times \mathbb{N}$ wird gebildet von den Gitterpunkten

$$(1, k), (2, k-1), \ldots, (j, k-j+1), \ldots, (k, 1).$$

Indem wir nacheinander die Gitterpunkte der ersten, der zweiten, u.s.w. Diagonalen in der angegebenen Reihenfolge aufzählen, erhalten wir die gewünschte Bijektion. Diese führt auf die folgende

Definition 5.6 *Die Reihe* $\sum_{k=1}^{\infty} \left(\sum_{j=1}^{k} a_j b_{k-j+1}\right)$ *heißt das Cauchy-Produkt der Reihen* $\sum_{n=1}^{\infty} a_n$ *und* $\sum_{m=1}^{\infty} b_m$.
Für Reihen $\sum_{n=0}^{\infty} a_n$ *und* $\sum_{m=0}^{\infty} b_m$ *ist das Cauchy-Produkt entsprechend zu definieren als* $\sum_{k=0}^{\infty} \left(\sum_{j=0}^{k} a_j b_{k-j}\right)$.

Nach dem Satz 5.11 und der obigen Abschätzung ist dann die Richtigkeit des folgenden Satzes schon klar.

Satz 5.12 *Das Cauchy-Produkt zweier absolut konvergenter Reihen*

$$\sum_{n=1}^{\infty} a_n \text{ und } \sum_{m=1}^{\infty} b_m$$

ist absolut konvergent und es gilt

$$(\sum_{n=1}^{\infty} a_n)(\sum_{m=1}^{\infty} b_m) = \sum_{n=1}^{\infty}(\sum_{m=1}^{\infty} a_n b_m) = \sum_{m=1}^{\infty}(\sum_{n=1}^{\infty} a_n b_m) = \sum_{k=1}^{\infty}(\sum_{j=1}^{k} a_j b_{k-j+1}).$$

Zum Abschluß dieses Kapitels gehen wir auf die Dezimalbruchentwicklung reeller Zahlen ein.
Die Reihe $\sum_{k=1}^{\infty} 10^{-k}$ konvergiert (geometrische Reihe) und somit auch $\sum_{k=1}^{\infty} 9 \cdot 10^{-k}$. Nun sei jedem $k \in \mathbb{N}$ eine Ziffer $a_k \in \{0, 1, \ldots, 9\}$ zugeordnet. Dann stellt die eben angesprochene Reihe eine konvergente Majorante zur Reihe $\sum_{k=1}^{\infty} a_k \cdot 10^{-k}$ dar. Wir zeigen zunächst, daß zu jeder reellen Zahl $x \in [0, 1[$ eine Darstellung

$$x = \sum_{k=1}^{\infty} a_k \cdot 10^{-k}$$

existiert. Dieses ist leicht durch Intervallschachtelung zu erhalten: wir teilen das Intervall $I_0 := [0, 1[$ in 10 gleiche Teile und notieren, in welchem Teilintervall x liegt, etwa

$$x \in [a_1 \frac{1}{10}, (a_1 + 1)\frac{1}{10}[=: I_1.$$

Wir setzen das Verfahren fort mit dem Intervall I_1 statt I_0 und gewinnen so die Ziffer a_2 u.s.w.. Die linken Intervallgrenzen bilden dann die Teilsummenfolge zur Reihe $\sum_{k=1}^{\infty} a_k \cdot 10^{-k}$, und aus Satz 4.6 folgt, daß deren Grenzwert x ist.

Für reelle Zahlen $x > 1$ gehen wir so vor, daß wir $x = n + t$ zerlegen in eine natürliche Zahl n und eine reelle Zahl $t \in [0, 1[$.
Es existiert dann eine größte Zahl $m_1 \in \mathbb{N} \cup \{0\}$ für die $10^{m_1} \leq n$ gilt. Also gibt es eine eindeutig bestimmte größte Ziffer $b_1 \in \{1, \ldots, 9\}$ mit $b_1 \cdot 10^{m_1} \leq n$. Indem wir gegebenenfalls mit $x - b_1 \cdot 10^{m_1}$ anstelle x das Verfahren wiederholen, erhalten wir die nächste Ziffer m_2. Das Verfahren bricht ab, nachdem der Exponent $m = 0$ erreicht ist, und es gilt $n = \sum_{\mu=0}^{m_1} b_\mu 10^\mu$ nach Konstruktion.

Zusammengenommen haben wir also

$$x = \sum_{\mu=0}^{m_1} b_\mu 10^\mu + \sum_{k=1}^{\infty} a_k \cdot 10^{-k},$$

was wir kurz als $b_1 b_2 \ldots b_0, a_1 a_2 \ldots$ notieren.

Für negative reelle Zahlen schreiben wir ein Minuszeichen vor die Dezimalentwicklung des Betrages. Aus der geschilderten Konstruktion ergibt sich auch gleich die Eindeutigkeit der Dezimaldarstellung. Man beachte, daß 9er-Perioden nicht auftreten können, wenn man der obigen Anweisung folgt! Lassen wir solche aus formalen Gründen zu, so stellen wir fest, daß zum Beispiel $0,99999\ldots$ gleich 1 ist wegen

$$\sum_{k=1}^{\infty} 9 \cdot 10^{-k} = \frac{9}{10} \sum_{k=0}^{\infty} \left(\frac{1}{10}\right)^k = \frac{9}{10} \frac{1}{1 - \frac{1}{10}} = 1.$$

Anstelle der Unterteilung des Intervalls in 10 gleiche Teile läßt sich dieselbe Überlegung mit jeder natürlichen Zahl $g \geq 2$ durchführen, und man erhält entsprechend die Dualentwicklung ($g = 2$), die triadische Entwicklung ($g = 3$), die Hexadezimalentwicklung ($g = 16$) und andere.

6 Spezielle Reihen

6.1 Potenzreihen

Definition 6.1 *Für $k \in \mathbb{N}_0$ seien $a_k \in \mathbb{C}$ sowie ein Punkt $z_0 \in \mathbb{C}$ gegeben und $z \in \mathbb{C}$ sei eine (komplexe) Variable. Die Reihe $\sum_{k=0}^{\infty} a_k(z-z_0)^k$ heißt eine Potenzreihe (mit dem Entwicklungspunkt z_0 und den Koeffizienten a_k).*

Satz 6.1 (Cauchy-Hadamard) *Es sei $\sum_{k=0}^{\infty} a_k(z-z_0)^k$ eine Potenzreihe und*

$$a := \limsup_{k \to \infty} \sqrt[k]{|a_k|}$$

(dabei ist $a = \infty$ zugelassen).
Im Fall $a = 0$ konvergiert die Potenzreihe absolut für alle $z \in \mathbb{C}$.
Im Fall $0 < a < \infty$

konvergiert die Potenzreihe absolut für $|z - z_0| < \frac{1}{a}$

divergiert die Potenzreihe für $|z - z_0| > \frac{1}{a}$.

Im Fall $a = \infty$ konvergiert die Potenzreihe nur für $z = z_0$.

Bemerkung: Im Fall $0 < a < \infty$ ist für $|z - z_0| = \frac{1}{a}$ keine allgemeine Vorhersage zum Konvergenzverhalten möglich (s. Beispiel 2 unten).

Beweis: Es ist

$$\sqrt[k]{|a_k(z-z_0)^k|} = \sqrt[k]{|a_k|}|z-z_0|$$

also $\limsup_{k\to\infty} \sqrt[k]{|a_k(z-z_0)^k|} = |z-z_0| \cdot a$. Ist dieses kleiner (bzw. größer) 1, so folgt die behauptete Konvergenz (bzw. Divergenz) aus dem Wurzelkriterium.

Für $a = \infty$ und $z \neq z_0$ bilden die Summanden $a_k(z-z_0)^k$ sicher keine Nullfolge. Für $z = z_0$ konvergiert die Potenzreihe (gegen a_0)[1]. □

[1] Hier erweist sich die Vereinbarung $0^0 = 1$ (Definition 1.8) als praktisch - ohne diese müßte man die Potenzreihe umständlich schreiben als $a_0 + \sum_{k=1}^{\infty} a_k(z-z_0)^k$.

Definition 6.2 *Mit den Bezeichnungen von Satz 6.1 heißt*

$$r = \begin{cases} a^{-1} & \text{für} \quad 0 < a < \infty \\ 0 & \text{für} \quad a = \infty \\ \infty & \text{für } a = 0 \end{cases}$$

der Konvergenzradius der Potenzreihe $\sum_{k=0}^{\infty} a_k(z-z_0)^k$.

Bemerkung: Ist $0 < r$ $(\leq \infty)$ der Konvergenzradius der Potenzreihe $\sum_{k=0}^{\infty} a_k(z-z_0)^k$, so konvergiert diese für alle $z \in \mathbb{C}$ aus der offenen Kreisscheibe $U_r(z_0) = \{z \in \mathbb{C} : |z-z_0| < r\}$ und divergiert für alle $z \in \mathbb{C}$ mit $|z-z_0| > r$. Die Scheibe $U_r(z_0)$ heißt der Konvergenzkreis der Reihe. Für $z \in U_r(z_0)$ ist durch

$$f(z) := \sum_{k=0}^{\infty} a_k(z-z_0)^k$$

eine Funktion $f : U_r(z_0) \to \mathbb{C}$ definiert. Man sagt dann auch: f besitzt in $U_r(z_0)$ eine Entwicklung in eine Potenzreihe oder: f ist in $U_r(z_0)$ analytisch.

Beispiele: 1) $\sum_{k=1}^{\infty}(z+1)^k$. Es ist $z_0 = -1$ und der Konvergenzradius ergibt sich zu

$$r = \frac{1}{\limsup \sqrt[k]{1}} = 1.$$

Die Potenzreihe stellt für $|z+1| < 1$ die Funktion $f(z) = \dfrac{-1}{z}$ dar. Diese Funktion ist für alle $z \in \mathbb{C} \setminus \{0\}$ definiert, während die Reihe für $|z+1| \geq 1$ divergiert.

2) $\displaystyle\sum_{k=1}^{\infty} \frac{z^k}{k}$. Wegen $\sqrt[k]{k} \to 1$ ist hier der Konvergenzradius ebenfalls gleich 1. Auf dem Rand des Konvergenzkreises tritt sowohl Divergenz ($z = 1$, harmonische Reihe) wie Konvergenz ($z = -1$, alternierende harmonische Reihe) auf.

3) $\displaystyle\sum_{k=1}^{\infty} \frac{z^k}{k^2}$. Auch diese Potenzreihe besitzt den Konvergenzradius 1. Aus dem Majorantenkriterium folgt die Konvergenz auf dem gesamten Rand des Konvergenzkreises.

Die Substitution $w := z - z_0$ führt den Entwicklungspunkt z_0 in den Nullpunkt über. Insofern reicht es oft, Aussagen über Potenzreihen für solche um 0 zu formulieren und zu beweisen.

Rechenregeln: Die Potenzreihe $\sum_{k=0}^{\infty} a_k z^k$ bzw. $\sum_{k=0}^{\infty} b_k z^k$ besitze den Konvergenzradius r_1 bzw. r_2. Mindestens für alle z mit $|z| < \min\{r_1, r_2\}$ gilt dann

$$1) \sum_{k=0}^{\infty} a_k z^k + \sum_{k=0}^{\infty} b_k z^k = \sum_{k=0}^{\infty}(a_k + b_k) z^k$$

$$2) \left(\sum_{k=0}^{\infty} a_k z^k\right)\left(\sum_{k=0}^{\infty} b_k z^k\right) = \sum_{n=0}^{\infty}\left(\sum_{m=0}^{n} a_m b_{n-m}\right) x^n.$$

Zu 2): Nach Satz 5.12 konvergiert das Cauchy-Produkt zweier absolut konvergenter Reihen (sogar absolut). Da die rechte Seite in 2) eine Potenzreihe ist, konvergiert sie absolut mindestens dort, wo die links notierten Potentreihen *beide* (und dann absolut) konvergieren. Der Konvergenzradius der rechts stehenden Potenzreihe ist also *mindestens* gleich dem Minimum von r_1 und r_2 (er kann aber auch größer sein, Beispiel?).

6.2 Die Exponentialfunktion

Die Reihe $\sum_{k=0}^{\infty} \frac{z^k}{k!}$ ist wegen

$$\limsup_{k\to\infty} \left| \frac{\frac{z^{k+1}}{(k+1)!}}{\frac{z^k}{k!}} \right| = \limsup_{k\to\infty} \left| \frac{z}{k+1} \right| = 0 < 1$$

nach dem Quotientenkriterium für jedes $z \in \mathbb{C}$ absolut konvergent (das ist auch dem Satz von Cauchy-Hadamard zu entnehmen - der Konvergenzradius ist ∞).

Definition 6.3 *Die Funktion* $\exp : \mathbb{C} \to \mathbb{C}$, *gegeben durch*

$$\exp(z) = \sum_{k=0}^{\infty} \frac{z^k}{k!}$$

heißt die Exponentialfunktion.

Die Exponentialfunktion stellt eine Verbindung zwischen der Addition und der Multiplikation her, die weitreichende Konsequenzen hat und durch die im folgenden Satz behandelte Funktionalgleichung gegeben wird.

Satz 6.2 *Für alle* $z, w \in \mathbb{C}$ *gilt* $\exp(z+w) = \exp(z) \cdot \exp(w)$.

Beweis: Wegen der absoluten Konvergenz der Reihe haben wir das Cauchy-Produkt zur Verfügung und erhalten

$$\begin{aligned}
\exp(z) \cdot \exp(w) &= \left(\sum_{k=0}^{\infty} \frac{z^k}{k!} \right) \left(\sum_{n=0}^{\infty} \frac{z^n}{n!} \right) \\
&= \sum_{m=0}^{\infty} \left(\sum_{l=0}^{m} \frac{z^l}{l!} \frac{w^{m-l}}{(m-l)!} \right) = \sum_{m=0}^{\infty} \left(\sum_{l=0}^{m} \frac{m!}{l!(m-l)!} \frac{z^l w^{m-l}}{m!} \right) \\
&= \sum_{m=0}^{\infty} \left(\frac{1}{m!} \sum_{l=0}^{m} \binom{m}{l} z^l w^{m-l} \right) \overset{\text{binom.S.}}{=} \sum_{m=0}^{\infty} \frac{1}{m!} (z+w)^m = \exp(z+w).
\end{aligned}$$

□

Definition 6.4 *$e := exp(1) = \sum_{k=0}^{\infty} \frac{1}{k!}$ $(= 2,71828...)$ heißt die Eulersche Zahl.*

Bemerkung: $exp(0) = 1$.

Satz 6.3 *Es gilt*

$$\begin{array}{lll} a) & z \in \mathbb{C} & \Longrightarrow & \exp(z) \neq 0, \\ b) & x \in \mathbb{R} & \Longrightarrow & \exp(x) > 0, \\ c) & z \in \mathbb{C} & \Longrightarrow & \exp(-z) = \frac{1}{\exp(z)}, \\ d) & r \in \mathbb{Q} & \Longrightarrow & \exp(r) = e^r. \end{array}$$

Beweis:
Zu a): Wäre $\exp(z) = 0$ für ein $z \in \mathbb{C}$, so hätte man $\exp(z - z) = \exp(0) = 1 = \exp(z) \cdot \exp(-z) = 0 \cdot \exp(-z) = 0$, Widerspruch.
Zu c): Es ist $\exp(z) \cdot \exp(-z) = \exp(0) = 1$.
Zu b): Für $x \geq 0$ ist $\exp(x) = \sum_{k=0}^{\infty} \frac{x^k}{k!} \geq 1 > 0$ und wegen c) ist dann auch $\exp(-x) > 0$.
Zu d): Wegen c) reicht es, $r > 0$ zu betrachten.
Für $n \in \mathbb{N}$ und $x \in \mathbb{R}$ ist $\exp(nx) = (\exp(x))^n$, wie Induktion über n zeigt:
Für den Induktionsanfang $n = 1$ ist nichts zu zeigen.
Den Induktionsschluß erhalten wir aus der Funktionalgleichung: $\exp((n+1)x) = \exp(nx + x) = \exp(nx)\exp(x) = (\exp(x))^{n+1}$.
Nun sei $r = \frac{n}{m}$ mit $n, m \in \mathbb{N}$.

$$(\exp(r))^m = \exp(rm) = \exp(n \cdot 1) = (\exp(1))^n = e^n.$$

Damit ist

$$\exp(r) = \sqrt[m]{e^n} = e^r.$$

□

Satz 6.4 *Für alle $x \in \mathbb{R}$ ist $|\exp(ix)| = 1$.*

Beweis: Für jedes $z \in \mathbb{C}$ ist

$$\overline{\sum_{k=0}^{n} \frac{z^k}{k!}} = \sum_{k=0}^{n} \overline{\frac{z^k}{k!}} = \sum_{k=0}^{n} \frac{\overline{z}^k}{k!}$$

wegen der Rechenregeln aus Kapitel 2 (Seite 29). Offenbar gilt

$$z_n \to z_0 \Longrightarrow \overline{z_n} \to \overline{z_0}$$

(dazu die Folgen $\Re z_n$ und $\Im z_n$ betrachten!). Also ist

$$\overline{\exp(z)} = \exp(\overline{z})$$

und damit

$$|\exp(ix)|^2 = \exp(ix)\overline{\exp(ix)} = \exp(ix)\exp(\overline{ix})$$

$$= \exp(ix)\exp(-ix) = \exp(0) = 1.$$

□

Bemerkung: Die Zahlen $\exp(ix)$ ($x \in \mathbf{R}$) liegen also alle auf dem Kreis um 0 mit dem Radius 1 (Einheitskreislinie). Die Resultate des nächsten Kapitels werden es gestatten, auch die Umkehrung zu zeigen: zu jedem $w \in \mathbf{C}$ mit $|w| = 1$ existiert ein $x \in \mathbf{R}$ mit $w = \exp(ix)$.

Der Verlauf des Graphen der reellen Exponentialfunktion (der aus der Schule bekannt sein dürfte) läßt sich aus den hergeleiteten Ergebnissen qualitativ skizzieren. Es wird zur Übung empfohlen, dies zu tun.

6.3 Sinus und Kosinus

Definition 6.5 *Für $x \in \mathbf{R}$ sei $\cos x := \Re(\exp(ix))$ der Kosinus von x und $\sin x := \Im(\exp(ix))$ der Sinus von x (es ist üblich, bei der Sinus- und Kosinusfunktion wie auch bei einigen anderen, später zu behandelnden Funktionen die Argumentklammern wegzulassen, also nicht $\sin(x)$ zu schreiben).*

Bemerkung: Es gilt also die *Eulersche Formel*

$$\boxed{\exp(ix) = \cos x + i \sin x}$$

Satz 6.5 *Für jedes $x \in \mathbf{R}$ ist*

$$\sin x = \sum_{n=0}^{\infty} \frac{(-1)^n}{(2n+1)!} x^{2n-1} \quad \textit{und} \quad \cos x = \sum_{n=0}^{\infty} \frac{(-1)^n}{(2n)!} x^{2n}.$$

Bemerkung: Durch diese Potenzreihenentwicklungen ist $\cos z$, $\sin z$ sogar für alle $z \in \mathbf{C}$ erklärt.

Beweis: Nach Satz 4.2 ist

$$\cos x = \Re \lim_{m\to\infty} \sum_{k=0}^{2m} \frac{(ix)^k}{k!} = \lim_{m\to\infty} \Re \sum_{k=0}^{2m} \frac{(ix)^k}{k!} = \lim_{m\to\infty} \sum_{n=0}^{2m} \frac{(-1)^n}{(2n)!} x^{2n}.$$

Für $\sin x$ erhält man die Behauptung analog. □

Satz 6.6 *Für jedes $x \in \mathbf{R}$ gilt (es ist üblich, $\cos^2 x$ zu schreiben statt* $(\cos x)^2$, *entsprechend für* sin *und einige andere Funktionen)*

a) $\cos^2 x + \sin^2 x = 1$,

b) $-1 \leq \cos x \leq 1\,,\ -1 \leq \sin x \leq 1$,

c) $\cos x = \cos(-x)\,,\ \sin x = -\sin(-x)$,

d) $\cos 0 = 1\,,\ \sin 0 = 0$.

Beweis: a) folgt aus Satz 6.4 und der Eulerschen Formel, der Rest ist trivial. □

Satz 6.7 (Additionstheoreme) *Für alle $x, y \in \mathbf{R}$ ist*

$\cos(x+y) = \cos x \cos y - \sin x \sin y$,

$\sin(x+y) = \sin x \cos y + \cos x \sin y$.

Beweis: Aus der Eulerschen Formel erhalten wir

$$\begin{aligned}\cos(x+y) + i\sin(x+y) &= \exp(i(x+y)) = \exp(ix)\exp(iy)\\ &= (\cos x + i\sin x)(\cos y + i\sin y)\\ &= \cos x\cos y - \sin x\sin y + i(\sin x\cos y + \cos x\sin y)\,.\end{aligned}$$

□

7 Stetigkeit

7.1 Topologische Begriffe

Wir formulieren ab sofort alles nur für reelle Zahlen, obwohl sehr viele Dinge für $\mathbb{C}$ wörtlich oder zumindest ähnlich ausgedrückt werden könnten. Es ist eine sehr empfehlenswerte Übung, hierzu - zumindest beim zweiten Lesen - eigene Gedanken anzustellen.

Definition 7.1 *$U \subset \mathbb{R}$ heißt eine Umgebung von $x \in \mathbb{R}$ (Kurzschreibweise: Umgebung $U(x)$), wenn ein $\varepsilon > 0$ existiert mit $U_\varepsilon(x) = \{t \in \mathbb{R} \| t - x| < \varepsilon\} \subset U$.*

Definition 7.2 *Eine Menge $X \subset \mathbb{R}$ heißt offen, falls zu jedem $x \in X$ eine Umgebung U von x existiert mit $U \subset X$. Die Menge $Y \subset \mathbb{R}$ heißt abgeschlossen, wenn $X := \mathbb{R} \setminus Y$ offen ist.*

Bemerkung: $\emptyset$ ist offen, $\mathbb{R}$ selbst auch. Damit ist sowohl $\emptyset$ wie auch $\mathbb{R}$ ebenfalls abgeschlossen.

Beispiele: Für $a \leq b$ ist
$]a, b[$ offen, $[a, b]$ abgeschlossen, $[a, b[$ weder offen noch abgeschlossen.
Man überlegt sich leicht, daß
$\mathbb{R} \setminus \mathbb{Z}$ offen, $\mathbb{Z}$ abgeschlossen, $\mathbb{Q}$ weder offen noch abgeschlossen ist.

Satz 7.1 *Die Vereinigung beliebig vieler und der Durchschnitt endlich vieler offener Mengen ist offen. Der Durchschnitt beliebig vieler und die Vereinigung endlich vieler abgeschlossener Mengen ist abgeschlossen.*

Beweis: Sei zu jedem $j \in J$ (beliebige Indexmenge) eine offene Menge X_j gegeben und $X = \bigcup_{j \in J} X_j$ gesetzt.
Wir wählen ein $x \in X$. Dann existiert ein $j \in J$ mit $x \in X_j$. Da X_j offen ist, existiert eine Umgebung U von x mit $U \subset X_j$, also auch $U \subset X$. Da dieses für jedes $x \in X$ gilt, ist X offen.

Es seien endlich viele offene Mengen $X_1, \cdots, X_n$ gegeben und $x \in X' := \bigcup_{k=1}^{n} X_k$. Dann gilt $x \in X_k$ für alle $k = 1, \ldots, n$. Also existiert für alle $k \in \{1, \cdots, n\}$ ein $\varepsilon_k > 0$ mit $U_{\varepsilon_k}(x) \subset X_k$ wegen der Offenheit der X_k. Wir setzen nun

$$\varepsilon := \min\{\varepsilon_1, \cdots, \varepsilon_n\}.$$

Dann gilt $U_\varepsilon(x) \subset X_k$ für alle $k = 1, \cdots, n$ und daher auch $U_\varepsilon(x) \subset X'$. Der endliche Durchschnitt X' ist also offen.
Wegen

$$\mathbf{R} \setminus \bigcap_j Y_j = \bigcup_j (\mathbf{R} \setminus Y_j)$$

und

$$\mathbf{R} \setminus \bigcup_k Y_k = \bigcap_k (\mathbf{R} \setminus Y_k)$$

folgen die entsprechenden Aussagen für abgeschlossene Mengen aus den bewiesenen für offene. □

Definition 7.3 *Es sei $m \subset \mathbf{R}$.*
$x \in \mathbf{R}$ heißt innerer Punkt von M $:\Longleftrightarrow \exists \varepsilon > 0 : U_\varepsilon(x) \subset M$,
$x \in \mathbf{R}$ heißt Berührpunkt von M $:\Longleftrightarrow \forall \varepsilon > 0 : M \cap U_\varepsilon(x) \neq \emptyset$,
$x \in \mathbf{R}$ heißt Häufungspunkt von M $:\Longleftrightarrow \forall \varepsilon > 0 : M \cap U_\varepsilon(x) \setminus \{x\} \neq \emptyset$,
$x \in \mathbf{R}$ heißt isolierter Punkt von M
$:\Longleftrightarrow x \in M \wedge x$ ist nicht Häufungspunkt von M.

Satz 7.2 *Es sei $M \subset \mathbf{R}$. Ein Punkt $x \in \mathbf{R}$ ist Häufungspunkt von M genau dann, wenn es eine injektive Folge von Punkten $x_n \in M$ (also $n \neq m \Longrightarrow x_n \neq x_m$) gibt mit $x_n \to x$.*

Beweis: "$\Longrightarrow$"
Es sei x ein Häufungspunkt von M. Eine passende Folge verschaffen wir uns induktiv:
Induktionsanfang: Sei $x_1 \in M$ gewählt mit $0 < |x_1 - x| < 1$ (muß existieren wegen der Häufungspunkt -Eigenschaft).
Induktionsannahme: Es seien paarweise verschiedene $x_1, \cdots, x_n$ konstruiert mit

$$\frac{1}{2^{n-1}}|x_1 - x| \geq |x_n - x| > 0.$$

Induktionsschritt: Wir wählen ein $x_{n+1} \in M$ mit

$$(*) \qquad 0 < |x_{n+1} - x| < \frac{1}{2}|x_n - x| =: \varepsilon$$

(die Existenz ist klar wegen der Häufungspunkt –Eigenschaft). Dann ist jedenfalls $x_{n+1} \neq x_n$ und

$$(**) \qquad |x_{n+1} - x| \leq \frac{1}{2}\frac{1}{2^{n-1}}|x_1 - x| = \frac{1}{2^n}|x_1 - x|.$$

Die Injektivität der so erhaltenen Folge ergibt sich aus $(*)$ und wegen $(**)$ gilt $x_n \to x$.

"$\Leftarrow$"
Es sei ein $\varepsilon > 0$ gegeben. Dann existiert ein $n_0 \in \mathbb{N}$ so, daß für alle $n \in \mathbb{N}$ mit $n \geq n_0$ gilt $|x_n - x| < \varepsilon$. Da die Folge injektiv ist, gilt sogar $0 < |x_n - x| < \varepsilon$ mit höchstens einer Ausnahme. □

Satz 7.3 (Bolzano-Weierstraß für Mengen)
Jede beschränkte unendliche Menge $M \subset \mathbb{R}$ besitzt mindestens einen Häufungspunkt.

Beweis: Da M eine unendliche Menge ist, existiert eine injektive Folge $y_n \in M$ (hier macht man Gebrauch von einer scheinbar selbstverständlichen Wahlmöglichkeit, die in der axiomatischen Mengenlehre als Auswahlaxiom bezeichnet wird. Das Auswahlaxiom lautet: ist J irgendeine Indexmenge und zu jedem $j \in J$ eine Menge M_j gegeben, so gibt es eine Funktion $\varphi : J \to \bigcup_{j \in J} M_j$ mit der Eigenschaft $\varphi(j) \in M_j$ für alle $j \in J$. Diese „Auswahlfunktion" φ pickt also aus jeder Menge M_j ein Element heraus. Das Unheimliche daran ist aber, daß man im allgemeinen keine *konstruktive* Möglichkeit dafür hat. Fachleute begegnen daher dem Auswahlaxiom mit einer Art von optimistischem Mißtrauen im Hinblick auf die Reinhaltung der Grundlagen, und daher wird sein Gebrauch oft extra erwähnt, im Gegensatz zu den sonstigen Axiomen der Mengenlehre).
Da M beschränkt ist, ist auch (y_n) eine beschränkte Folge und besitzt daher nach dem Satz von Bolzano-Weierstraß für Folgen einen Häufungswert x. Daher existiert eine injektive Teilfolge $x_k = y_{\psi(k)} \to x$. Nach Satz 7.2 ist somit x ein Häufungspunkt von M. □

Beispiele: 1) Die Menge $\{(-1)^n : n \in \mathbb{N}\} = \{-1, 1\}$ hat *keinen* Häufungspunkt, aber die Folge $(-1)^n$ hat die Häufungswerte $-1, 1$.
2) $\{\frac{1}{n} : n \in \mathbb{N}\}$ hat den Häufungspunkt 0, der auch Häufungswert der Folge $\frac{1}{n}$ ist.

Definition 7.4 *Für $M \subset \mathbb{R}$ bezeichnet*
$\overline{M} := \{x \in \mathbb{R} : x$ *ist Berührpunkt von* $M\}$ *die abgeschlossene Hülle von* M,
$\overset{\circ}{M} := \{x \in \mathbb{R} : x$ *ist innerer Punkt von* $M\}$ *der offene Kern von* M,
$\partial M := \overline{M} \setminus \overset{\circ}{M}$ *der Rand von* M *und*
$M' = \{x \in \mathbb{R} : x$ *ist Häufungspunkt von* $M\}$.

Satz 7.4 *Für $M \subset \mathbb{R}$ gilt*

1. $\overset{\circ}{M} \subset M \subset \overline{M}$,
2. M *ist offen* $\Longleftrightarrow \overset{\circ}{M} = M \Longleftrightarrow \partial M \cap M = \emptyset$,
3. M *ist abgeschlossen* $\Longleftrightarrow \overline{M}) = M \Longleftrightarrow \partial M \subset M \Longleftrightarrow H' \subset M$,

4. *$\overline{M} = \bigcap\{X \subset \mathbf{R} : X$ ist abgeschlossen und $M \subset X\}$*
(also ist $\overline{M}$ abgeschlossen),

5. *$\mathring{M} = \bigcup\{Y \subset \mathbf{R} : Y$ ist offen und $Y \subset Y\}$*
(also ist $\mathring{M}$ offen),

6. *M' ist abgeschlossen.*

Beweis: Wir zeigen nur 4. und belassen den Rest als Übungsaufgabe:
" $\subset$ "
Es sei $a \in \overline{M}$, also a ein Berührpunkt von M. Die Behauptung ist dann: ist $X \subset \mathbf{R}$ eine abgeschlossene Menge mit $M \subset X$, so ist $a \in M$. Das ist äquivalent zu der Aussage: ist X abgeschlossen und $a \notin X$, so ist M **keine** Teilmenge von X.

Wir weisen dies nun nach. Ist X abgeschlossen und $a \notin X$, so ist a enthalten in der offenen Menge $Y := \mathbf{R} \setminus X$, und es existiert ein $\varepsilon > 0$ mit $U_\varepsilon(a) \subset Y$. Dann gilt für solches ε auch $U_\varepsilon \cap X = \emptyset$. Da aber a ein Berührpunkt von M ist, enthält $U_\varepsilon(a)$ auch einen Punkt von M. Somit kann M nicht in X enthalten gewesen sein.
" $\supset$ "
Wir zeigen: Ist $a \in \mathbf{R}$ kein Berührpunkt von M, so existiert eine abgeschlossene Menge $X \subset \mathbf{R}$ mit $M \subset X$ und $a \notin X$.
Ist nämlich $a \notin \overline{M}$, so gilt

$$\exists \varepsilon > 0 : M \subset \underbrace{\mathbf{R} \setminus U_\varepsilon(a)}_{=:X}$$

und diese abgeschlossene Menge X enthält nicht den Punkt a. □

Definition 7.5 *Eine Menge $K \subset \mathbf{R}$ heißt kompakt, wenn gilt: sind $X_j \subset \mathbf{R}$ $(j \in J)$ offene Mengen mit $\bigcup_{j \in J} X_j \supset K$, so existieren schon endlich viele $j_1, \cdots, j_n \in J$ mit $\bigcup_{\ell=1}^n X_{j_\ell} \supset K$.*

Beispiele: 1) Das Intervall $I :=]0,1]$ ist nicht kompakt, denn die Mengen $X_j :=]\frac{1}{j}, 2[$ für $j \in J := \mathbf{N}$ *überdecken* I (d.h., deren Vereinigung enthält I), während offenbar keine endliche Auswahl dies leistet.
2) $\mathbf{R}$ selbst ist nicht kompakt, wähle etwa $X_j :=]-j, j[$ mit $j \in J := \mathbf{N}$.
3) Jede endliche Menge ist kompakt (warum ?).

Satz 7.5 (Heine-Borel) *Eine Menge $K \subset \mathbf{R}$ ist genau dann kompakt, wenn sie abgeschlossen und beschränkt ist.*

Beweis: "$\Longrightarrow$" durch Kontraposition:
Es sei K nicht abgeschlossen oder K nicht beschränkt.

1. Fall: K ist nicht abgeschlossen.

Dann existiert ein $a \in \mathbf{R}$, das zwar Berührpunkt von K ist, aber nicht in K liegt. Sei $X_j := \{x \in \mathbf{R} : \frac{1}{j} < |x-a|\}$ $(j \in J := \mathbf{N})$. Wegen $\bigcup_{j \in J} X_j = \mathbf{R} \setminus \{a\}$ gilt $K \subset \bigcup_{j \in J} X_j$. Es seien nun $j_1 < j_2 < \cdots < j_n$ endlich viele Elemente aus J irgendwie ausgewählt. Für $U := \{x \in \mathbf{R} : |x-a| < \frac{1}{j_n}$ gilt dann $U \cap K \neq \emptyset$, aber $U \cap \bigcup_{l=1}^{n} X_{j_l} = \emptyset$.

2. Fall: K ist nicht beschränkt.

Dann ist durch die Intervalle $X_j =]-j, j[$ $(j \in \mathbf{N})$ eine offene Überdeckung von K gegeben, die keine endliche Teilüberdeckung von K besitzen kann.

"$\Longleftarrow$"

Es gelte $K \subset [a_1, b_1]$ für passende $a_1, b_1 \in \mathbf{R}$ und K sei abgeschlossen.
Annnahme: die Behauptung ist falsch.
Wir konstruieren induktiv eine Intervallschachtelung:
Induktionsanfang: $I_1 := [a_1, b_1]$. Nach obiger Annahme gilt:

$$J' \subset J \wedge \bigcup_{j \in J'} X_j \supset K \cap I_1 (= K) \Longrightarrow J' \text{ ist unendlich.}$$

Induktionsvoraussetzung: Es seien Zahlen gewählt mit

$$a_1 \leq a_2 \leq \cdots \leq a_n\,,\ b_1 \geq b_2 \geq \cdots b_n$$

und

$$(i) \qquad I_k = [a_k, b_k]\, b_k - a_k = \frac{b_1 - a_1}{2^{k-1}},$$

$$(ii) \qquad J' \subset J \wedge \bigcup_{j \in J'} \supset K \cap I_k \Longrightarrow J' \text{ ist unendlich für } k = 1, ..., n.$$

Induktionsschritt: Mit $A := [a_n, \frac{a_n + b_n}{2}], B = [\frac{a_n + b_n}{2}, b_n]$ ist $I_n = A \cup B$.

1. Fall: Es gilt

$$J' \subset J \wedge \bigcup_{j \in J'} X_j \supset K \cap A \Longrightarrow J' \text{ ist unendlich.}$$

Dann sei gesetzt

$$a_{n+1} := a_n\,,\ b_{n+1} := \frac{a_n + b_n}{2}.$$

2. Fall: Es gibt eine *endliche* Menge $J' \subset J$ mit $\bigcup_{j \in J'} X_j \supset K \cap A$. Dann muß gelten

$$(\star) \qquad J'' \subset J \wedge \bigcup_{j \in J''} X_j \supset K \cap B \Longrightarrow J'' \text{ ist unendlich .}$$

Denn andernfalls würden endliche Mengen $J', J'' \subset J$ existieren mit

$$\bigcup_{j\in J'} X_j \supset K \cap A \wedge \bigcup_{j\in J''} X_j \supset K \cap B$$

und somit

$$\bigcup_{j\in(J'\cup J'')} X_j \supset K \cap (A \cup B) = K \cap I_n$$

was der Annahme an I_n widerspricht, da $J' \cup J''$ eine endliche Teilmenge von J ist. Also gilt $(\star)$. Analog wie im ersten Fall wählen wir nun

$$a_{n+1} := \frac{a_n + b_n}{2}, b_{n+1} := b_n.$$

In beiden Fällen ist

$$b_{n+1} - a_{n+1} = \frac{1}{2}(b_n - a_n) \overset{\text{Ind.vor.}}{=} \frac{1}{2}\frac{1}{2^{n-1}}(b_1 - a_1) = \frac{b_1 - a_1}{2^n}.$$

Es bezeichne $a = \lim_{n\to\infty} a_n = \lim_{n\to\infty} b_n$ den Grenzwert dieser so erhaltenen Intervallschachtelung.

Behauptung 1: a ist Berührpunkt von K.
Denn: Sei ein $\varepsilon > 0$ gegeben. Dann existiert ein $n \in \mathbb{N}$ so, daß gilt $I_n \subset U_\varepsilon(A)$. Da keine endliche Auswahl der X_j die Menge $K \cap I_n$ überdeckt, folgt jedenfalls $K \cap I_n \neq \emptyset$, und damit auch $K \cap U_\varepsilon(a) \neq \emptyset$.

Behauptung 2: $a \in K$.
Denn: nach Behauptung 1 ist $a \in \overline{K}$ und wegen der Abgeschlossenheit von K gilt $\overline{K} = K$.

Behauptung 3: $\exists j_0 \in J : a \in X_{j_0}$.
Denn: es ist $a \in K \subset \bigcup_{j\in J} X_j$.

Behauptung 4: $\exists j \in J \exists n \in \mathbb{N} : I_n = [a_n, b_n] \subset X_j$.
Denn: Es sei $j_0 \in J$ mit $a \in X_{j_0}$ (nach Behauptung 3). Da X_{j_0} offen ist, existiert ein $\varepsilon > 0$ mit $U_\varepsilon(a) \subset X_{j_0}$. Da die I_n eine Intervallschachtelung bilden, existiert ein $n \in \mathbb{N}$ mit $I_n \subset U_\varepsilon(a)$. Mit $J' := \{j_0\}$ gilt dann aber

$$X_{j_0} = \bigcup_{j\in J'} X_j \supset I_n \supset K \cap I_n.$$

Da J' eine endliche Menge ist, widerspricht das der Konstruktionsvorschrift der I_n.□

Definition 7.6 *Für eine Teilmenge M von $\mathbf{R}$ definieren wir*

$$+\infty \text{ ist uneigentlicher Häufungspunkt von } M :\Longleftrightarrow \quad M \text{ ist nach oben nicht beschränkt,}$$

$$-\infty \text{ ist uneigentlicher Häufungspunkt von } M :\Longleftrightarrow \quad M \text{ ist nach unten nicht beschränkt,}$$

$$a \in \mathbf{R} \text{ ist eigentlicher Häufungspunkt von } M :\Longleftrightarrow a \text{ ist Häufungspunkt von } M.$$

7.2 Definition der Stetigkeit

Definition 7.7 *Es sei $A \subset \mathbf{R}$, $f : A \to \mathbf{R}$ eine Funktion, x_0 ein (eigentlicher oder uneigentlicher) Häufungspunkt von A und $y_0 \in \mathbf{R} \cup \{+\infty, -\infty\}$. Dann sei die Aussage*

$$y_0 = \lim_{\substack{x \to x_0 \\ x \in A}} f(x)$$

gleichbedeutend mit:
für jede Folge $(x_n)_{n \in \mathbf{N}}$ mit $x_n \in A \setminus \{x_0\}\,(n \in \mathbf{N})$ und $x_n \to x_0$ gilt $f(x_n) \to y_0$.

Schreibweise: Wenn A klar ist, schreiben wir $\lim_{x \to x_0} f(x)$.
Die Forderung „für jede Folge..." in Definition 7.7 kann ersetzt werden durch eine Forderung an die Werte von $f(x)$, wenn x „nahe" x_0 und $\neq x_0$ ist, also x sich in einer hinreichend kleinen *punktierten* Umgebung von x_0 befindet. Dieses präzisiert der folgende Satz.

Satz 7.6 *Es sei $A \subset \mathbf{R}, x_0 \in \mathbf{R}$ ein Häufungspunkt von A und $y_0 \in \mathbf{R}$. Dann sind folgende Aussagen äquivalent:*

α) $\lim_{x \to x_0} f(x) = y_0$,

β) $\forall \varepsilon > 0 \; \exists \delta > 0 \; \forall x \in A : x \in U_\delta(x_0) \setminus \{x_0\} \Longrightarrow f(x) \in U_\varepsilon(y_0)$.

Bemerkung: β) bedeutet: Die Abweichung von $f(x)$ gegenüber y_0 läßt sich unter jede gegebene Schranke ε drücken für alle solche $x \in A \setminus \{x_0\}$, die „hinreichend" dicht an x_0 liegen (das heißt, die $|x - x_0| < \delta$ erfüllen).

Beweis *von Satz 7.6:*

$\alpha) \Longrightarrow \beta)$: wir zeigen $\neg\beta) \Longrightarrow \neg\alpha)$.

$\neg\beta)$ bedeutet:

$$\exists \varepsilon > 0 \; \forall \delta > 0 \; \exists x \in A : x \in U_\delta(x_0) \setminus \{x_0\} \;\wedge\; f(x) \notin U_\varepsilon(y_0).$$

Es sei ein solches ε gegeben. Zu jedem $\delta = \frac{1}{n}$ $(n \in \mathbf{N})$ wählen wir ein $x_n \in A$ mit

$$x_n \in U_\delta(x_0) \setminus \{x_0\} \;\wedge\; f(x_n) \notin U_\varepsilon(y_0).$$

Es ist also $x_n \in A \setminus \{x_0\}$, $x_n \to x_0$, aber $f(x_n) \not\to y_0$. Also gilt α) nicht.

$\beta) \Longrightarrow \alpha)$: Es sei eine Folge $x_n \in A \setminus \{x_0\}$ $x_n \to x_0$ gegeben. Zu zeigen ist $f(x_n) \to y_0$, d.h.:

$$\forall \varepsilon > 0 \; \exists n_0 \in \mathbf{N} \; \forall n \in \mathbf{N} : n \geq n_0 \Longrightarrow f(x_n) \in U_\varepsilon(y_0).$$

Es sei ein $\varepsilon > 0$ gegeben und dazu ein $\delta > 0$ gemäß β) gewählt. Wegen $x_n \to x_0$ gilt

$$\exists n_0 \in \mathbf{N} \; \forall n \in \mathbf{N} : n \geq n_0 \Longrightarrow x_n \in U_\delta(x_0).$$

Wegen $x_n \neq x_0$ gilt dann auch $x_n \in U_\delta(x_0) \setminus \{x_0\}$ für $n \geq n_0$. Unter Beachtung von β gilt also

$$\exists n_0 \in \mathbf{N} \; \forall n \in \mathbf{N} : n \geq n_0 \Longrightarrow f(x_n) \in U_\varepsilon(y_0).$$

□

Bemerkung: In Satz 7.6 sind nur eigentliche Häufungspunkte x_0 und reelle Zahlen y_0 zugelassen. Aussagen der Form $y_0 = \lim_{x \to +\infty} f(x)$ (falls $+\infty$ uneigentlicher Häufungspunkt von A ist) oder $\lim_{x \to x_0} f(x) = +\infty$ sind in Definition 7.7 sinnvoll, nicht jedoch in Satz 7.6, β).

Man sollte sich klarmachen, daß die Aussage $y_0 = \lim_{x \to x_0} f(x)$ zwei Teile enthält: $\lim_{x \to x_0} f(x)$ *existiert* und ist y_0.

Für Funktionen $f, g : A \to \mathbf{R}$ erklären wir in naheliegender Weise Summe $f + g$, Produkt $f \cdot g$, Differenz $f - g$ und (falls $g(x) \neq 0$ für alle $x \in A$) Quotient $\dfrac{f}{g}$ punktweise für $x \in A$: $(f+g)(x) := f(x) + g(x)$, $(f \cdot g)(x) := f(x) \cdot g(x)$ (und ähnliche Bildungen).

Aus den Rechenregeln für konvergente Folgen ersehen wir dann unmittelbar die folgenden

Rechenregeln: Es seien $f, g : A \to \mathbf{R}$, $A \subset \mathbf{R}$ und x_0 ein Häufungspunkt von A sowie $y_0, y_1 \in \mathbf{R}$ mit $y_0 = \lim_{x \to x_0} f(x)$, $y_1 = \lim_{x \to x_0} g(x)$. Dann gilt

1) $\lim_{x \to x_0}(f+g)(x) = y_0 + y_1$ und $\lim_{x \to x_0}(f \cdot g)(x) = y_0 \cdot y_1$.

2) Falls $g(x) \neq 0$ ist für alle $x \in A$ und $y_1 \neq 0$, so ist $\lim\limits_{x \to x_0} \dfrac{f(x)}{g(x)} = \dfrac{y_0}{y_1}$.

Ändern wir die Bedingung β) in Satz 7.6 ab zu

$$\beta') \qquad \forall \varepsilon > 0 \; \exists \delta > 0 \forall x \in A : x \in U_\delta(x_0) \Longrightarrow f(x) \in U_\varepsilon(y_0)$$

so ist zur Konkurrenz nun auch $x = x_0$ zugelassen, und β') kann nur dann erfüllt sein, wenn $f(x_0) \in U_\varepsilon(y_0)$ für jedes $\varepsilon > 0$ ist. Das ist aber nur möglich, wenn $y_0 = f(x_0)$ gilt, so daß der Grenzwert von $f(x)$ für $x \to x_0$ gleich y_0 sein muß.

In Satz 7.6 war x_0 als ein Häufungspunkt von A vorausgesetzt worden. Die Bedingung β') ist für sich genommen auch sinnvoll, wenn x_0 ein isolierter Punkt von A ist. Es tritt dann folgendes ein: Wählt man $\delta > 0$ hinreichend klein, so ist $U_\delta(x_0) \cap A = \{x_0\}$, so daß die Bedingung β') immer erfüllt ist.
Auch β) kann für isolierte Punkte x_0 von A betrachtet werden; allerdings ist die Forderung für hinreichend kleine $\delta > 0$ leer, da kein $x \in A$ mit $x \in U_\delta(x_0) \setminus \{x_0\}$ existiert. Insofern ist die Bedingung β) dann auch erfüllt.

Es folgt die zentrale Definition dieses Kapitels und eine der bedeutsamsten der gesamten Analysis.

Definition 7.8 *Es sei $A \subset \mathbf{R}$ und $a \in A$. Eine Funktion $f : A \to \mathbf{R}$ heißt stetig in a, wenn gilt*

$$\forall \varepsilon > 0 \; \exists \delta > 0 \; \forall x \in A : x \in U_\delta(a) \Longrightarrow f(x) \in U_\varepsilon(f(a)).$$

Die Funktion f heißt stetig auf A, wenn f in jedem Punkt $a \in A$ stetig ist.

Satz 7.7 *Es sei $f : A \to \mathbf{R}$ eine Funktion und $a \in A \subset \mathbf{R}$ ein Häufungspunkt von A. Dann sind die folgenden Aussagen äquivalent:*

1) f ist in a stetig,

2) $\lim\limits_{\substack{x \to a \\ x \in A}} f(x) = f(a)$ (d.h. der Limes existiert und ist gleich $f(a)$).

Beweis: Die Aussage 2) ist nach Satz 7.6 äquivalent zu

$$\forall \varepsilon > 0 \exists \delta > 0 \forall x \in A : x \in U_\delta(a) \setminus \{a\} \Longrightarrow f(x) \in U_\varepsilon(f(a)).$$

Dies ist äquivalent zu 1), da $f(a) \in U_\varepsilon(f(a))$ stets gilt. Der Fall eines isolierten Punktes ist trivial.

□

Die obigen Rechenregeln für Funktionengrenzwerte lassen sich nun wie folgt formulieren.

Rechenregeln: Es seien $f, g : A \to \mathbf{R}$ Funktionen. Dann gilt

1) f, g stetig in $a \in A \Longrightarrow f + g$ stetig in a,
2) f, g stetig in $a \in A \Longrightarrow f \cdot g$ stetig in a,
3) f, g stetig in $a \in A$ und $g(x) \neq 0$ für alle $x \in A \Longrightarrow \dfrac{f}{g}$ stetig in a.

Bemerkung: Es sei $c_0 \in \mathbf{R}$, $id(x) = x$, $c(x) = c_0\,(x \in A)$. Die Funktionen id und c sind stetig auf $\mathbf{R}$.
Denn ist ein $\varepsilon > 0$ und ein $a \in \mathbf{R}$ gegeben, so gilt mit $\delta := \varepsilon$

$$x \in U_\delta(a) \Longrightarrow id(x) = x \in U_\varepsilon(id(a))(= U_\delta(a))$$

sowie

$$x \in U_\delta(a) \Longrightarrow c(x) = c_0 \in U_\varepsilon(c(a))(= U_\delta(c_0)).$$

Beim ersten Beispiel kann man jedes $\delta \leq \varepsilon$, im zweiten Beispiel sogar jedes $\delta > 0$ nehmen, um die Forderung aus der Stetigkeitsdefinition zu erfüllen.

Definition 7.9 *Eine Funktion $p : \mathbf{R} \to \mathbf{R}$ heißt ein Polynom, wenn ein $n \in \mathbf{N}_0$ und reelle Zahlen $a_0, \cdots, a_n$ existieren mit*

$$p(x) = \sum_{j=0}^{n} a_j x^j$$

für alle $x \in \mathbf{R}$. Gilt $a_n \neq 0$, so heißt n der Grad des Polynoms ($n = grad\, p$). Das Polynom $p_0 \equiv 0$ heißt das Nullpolynom; man definiert $grad\, p_0 := -\infty$. Ein Polynom vom Grad 0 oder 1 heißt eine Gerade.

Satz 7.8 *Jedes Polynom ist auf $\mathbf{R}$ stetig.*

Beweis: Für das Nullpolynom ist das trivial (s. Beispiel oben).
Alles andere folgt mit Induktion über den Grad , da $c(x)$, $id(x)$ (s.o.) stetig sind und Summen und Produkte stetiger Funktionen stetig sind. □

Satz 7.9 *Sind $A, B, C \subset \mathbf{R}$ und $f : A \to B$, $g : B \to C$ Funktionen, so gilt: Ist f auf A (bzw. in $a \in A$) stetig und ist g auf B (bzw. in $b = f(a)$) stetig, so ist $g \circ f$ auf A (bzw. in a) stetig.*

Beweis: Es reicht, die Stetigkeit in $a \in A$ zu beweisen. Dazu sei ein $\varepsilon > 0$ gegeben. Da g in $b = f(a)$ stetig ist, gilt

$$\exists \vartheta > 0 \ \forall y \in B : y \in U_\vartheta(b) \Longrightarrow g(y) \in U_\varepsilon(g(b)).$$

Wir wählen ein solches ϑ.Da f in a stetig ist, gilt

$$\exists \delta > 0 \ \forall x \in A : x \in U_\delta(a) \Longrightarrow f(x) \in U_\vartheta(b)$$

und damit haben wir erhalten

$$\exists \delta > 0 \ \forall x \in A : x \in U_\delta(a) \Longrightarrow g(f(x)) \in U_\varepsilon(g(f(a)).$$

Wegen $g(f(x)) = (g \circ f)(x)$ folgt die Behauptung. □

7.3 Wertannahme stetiger Funktionen

Satz 7.10 *Es sei $f : [a,b] \to \mathbb{R}$ stetig und $f(a) < 0 < f(b)$ oder $f(a) > 0 > f(b)$. Dann existiert ein $\xi \in]a,b[$ mit $f(\xi) = 0$.*

Beweis: Wir dürfen uns auf den Fall $f(a) < 0 < f(b)$ beschränken (sonst ist $-f$ statt f zu betrachten).
Es soll induktiv eine Folge von Intervallen definiert werden, auf die wir später das Intervallschachtelungsprinzip anwenden werden.
Induktionsanfang: Es sei $[a_1, b_1] := [a, b]$.
Induktionsvoraussetzung: Es seien

$$a_1, \cdots, a_n, b_1, \cdots b_n$$

konstruiert mit

(i) $[a_n, b_n] \subset [a_{n-1}, b_{n-1}] \subset \cdots \subset [a_1, b_1]$,
(ii) $b_j - a_j = 2^{-j+1}(b-a) \quad (j = 1, \cdots n)$,
(iii) $f(a_j) \le 0 \le f(b_j) \quad (j = 1, \cdots n)$.

Induktionsschritt: $[a_n, b_n] = [a_n, \frac{a_n + b_n}{2}] \cup [\frac{a_n + b_n}{2}, b_n]$

1. Fall: $f(\frac{a_n + b_n}{2}) \ge 0$

Setze $a_{n+1} := a_n$ und $b_{n+1} := \frac{a_n + b_n}{2}$.

2. Fall: $f(\frac{a_n + b_n}{2}) < 0$

Setze $a_{n+1} := \frac{a_n + b_n}{2}$ und $b_{n+1} := b_n$.
Man überzeugt sich leicht davon, daß das Intervall $[a_{n+1}, b_{n+1}]$ wieder den Erfordernissen der Induktionsvoraussetzung genügt.

Nach Satz 4.9 existiert ein $\xi \in \mathbb{R}$ mit $\lim_{n\to\infty} a_n = \lim_{n\to\infty} b_n = \xi$. Da $[a, b]$ abgeschlossen ist und $a_n, b_n \in [a, b]$ gilt, folgt $\xi \in [a, b]$.
Wegen $f(a) < f(b)$ muß $a \neq b$ sein, und damit ist ξ ein Häufungspunkt von $[a, b]$.
Nach Satz 7.7 ist $\lim_{x\to\xi} f(x) = f(\xi)$, also auch

$$f(\xi) = \lim_{n\to\infty} f(a_n) = \lim_{n\to\infty} f(b_n).$$

Nach Satz 4.5 ist

$$\lim_{n\to\infty} f(a_n) \leq 0 \leq \lim_{n\to\infty} f(b_n)$$

und damit $f(\xi) = 0$. □

Bemerkung: Der vorstehende Beweis liefert auch ein Verfahren, per Computer eine Nullstelle der Funktion f numerisch zu ermitteln. Wegen der fortgesetzten Halbierung des Intervalls ist die „Konvergenzgeschwindigkeit" gut.

Satz 7.11 (Zwischenwertsatz) *Es sei $A \subset \mathbb{R}$, $f : A \to \mathbb{R}$ stetig. Ist $I \subset A$ ein Intervall, so ist auch $f[I]$ ein Intervall.*

Beweis: Es sei $-\infty \leq \inf I =: a < b := \sup I \leq +\infty$ (im Fall $a = b$ ist nichts zu zeigen).

Die Intervalle lassen sich auf folgende Art charakterisieren (Übungsaufgabe!):
$f[I]$ ist genau dann ein Intervall, wenn gilt

$$\forall y_1, y_2, y_0 \in \mathbb{R} : y_1, y_2 \in f[I] \wedge y_1 \leq y_0 \leq y_2 \Longrightarrow y_0 \in f[I].$$

Wir zeigen nun, daß diese Eigenschaft zutrifft. Dazu seien $x_1, x_2 \in I$ gegeben mit $x_1 < x_2$ und $y_1 = f(x_1) < y_2 = f(x_2)$, sowie y_0 mit $y_1 < y_0 < y_2$ (im Fall von Gleichheit ist nichts zu zeigen).
Die Funktion $g : [x_1, x_2] \to \mathbb{R}$, definiert durch $g(x) := f(x) - y_0$ ist stetig auf $[x_1, x_2]$, und es gilt $g(x_1) < 0 < g(x_2)$. Nach Satz 7.10 existiert daher ein $\xi \in [x_1, x_2]$ mit $g(\xi) = 0$, das heißt $f(\xi) = y_0$. Da I ein Intervall ist, folgt $\xi \in I$ wegen $x_1 \leq \xi \leq x_2$ und $x_1, x_2 \in I$. Also ist $f[I]$ ein Intervall. □

Korollar 7.12 Ist $f : [a, b] \to \mathbb{R}$ stetig, $y_0 \in \mathbb{R}$ mit $f(a) < y_0 < f(b)$, so existiert ein $\xi \in]a, b[$ mit $f(\xi) = y_0$.

Satz 7.13 *Ist $K \subset \mathbb{R}$ kompakt, $f : K \to \mathbb{R}$ stetig, so ist $f[K]$ kompakt.*

Beweis: 1. Wir zeigen zunächst, daß $f[K]$ beschränkt ist.
Wäre das nicht so, dann existierte eine Folge $x_n \in K$ mit $f(x_n) \to +\infty$ oder $-\infty$. Da $(x_n)_{n\in\mathbb{N}}$ beschränkt ist (denn K ist beschränkt), existiert nach dem Satz von Bolzano-Weierstraß eine Teilfolge $x_{\varphi(k)} \to x_0 \in K$ (denn K ist abgeschlossen). Wegen der Stetigkeit von f folgt $f(x_0) = \lim_{k\to\infty} f(\varphi(k))$, aber dieser Grenzwert existiert gar nicht.
2. Nun zeigen wir die Abgeschlossenheit von $f[K]$.
Es sei y_0 irgendein Häufungspunkt von $f[K]$ und eine Folge $y_n \in f[K]$ gewählt mit $y_n \to y_0$. Dann gibt es $x_n \in K$ mit $f(x_n) = y_n$. Wie oben dürfen wir eine konvergente Teilfolge auswählen: $x_{\varphi(k)} \to x_0 \in K$. Wegen der Stetigkeit gilt dann $f(x_{\varphi(k)}) = y_{\varphi(k)} \to y_0 = f(x_0)$, also $y_0 \in f[K]$. Aus Satz 7.4 folgt die Abgeschlossenheit. □

Korollar 7.14 Jede auf einer kompakten Menge $K \subset \mathbb{R}$ stetige Funktion $f : K \to \mathbb{R}$ besitzt dort einen minimalen und einen maximalen Funktionswert.

Denn: Da $f[K]$ kompakt ist, gilt $M := \sup f[K] < +\infty$ (beschränkt) und $M \in f[K]$ (abgeschlossen). Also existiert ein $x_M \in K$ mit $f(x_M) = M$. Für das Minimum schließt man analog.

7.4 Gleichmäßige Stetigkeit

Definition 7.10 *Eine Funktion $f : A \to \mathbb{R}$ heißt auf $A \subset \mathbb{R}$ gleichmäßig stetig , wenn gilt*

$$\forall \varepsilon > 0 \, \exists \delta > 0 \, \forall a \in A \forall x \in A : x \in U_\delta(a) \Longrightarrow f(x) \in U_\varepsilon(f(a)).$$

Bemerkung: f ist also genau dann auf A gleichmäßig stetig, wenn f dort stetig ist und zu jedem $\varepsilon > 0$ für jedes $a \in A$ *ein und dasselbe* $\delta > 0$ zur Erfüllung der Stetigkeitsbedingung gewählt werden kann.

Beispiel: Die Funktion $f(x) = \frac{1}{x}$ ist auf $]0,1[$ stetig, aber dort nicht gleichmäßig stetig.
Denn wähle etwa $\varepsilon = 1$. Angenommen, es gäbe ein $\delta > 0$ mit $|f(x) - f(a)| < 1$ für alle $x, a \in]0,1[$ mit $|x - a| < \delta$. Nach dem Satz von Eudoxos gilt

$$\exists n \in \mathbb{N} : |\frac{1}{n} - \frac{1}{2n}| < \delta$$

während aber

$$|f(\frac{1}{n}) - f(\frac{1}{2n})| = n \geq 1 = \varepsilon$$

ist.

Satz 7.15 *Ist $K \subset \mathbb{R}$ kompakt und $f : K \to \mathbb{R}$ stetig, so ist f auf K gleichmäßig stetig.*

Beweis: Es sei ein $\varepsilon > 0$ gegeben. Zu jedem $x \in K$ existiert ein $\delta = \delta(x) > 0$ mit

$$f[U_{\delta(x)}(x) \cap K] \subset U_{\frac{\varepsilon}{2}(f(x))}.$$

Es gilt

$$\bigcup_{x \in K} U_{\frac{\delta(x)}{2}} \supset K$$

das heißt, die Mengen $U_{\frac{\delta(x)}{2}}$ bilden eine Überdeckung von K durch offene Mengen. Nach dem Satz von Heine-Borel gibt es schon eine endliche Auswahl $x_1, \cdots, x_n \in K$ mit

$$\bigcup_{j=1}^{n} U_{\frac{\delta(x_j)}{2}} \supset K.$$

Es sei $\delta := \min\limits_{j=1,\cdots,n} \dfrac{\delta(x_j)}{2}$. Sind nun zwei Punkte $a, x \in K$ gegeben mit $|x - a| < \delta$, so existiert ein $j \in \{1, \cdots, n\}$ mit

$$|a - x_j| < \frac{\delta(x_j)}{2} < \delta(x_j).$$

Daher gilt $|f(a) - f(x_j)| < \frac{\varepsilon}{2}$ sowie auch

$$|x - x_j| \leq |x - a| + |a - x_j| < \delta + \frac{\delta(x_j}{2} \leq \delta(x_j).$$

Damit ist $|f(x) - f(x_j)| < \dfrac{\varepsilon}{2}$ und wir haben

$$|f(x) - f(a)| \leq |f(x) - f(x_j)| + |f(a) - f(x_j)| < \frac{\varepsilon}{2} + \frac{\varepsilon}{2} = \varepsilon.$$

□

7.5 Umkehrung stetiger Funktionen

Dieser Abschnitt ist dem folgenden Resultat gewidmet:

Satz 7.16 *Es sei $I \subset \mathbb{R}$ ein Intervall und $f : I \to \mathbb{R}$ stetig und streng monoton steigend (bzw. fallend). Dann existiert die Umkehrfunktion $f^{-1} : f[I] \to I$, und diese ist stetig und streng monoton steigend (bzw. fallend) auf dem Intervall $f[I]$.*

Beweis: Wir dürfen uns auf den Fall von streng monoton steigendem f beschränken. Dann ist f eine injektive Funktion, und daher $f : I \to f[I]$ bijektiv. Daraus ersehen wir die Existenz der Umkehrabbildung $f^{-1} : f[I] \to I$.

Behauptung 1: f^{-1} ist streng monoton steigend.

Denn zu $y_1, y_2 \in f[I]$ mit $y_1 < y_2$ gehören $x_1, x_2 \in I$ mit $f(x_1) = y_1, f(x_2) = y_2$, also $x_1 = f^{-1}(y_1) < x_2 = f^{-1}(y_2)$ wegen der Monotonie von f.

Behauptung 2: f^{-1} ist stetig.

Es seien $y_0, y_1, y_2. \cdots \in f[I]$ und $y_n \to y_0, y_n \neq y_0$. Gezeigt werden soll: $f^{-1}(y_n) \to f^{-1}(y_0)$.

Mit $x_0, x_1, x_2, \cdots \in I$ seien die Urbildpunkte bezeichnet, also $y_k = f(x_k)$ für $k = 0, 1, \cdots$.

Die Menge $M := \{y_k : k \in \mathbb{N}_0\}$ besitzt genau einen Häufungspunkt , nämlich y_0. Also ist M abgeschlossen und damit auch kompakt (beschränkt ist sie offenbar). Also besitzt M ein Minimum und ein Maximum.

Es seien $k, \ell \in \mathbb{N}$ mit

$$y_k \leq y_j \leq y_\ell$$

für alle $j \in \mathbb{N}_0$. Wegen der Monotonie gilt dann auch

$$x_k \leq x_j \leq x_\ell$$

für alle $j \in \mathbb{N}_0$.

Es sei nun α Häufungswert der beschränkten Folge x_n (wegen $y_n \neq y_0$ muß α auch Häufungspunkt der Menge $\{x_n : n \in \mathbb{N}\}$ sein) und $x_{\varphi(\nu)}$ eine Teilfolge mit $x_{\varphi(\nu)} \to \alpha$. Wegen $x_k \leq \alpha \leq x_\ell$ folgt, da I ein Intervall ist, auch $\alpha \in I$ (vergleiche die im Beweis des Zwischenwertsatzes genannte Intervallcharakterisierung).

Wegen der Stetigkeit von f gilt $f(x_{\varphi(\nu)}) \to f(\alpha)$, und deshalb ist $f(\alpha) = y_0 = f(x_0)$. Aus der Injektivität folgt $\alpha = x_0$.

Also ist die Folge $(x_n)_{n \in \mathbb{N}}$ konvergent gegen x_0 und das heißt

$$x_n = f^{-1}(y_n) \to x_0 = f^{-1}(y_0).$$

□

7.6 Spezielle stetige Funktionen

Satz 7.17 *Die Potenzreihe* $f(x) = \sum_{k=0}^{\infty} a_k (x - x_0)^k$ *besitze den positiven Konvergenzradius* r.

Dann ist die Grenzfunktion f *auf dem Konvergenzintervall* $\{x \in \mathbb{R} : |x - x_0| < r\}$ *stetig.*

Beweis: Es darf $x_0 = 0$ angenommen werden.
Behauptung: Die Potenzreihe $\sum_{k=1}^{\infty} k a_k x^k$ besitzt denselben Konvergenzradius wie die Ausgangsreihe, da wegen $\sqrt[k]{k} \to 1$ gilt $\limsup \sqrt[k]{|ka_k|} = \limsup \sqrt[k]{|a_k|}$.
Nun seien Punkte $\xi, x \in I = \{x : |x| < r\}$, $x \neq \xi$ gegeben.
Behauptung: f ist in ξ stetig.
Wir erhalten

$$|f(x) - f(\xi)| = \left|\sum_{k=0}^{\infty} a_k(x^k - \xi^k\right|$$

$$= |x-\xi| \cdot \left|\sum_{k=0}^{\infty} a_k \frac{x^k - \xi^k}{x-\xi}\right| = |x-\xi| \cdots \left|\sum_{k=1}^{\infty} a_k \sum_{\nu=0}^{k-1} x^\nu \xi^{k-1-\nu}\right|$$

$$\leq |x-\xi| \cdots \sum_{k=1}^{\infty} |a_k| \sum_{\nu=0}^{k-1} |x^\nu||\xi^{k-1-\nu}|.$$

Mit

$$r_m := \begin{cases} \frac{r+|\xi|}{2} & \text{für} \quad r < +\infty \\ |\xi| + 1 & \text{für} \quad r = +\infty \end{cases}$$

ergibt sich für alle x mit $|x| \leq r_m$:

$$|f(x) - f(\xi)| \leq |x-\xi| \cdot \underbrace{\sum_{k=1}^{\infty} |a_k| k {r_m}^{k-1}}_{=:c}.$$

Der Reihenwert c existiert, da die Potenzreihe

$$\sum_{k=1}^{\infty} a_k k z^k = z \cdot \sum_{k=1}^{\infty} a_k k z^{k-1}$$

für $|z| < r$ absolut konvergent ist.
Die letzte Abschätzung gibt daher $\lim_{x\to\xi} f(x) = f(\xi)$, also die behauptete Stetigkeit. □

Korollar 7.18 $\sin, \cos$ *sind stetige Funktionen auf* $\mathbb{R}$.

Satz 7.19 *Die Exponentialfunktion* $\exp : \mathbb{R} \to \mathbb{R}_{>0}$ *ist stetig, streng monoton wachsend und surjektiv.*
Es gilt $\lim_{x\to+\infty} \exp(x) = +\infty$, $\lim_{x\to-\infty} \exp(x) = 0$.

Beweis: Die Stetigkeit folgt aus Satz 7.17.
Für $x > 0$ folgt

$$\exp(x) = \sum_{k=0}^{\infty} \frac{x^k}{k!} > 1 + x > 1$$

und daraus $\exp(x) \to +\infty$ für $x \to +\infty$ und auch $\exp(x) \to 0$ für $x \to -\infty$ mit $\exp(-x) = \dfrac{1}{exp(x)}$.
Zur strengen Monotonie: Es sei $x_1 < x_2$. Dann ist

$$\exp(x_2) = \exp(x_2 - x_1 + x_1) = \underbrace{\exp(x_2 - x_1)}_{>1} \cdot \exp(x_1) > \exp(x_1).$$

□

Definition 7.11 *Die nach Satz 7.19 und Satz 7.16 existierende Funktion*

$$\ln := \exp^{-1} : \mathbb{R}_{>0} \to \mathbb{R}$$

heißt die (natürliche) Logarithmusfunktion oder der (natürliche) Logarithmus.

Schreibweise: $y = \ln x$ statt $y = \ln(x)$.

Satz 7.20 $\ln : \mathbb{R}_{>0} \to \mathbb{R}$ *ist stetig, streng monoton steigend und es gilt*

a) $x \in \mathbb{R}_{>0} \Longrightarrow \exp(\ln x)) = x$,
b) $y \in \mathbb{R} \Longrightarrow \ln(\exp(y)) = y$,
c) $\lim_{x\to 0+} \ln x = -\infty$, $\lim_{x\to+\infty} \ln x = +\infty$,
d) $x_1, x_2 > 0 \Longrightarrow \ln x_1 x_2 = \ln x_1 + \ln x_2$,
e) $x > 0 \Longrightarrow \ln \frac{1}{x} = -\ln x$,
f) $x > 0, r \in \mathbb{Q} \Longrightarrow \ln x^r = r \cdot \ln x$.

Beweis: Übung.
Die Kombination von f) und a) zeigt $x^r = \exp(r \ln x)$ für $x > 0, r \in \mathbb{Q}$. Dieses ist die Motivation für die folgende Definition der *allgemeinen Potenz:*

Definition 7.12 *Für* $a \in \mathbb{R}_{>0}$, $b \in \mathbb{R}$ *sei* $a^b := \exp(b \ln a)$.

Rechenregeln: Für $a, \alpha \in \mathbb{R}_{>0}, b, \beta \in \mathbb{R}$ gilt

(a) $a^b a^\beta = a^{b+\beta}$,
(b) $(a^b)^\beta = a^{b\beta}$,
(c) $a^b \alpha^b = (a\alpha)^b$.

Beweis: von (b):

$$(a^b)^\beta = \exp(\beta \ln a^b) = \exp(\beta \ln(\exp(b \ln a))) = \exp(\beta b \ln a) = a^{b\beta}.$$

□

Offenbar läßt sich die Rechenregel f) nun erweitern zu

$$g) \quad x > 0, y \in \mathbf{R} \Longrightarrow \ln x^y = y \ln x.$$

Bemerkung: *Für jedes $a > 0$ ist die Funktion $F : \mathbf{R} \to \mathbf{R}_{>0}$, definiert durch $F(x) := a^x$ stetig und streng monoton. Ihre Umkehrfunktion $F^{-1} =: \log_a : \mathbf{R}_{>0} \to \mathbf{R}$ heißt der Logarithmus zur Basis a.*

Die Logarithmen zur Basis 10 („Brigg'sche Logarithmen") waren früher als Hilfsmittel zur Multiplikation und Potenzierung von großer Bedeutung (Logarithmentafeln). Sie stellten auch die Konstruktionsgrundlage für Rechenschieber dar.

Bemerkung: Die letzte Definition rechtfertigt die Schreibweise $\exp(x) = e^x$, denn es ergibt sich aufgrund der Definition 7.12 wegen $e = \exp(1)$:

$$e^x = \exp(x \cdot \ln e) = \exp(x \cdot 1) = \exp(x).$$

8 Differenzierbarkeit

8.1 Definition der Differenzierbarkeit

Manchmal hat man mit Funktionen umzugehen, deren Kompliziertheit große oder gar unüberwindliche Probleme mit sich bringen. Oft kann man dann so vorgehen, daß man die eigentlich zu betrachtende Funktion durch einfacher gebaute in sinnvoller Weise ersetzt.

Wir betrachten zunächst eine stetige Funktion f im Punkt $a \in \mathbb{R}$. Eine gewisse Annäherung (Approximation) von f ist gegeben durch eine Gerade im $\mathbb{R}^2$ durch den Punkt $(a, f(a))$, also eine Gerade der Form $g(x) = f(a) + M \cdot (x-a)$. Der Fehler bei Verwendung dieser Näherung ist $R(x) = f(x) - f(a) - M \cdot (x-a)$. Es gilt offenbar $R(x) \to 0$ für $x \to a$. Trotzdem muß diese Näherung nicht sonderlich gut sein (z.B. $g(x) \equiv f(a)$ ist noch dabei). Nehmen wir weiter an, daß R nicht nur stetig in a mit dem Wert 0 ist (was klar ist), sondern darüber hinaus als $R(x) = \rho(x)(x-a)$ mit einer auch in a stetigen Funktion ρ notiert werden kann. Dann können wir eine bestimmte Gerade durch $(a, f(a))$ auszeichnen, die f besonders gut approximiert, besser als jede andere Gerade:

$$\begin{aligned} f(x) &= f(a) + M \cdot (x-a) + (\underbrace{\rho(x) - \rho(a)}_{=:\Delta(x)} + \rho(a))(x-a) \\ &= f(a) + \underbrace{(M + \rho(a))}_{=:m}(x-a) + \Delta(x)(x-a). \end{aligned}$$

Der „neue“ Fehler Δ hat die Eigenschaft: zu jeder Geraden $G(x) = f(a) + c \cdot (x-a)$ gilt

$$|f(x) - G(x)| = |(m-c)(x-a) + \Delta(x)(x-a)| = |x-a||m-c+\Delta(x)|.$$

Für x nahe a ist der rechte Ausdruck am kleinsten für $m = c$. Wir haben dann also eine am besten approximierende Gerade. Das ist das Konzept der Differenzierbarkeit.

Definition 8.1 *Es sei $A \subset \mathbb{R}$ und $a \in A$ ein Häufungspunkt von A. Die Funktion $f : A \to \mathbb{R}$ heißt differenzierbar in a, wenn eine Zahl $m \in \mathbb{R}$ und eine in a stetige Funktion $\Delta : A \to \mathbb{R}$ existiert so, daß für alle $x \in A$ gilt*

$$f(x) = f(a) + m \cdot (x-a) + \Delta(x)(x-a).$$

Bemerkungen: 1. Die Gerade $g(x) = f(a) + m \cdot (x - a)$ heißt die Tangente von f in a (die Eindeutigkeit liefert der folgende Satz).
2. Die Funktion $f : A \to \mathbf{R}$ ist genau dann differenzierbar im Häufungspunkt $a \in A$, wenn eine in a stetige Funktion $\varphi : A \to \mathbf{R}$ existiert mit $f(x) = f(a) + \varphi(x)(x - a)$ für alle $x \in A$, und dann gilt $f'(a) = \varphi(a)$.
Denn: die Richtung "$\Longrightarrow$" folgt mit $\varphi(x) := m + \delta(x)$, die andere mit $m := \varphi(a)$ und $\delta(x) := \varphi(x) - \varphi(a)$.

Satz 8.1 *Die Funktion $f : A \to \mathbf{R}$ ist im Häufungspunkt a von A genau dann differenzierbar, wenn $\lim\limits_{x \to a} \dfrac{f(x) - f(a)}{x - a}$ existiert, und in diesem Fall ist dieser Grenzwert gleich der Zahl m aus Definition 8.1.*

Bemerkung: Für die vorstehende Gleichung und für den ganzen folgenden Text sei vereinbart, daß in Ausdrücken wie $\lim\limits_{x \to a} \dfrac{f(x) - f(a)}{x - a}$ die Variable x stets nur solche Werte annehmen soll, für die alle vorkommenden Grössen erklärt sind. Das bedeutet hier, daß $x \neq a$ (sonst wäre der Bruch nicht definiert) und $x \in A$ sein muß (damit $f(x)$ erklärt ist).

Beweis: "$\Longrightarrow$" Sei $f(x) = f(a) + m(x - a) + (x - a)\delta(x)$. Dann ist für $x \in A \setminus \{a\}$

$$\delta(x) = \frac{f(x) - f(a)}{x - a} - m$$

woraus folgt

$$\lim_{x \to a} \delta(x) = \delta(a) = 0 = \lim_{x \to a} \frac{f(x) - f(a)}{x - a} - m.$$

"$\Longleftarrow$" Setze $m = \lim\limits_{x \to a} \dfrac{f(x) - f(a)}{x - a}$ und

$$\begin{cases} \frac{f(x)-f(a)}{x-a} & \text{für } x \in A \setminus \{a\} \\ 0 & \text{für } \quad x = a \end{cases}$$

Dann ist die so definierte Funktion $\delta : A \to \mathbf{R}$ stetig in a mit $\delta(a) = 0$. □

Definition 8.2 *Es sei $A \subset \mathbf{R}$ und $a \in A$ ein Häufungspunkt von A. Ist $f : A \to \mathbf{R}$ in a differenzierbar, so heißt die zugehörige Zahl m aus Definition 8.1 die Ableitung von f in a (Schreibweise: $m = f'(a)$).*

Beispiele: 1. Die für festes $n \in \mathbf{N}$ durch $f(x) = x^n$ gegebene Funktion $f : \mathbf{R} \to \mathbf{R}$ ist in jedem $a \in \mathbf{R}$ differenzierbar. Das folgt aus Satz 8.1, da sich nach dem Korollar zu Satz 1.15 für den Limes des Differenzenquotienten ergibt:

$$\lim_{x \to a} \frac{f(x) - f(a)}{x - a} = \lim_{x \to a} \sum_{j=0}^{n-1} x^j a^{n-1-j} = n a^{n-1} = f'(a).$$

2. Die für festes $n \in \mathbb{N}$ durch $g(x) = \frac{1}{x^n}$ gegebene Funktion $g : \mathbb{R} \setminus \{0\} \to \mathbb{R}$ ist in jedem $a \in \mathbb{R} \setminus \{0\}$ differenzierbar, und es ist $g'(a) = \frac{-n}{a^{n+1}}$.
Das folgt ganz analog wegen $\frac{g(x) - g(a)}{x - a} = \frac{-1}{(xa)^n} \frac{x^n - a^n}{x - a}$.

Satz 8.2 *Ist $f : A \to \mathbb{R}$ differenzierbar im Häufungspunkt $a \in A$, so ist f in a stetig.*

Beweis: Es ist $f(x) = f(a) + m(x-a) + (x-a)\delta(x)$ mit einer in a stetigen Funktion $\delta : A \to \mathbb{R}$, so daß die rechte Seite als Summe von Produkten in a stetiger Funktionen die behauptete Eigenschaft besitzt. □

Bemerkungen: 1) Die Umkehrung dieses Satzes ist nicht richtig: aus der Stetigkeit folgt nicht die Differenzierbarkeit.
Zum Beispiel die durch $f(x) = |x|$ gegebene stetige Funktion ist in $a = 0$ nicht differenzierbar. Der Ansatz $|x| = 0 + m(x-0) + (x-a)\delta(x)$ führt auf $\frac{|x|}{x} = m + \delta(x)$ für $x \neq 0$. Die rechte Seite wäre (im Fall der Differenzierbarkeit) in 0 stetig ergänzbar, die linke ist es aber nicht.

Es gibt auch Funktionen, die auf ganz $\mathbb{R}$ stetig, aber in keinem einzigen Punkt differenzierbar sind.

2) Ist f in a differenzierbar, so muß keine ganze Umgebung von a existieren, auf der f stetig ist. Dies zeigt das Beispiel

$$f(x) = \begin{cases} 0 \text{ für } x \in \mathbb{Q} \\ x^2 \text{ für } x \in \mathbb{R} \setminus \mathbb{Q} \end{cases}.$$

Diese Funktion ist in 0 differenzierbar, denn für den Differenzenquotient erhalten wir ($x \neq 0$)

$$\frac{f(x) - f(0)}{x - 0} = \frac{f(x)}{x} = \begin{cases} 0 \text{ für } x \in \mathbb{Q} \\ x \text{ für } x \in \mathbb{R} \setminus \mathbb{Q} \end{cases} \xrightarrow{x \to 0} 0.$$

Der Nullpunkt ist der einzige Punkt, in dem f stetig ist, denn für $a \in \mathbb{R} \setminus \{0\}$ ist $0 = \liminf_{x \to a} f(x) < \limsup_{x \to a} f(x) = a^2$.

8.2 Rechenregeln für differenzierbare Funktionen

Satz 8.3 *Es sei $A \subset \mathbb{R}$ und $a \in A$ ein Häufungspunkt. Sind $f, g : A \to \mathbb{R}$ in a differenzierbar und ist $c \in \mathbb{R}$, so sind die Funktionen $f+g, c \cdot f, f \cdot g$ in a differenzierbar, und es gilt*

i. $(f+g)'(a) = f'(a) + g'(a)$,

ii. $(c \cdot f)'(a) = c \cdot f'(a)$,

iii. $(f \cdot g)'(a) = f'(a) \cdot g(a) + f(a) \cdot g'(a)$ *(Produktregel)*,

iv. Ist $g(x) \neq 0$ *für alle* $a \in A$, *so ist* $\frac{f}{g}$ *erklärt, in* a *differenzierbar und es ist*

$$\left(\frac{f}{g}\right)'(a) = \frac{f'(a)g(a) - f(a)g'(a)}{g^2(a)} \qquad \textit{(Quotientenregel)}.$$

Beweis: Zu (iii): Es seien $\varphi, \psi : A \to \mathbb{R}$ in a stetige Funktionen mit

$$f(x) = f(a) + \varphi(x)(x-a)\,, \quad g(x) = g(a) + \psi(x)(x-a) \quad (x \in A).$$

Dann folgt

$$f(x)g(x) = f(a)g(a) + [f(a)\psi(x) + \varphi(x)g(a) + \varphi(x)\psi(x)(x-a)](x-a).$$

Der Ausdruck in der eckigen Klammer stellt eine in a stetige Funktion Φ dar und somit ist $f \cdot g$ in a differenzierbar. Durch Einsetzen von a in Φ folgt die Produktregel.

Zu (iv): Für f und g sei eine Darstellung wie eben gewählt. Es ergibt sich für nullstellenfreies g

$$\begin{aligned}\frac{1}{g(x)} = \frac{1}{g(a)} + \frac{1}{g(x)} - \frac{1}{g(a)} &= \frac{1}{g(a)} + \frac{g(a) - g(x)}{g(x)g(a)} \\ &= \frac{1}{g(a)} + \frac{-\psi(x)}{g(x)g(a)}(x-a).\end{aligned}$$

Die Funktion $\Theta(x) := \dfrac{-\psi(x)}{g(x)g(a)}$ ist nach den Rechenregeln für stetige Funktionen wieder in a stetig, und es gilt somit

$$\Theta(a) = \left(\frac{1}{g}\right)'(a) = \frac{-\psi(a)}{g(a)^2} = \frac{-g'(a)}{g(a)^2}.$$

Der Rest ergibt sich nun aus (iii) wegen $\dfrac{f}{g} = f \cdot \dfrac{1}{g}$. □

Die Differenzierbarkeit macht nur Sinn in Häufungspunkten des Definitionsbereiches der betrachteten Funktion. Es sei deshalb vereinbart, daß die Aussagen wie

„$f : A \to \mathbb{R}$ ist in $a \in A$ differenzierbar“

stets auch die Eigenschaft mit beinhalten, daß a ein Häufungspunkt von A ist.

Satz 8.4 (Kettenregel) *Es seien* A *und* B *Mengen reeller Zahlen,* $f : A \to B$ *eine in* $a \in A$ *differenzierbare und* $g : B \to \mathbb{R}$ *eine in* $b := f(a)$ *differenzierbare Funktion. Dann ist die Hintereinanderausführung* $g \circ f$ *differenzierbar in* a *und es gilt*

$$(g \circ f)'(a) = g'(f(a)) \cdot f'(a).$$

Beweis: Wir wählen die Darstellungen

$$f(x) = f(a) + \varphi(x)(x-a) \qquad (x \in A),$$

$$g(y) = g(b) + \psi(y)(y-b) \qquad (y \in B).$$

Einsetzen ($y = f(x)$) liefert

$$(g \circ f)(x) = g(f(x)) = g(b) + \psi(f(x))\varphi(x) \cdot (x-a).$$

Die Funktion $\omega(x) := \psi(f(x))\varphi(x)$ ist in a stetig, und es ist $\omega(a) = (g \circ f)'(a) = g'(f(a))f'(a)$. □

Satz 8.5 *Es sei $I \subset \mathbb{R}$ ein Intervall, $f : I \to \mathbb{R}$ eine stetige, streng monotone Funktion, die im Punkt $a \in I$ differenzierbar sei mit $f'(a) \neq 0$. Dann ist die (nach Satz 7.16 existierende) Umkehrfunktion $f^{-1} : f[I] \to I$ im Punkt $b = f(a)$ differenzierbar, und es gilt*

$$\left(f^{-1}\right)'(f(a)) = \frac{1}{f'(a)}.$$

Bemerkung: Wird die strenge Monotonie nicht auf ganz I gefordert, so folgt aus $f'(a) \neq 0$ die Existenz eines Intervalls $J =]a-\delta, a+\delta[\subset I$, auf dem f streng monoton ist, denn der Differenzenquotient $\dfrac{f(x)-f(a)}{x-a}$ muß für alle hinreichend nahe an a gelegenen $x \in I$ dasselbe Vorzeichen besitzen wie $f'(a)$ (sonst könnte schließlich der Limes für $x \to a$ gar nicht existieren). Dies zeigt, daß dann entweder f auf J monoton steigend (im Fall $f'(a) > 0$) oder monoton fallend sein muß. Man könnte also eine Einschränkung von f auf das Intervall J vornehmen, was den inhaltlichen Kern der Satzaussage nicht beeinträchtigt.

Beweis: Wegen der Differenzierbarkeit von f gibt es die Darstellung

$$f(x) = f(a) + \varphi(x)(x-a)$$

mit einer in a stetigen Funktion und $\varphi(a) = f'(a) \neq 0$. Sei eine Umgebung $U_\delta(a)$ gewählt mit $\varphi(x) \neq 0$ für alle $x \in U_\delta$. Da die Differenzierbarkeit eine lokale Eigenschaft ist, dürfen wir im folgenden $x \in U_\delta$ betrachten. Mit $x = f^{-1}(y)$ ergibt sich

$$y = f(a) + \left(f^{-1}(y) - a\right)\varphi(f^{-1}(y)) = b + \left(f^{-1}(y) - f^{-1}(b)\right)\varphi(f^{-1}(y)).$$

Durch Auflösen folgt

$$f^{-1}(y) = f^{-1}(b) + \frac{1}{\varphi(f^{-1}(y))}(y-b).$$

Die hier auftretende Funktion $\Psi(y) := \dfrac{1}{\varphi(f^{-1}(y))}$ ist in b stetig, da φ in a und f^{-1} nach Satz 7.16 in b stetig ist.

Wegen $\Psi(b) = \dfrac{1}{\varphi(a)} = \dfrac{1}{f'(a)}$ erhalten wir die Behauptung. □

Beispiel: Für $x > 0$ sei $y = f(x) = x^2$.
Dann ist die Umkehrfunktion $f^{-1} : \mathbb{R}_{>0} \to \mathbb{R}_{>0}, f^{-1}(y) = \sqrt{y}$ erklärt, und die Voraussetzungen des Satzes sind erfüllt. Es ergibt sich:

$$\left(f^{-1}\right)'(y) = (\sqrt{y})' = \frac{1}{2x} = \frac{1}{2\sqrt{y}}.$$

Definition 8.3 *Besteht die Menge $A \subset \mathbb{R}$ nur aus Häufungspunkten, und ist die Funktion $f : A \to \mathbb{R}$ differenzierbar in jedem Punkt $a \in A$, so heißt f differenzierbar auf A, und dann ist die Ableitung $f' : A \to \mathbb{R}$, $x \to f'(x)$ erklärt.*

Die Funktion f heißt n-mal differenzierbar auf A, wenn die n-te Ableitung $f^{(n)}$ auf A für die natürliche Zahl n existiert; diese definieren wir induktiv durch $f^{(1)} := f'$, $f^{(n)} := \left(f^{(n-1)}\right)'$.

Die Funktion f heißt k-mal stetig differenzierbar, wenn $f^{(k)}$ stetig ist.

Mit $\mathcal{C}^k(A)$ sei die Menge der auf A k-mal stetig differenzierbaren reellwertigen Funktionen bezeichnet. Die Funktionen in der Klasse

$$\mathcal{C}^\infty(A) := \bigcap_{k \in \mathbb{N}} \mathcal{C}^k(A)$$

heißen unendlich oft differenzierbar auf A.

Die nächste Definition handelt von Funktionen, bei denen der Differenzenquotient jeweils von links und von rechts einen Grenzwert besitzt, der aber unterschiedlich ausfällt. Das oben schon behandelte Beispiel $f(x) = |x|$ im Nullpunkt zeigt dieses Verhalten, daß eine „linksseitige" wie eine „rechtsseitige Tangente" vorhanden ist.

Definition 8.4 *Die Funktion $f : A \to \mathbb{R}$ heißt in $a \in A$ rechtsseitig bzw. linksseitig differenzierbar, wenn die Einschränkung $g := f|\{x \in A : x \geq a\}$ bzw. $g := f|\{x \in A : x \leq a\}$ im Punkt a differenzierbar ist. Die Zahl $g'(a)$ heißt dann die rechtsseitige bzw. linksseitige Ableitung von f in a.*

8.3 Spezielle differenzierbare Funktionen

Alle durch Potenzreihen darstellbare Funktionen sind differenzierbar, und die Ableitung läßt sich durch gliedweises Differenzieren der Summanden erhalten, wie der folgende Satz zeigt. Diese „Vertauschbarkeit von Grenzprozessen" (hier die Ableitung mit der unendlichen Reihe) ist keineswegs selbstverständlich, wie wir später (im Kapitel 16) noch näher beleuchten werden.

Satz 8.6 *Die Potenzreihe* $f(x) = \sum_{k=0}^{\infty} a_k(x-x_0)^k$ *besitze den Konvergenzradius* r *mit* $0 < r \leq \infty$. *Dann ist die Grenzfunktion* f *auf dem Konvergenzintervall* $\{x \in \mathbb{R} : |x - x_0| < r\}$ *differenzierbar, und dort gilt*

$$f'(x) = \sum_{k=1}^{\infty} a_k k (x-x_0)^{k-1}.$$

Beweis: Es darf ohne Verlust an Allgemeinheit $x_0 = 0$ angenommen werden.

Sei $I = \{x : |x| < r\}$. Wir werden nachweisen, daß f in jedem $x_1 \in I$ differenzierbar ist. Da wir $f'(x_1) = \sum_{k=1}^{\infty} a_k k {x_1}^{k-1}$ vermuten, betrachten wir

$$\left|\frac{f(x)-f(x_1)}{x-x_1} - \sum_{k=1}^{\infty} a_k k {x_1}^{k-1}\right| = \left|\sum_{k=1}^{\infty} a_k \left(\frac{x^k - {x_1}^k}{x - x_1} - k{x_1}^{k-1}\right)\right|$$

$$= \left|\sum_{k=2}^{\infty} a_k \left(\sum_{\nu=0}^{k-1} {x_1}^{\nu} x^{k-1-\nu}) - k{x_1}^{k-1}\right)\right| = \left|\sum_{k=2}^{\infty} a_k \left(\sum_{\nu=0}^{k-2} {x_1}^{\nu} x^{k-1-\nu} - (k-1){x_1}^{k-1}\right)\right|$$

$$= \left|\sum_{k=2}^{\infty} a_k \left(\sum_{\nu=0}^{k-2} (\nu+1){x_1}^{\nu} x^{k-1-\nu} - \sum_{\nu=0}^{k-1} \nu {x_1}^{\nu} x^{k-1-\nu}\right)\right|$$

$$= \left|\sum_{k=2}^{\infty} a_k \left(\sum_{\nu=1}^{k-1} \nu {x_1}^{\nu-1} x^{k-\nu} - \sum_{\nu=1}^{k-1} \nu {x_1}^{\nu} x^{k-1-\nu}\right)\right|$$

$$= \left|\sum_{k=2}^{\infty} a_k (x-x_1) \sum_{\nu=1}^{k-1} \nu {x_1}^{\nu-1} x^{k-1-\nu}\right|$$

$$\overset{\rho:=\max\{|x|,|x_1|\}}{\leq} |x-x_1| \sum_{k=2}^{\infty} |a_k| \sum_{\nu=1}^{k-1} \nu \rho^{k-2} = |x-x_1| \sum_{k=2}^{\infty} |a_k| \rho^{k-2} \frac{(k-1)k}{2}$$

$$= |x-x_1| \sum_{k=0}^{\infty} |a_{k+2}| \frac{(k+1)(k+2)}{2} \rho^k$$

$$\overset{\rho \text{ klein genug}}{\leq} |x-x_1|(g(|x_1|)+1) \overset{x\to x_1}{\to} 0$$

mit

$$g(x) := \sum_{k=0}^{\infty} |a_{k+2}| \frac{(k+1)(k+2)}{2} x^k.$$

Diese Potenzreihe besitzt ebenfalls den Konvergenzradius r (nachrechnen!) und somit ist nach Satz 7.15 die dargestellte Funktion g auf I (insbesondere in $|x_1|$) stetig. □

Wir ziehen aus diesem Satz Schlüsse auf die Differenzierbarkeit und den Wert der Ableitung einiger Funktionen, die wir als Potenzreihen eingeführt hatten.

Satz 8.7 *Für $x \in \mathbb{R}, y \in \mathbb{R}_{>0}$ gilt*

$$(i)\, \exp'(x) = \exp(x), \qquad (ii)\, \ln' y = \frac{1}{y},$$

$$(iii)\, \sin' x = \cos x, \qquad (iv)\, \cos' x = \sin x.$$

Beweis: Zu (i): Es ist

$$\exp'(x) = \sum_{k=1}^{\infty} \frac{kx^{k-1}}{k!} = \sum_{k=1}^{\infty} \frac{x^{k-1}}{(k-1)!} = \sum_{k=0}^{\infty} \frac{x^k}{k!} = \exp(x).$$

Zu (ii): Mit $y = e^x$ folgt aus Satz 8.5

$$\ln' y = \frac{1}{e^x} = \frac{1}{y}.$$

(iii) und (iv) ergeben sich durch gliedweises Ableiten der Potenzreihen und passende Indexverschiebung. □

Es sei vereinbart, daß auch $\exp(x)'$ statt $\exp'(x)$, $(\sin x)'$ statt $\sin' x$ usw. geschrieben werden darf.

9 Mittelwertsätze, Extrema

Satz 9.1 *Es sei $a < b$, $I =]a,b[$ und die Funktion $f : I \to \mathbb{R}$ sei differenzierbar. Falls ein $x_M \in I$ existiert mit $f(x_M) = \max_{x\in]a,b[} f(x)$, so ist $f'(x_M) = 0$.*
Falls ein $x_m \in I$ existiert mit $f(x_m) = \min_{x\in]a,b[} f(x)$, so gilt ebenfalls $f'(x_m) = 0$.

Beweis: Wegen der Differenzierbarkeit haben wir die Darstellung

$$f(x) = f(x_M) + \varphi(x)(x - x_M)$$

mit einer (aufgrund der Voraussetzung an f nicht nur in x_M) stetigen Funktion $\varphi : I \to \mathbb{R}$. Da f in x_M das Maximum annimmt, gilt $f(x) \leq f(x_M)$ für alle $x \in I$. Daraus folgt $\varphi(x) \leq 0$ für $x < x_M$ und $\varphi(x) \geq 0$ für $x > x_M$.
Aus der Stetigkeit von φ folgt $\varphi(x_M) = f'(x_M) = 0$. □

Es folgt einer der grundlegenen Aussagen der reellen Analysis.

Satz 9.2 (Rolle) *Es sei $a < b$, $J = [a,b]$ und $f : J \to \mathbb{R}$ eine stetige Funktion, die auf $]a,b[$ differenzierbar sei. Falls gilt $f(a) = f(b)$, so existiert ein $\xi \in]a,b[$ mit $f'(\xi) = 0$.*

Beweis: Für konstante Funktionen ist der Satz trivialerweise richtig. Ist f nicht konstant, so nimmt f nach dem Korollar zu Satz 7.13 auf dem kompakten Intervall J sowohl das Maximum (etwa in x_M) wie das Minimum (etwa in x_m) an. Wegen $f(a) = f(b)$ und $f(x_m) < f(x_M)$ muß x_m oder x_M in $]a,b[$ liegen. Satz 9.1 zeigt, daß $\xi = x_m$ oder $\xi = x_M$ die Behauptung erfüllt. □

Bemerkung: Die Voraussetzung der Differenzierbarkeit auf dem offenen Intervall $]a,b[$ im Satz von Rolle ist von entscheidener Wichtigkeit. Dies zeigt das Beispiel der schon häufiger betrachteten Funktion $f(x) = |x|$, etwa auf dem Intervall $J = [-1,1]$.

Andererseits entspricht die Aussage des Satzes von Rolle völlig der anschaulich motivierten Erwartung, daß unter den gestellten Voraussetzungen irgendwo im offenen Intervall eine „waagerechte“ Tangente vorkommen muß. Weniger anschaulich und plausibel ist dagegen die folgende Konsequenz aus dem Satz von Rolle:

Satz 9.3 (2. Mittelwertsatz der Differentialrechnung) *Es sei $a < b$, $J = [a,b]$ und $f, g : J \to \mathbb{R}$ stetige, auf $]a,b[$ differenzierbare Funktionen. Dann existiert ein $\xi \in]a,b[$ mit*

$$(f(b) - f(a))\, g'(\xi) = (g(b) - g(a))\, f'(\xi).$$

Beweis: Es sei $h : J \to \mathbb{R}$ definiert durch

$$h(x) := (f(b) - f(a))(g(x) - g(a)) - (g(b) - g(a))(f(x) - f(a)).$$

Dann ist h auf J stetig und auf $]a, b[$ differenzierbar, sowie $h(a) = h(b) = 0$. Nach dem Satz von Rolle existiert also ein $\xi \in]a, b[$ mit

$$0 = h'(\xi) = (f(b) - f(a))g'(\xi) - (g(b) - g(a))f'(\xi).$$

□

Setzen wir speziell $g(x) \equiv x$, so ergibt sich das

Korollar 9.4 (1. Mittelwertsatz der Differentialrechnung)
Es sei $a < b$, $J = [a, b]$ und $f : J \to \mathbb{R}$ eine stetige, auf $]a, b[$ differenzierbare Funktion. Dann existiert ein $\xi \in]a, b[$ mit $\dfrac{f(b) - f(a)}{b - a} = f'(\xi)$.

Diesen Sachverhalt könnte man als die affine Variante des Satzes von Rolle bezeichnen. Die Aussage des 1. Mittelwertsatzes kann beschrieben werden durch: die Steigung der „Sekante“ zu zwei Punkten wird in mindestens einem Punkt dazwischen als Tangentensteigung angenommen (unter den gestellten Voraussetzungen). Das entspricht wiederum der anschaulichen Erwartung.

Es ist klar, daß die Ableitung einer konstanten Funktion identisch verschwindet (d.h. konstant 0 ist). Nun kann auch die Umkehrung bewiesen werden.

Satz 9.5 *Es sei $a < b$ und $f :]a, b[\to \mathbb{R}$ differenzierbar. Falls $f'(x) = 0$ für alle $x \in]a, b[$ gilt, so ist f auf $]a, b[$ konstant.*

Beweis: Wir führen den Beweis durch Kontraposition:
Ist f nicht konstant, so existieren $c, d \in]a, b[$ mit $f(c) \neq f(d)$. Es darf $c < d$ angenommen werden, so daß die Voraussetzung des 1. Mittelwertsatzes für f auf $[c, d]$ erfüllt ist. Dann folgt die Existenz eines $\xi \in]c, d[$ mit

$$f'(\xi) = \frac{f(d) - f(c)}{d - c} \neq 0.$$

Also ist unter der obigen Annahme f' nicht identisch 0. □

Die vorstehende Argumentation ist kein indirekter Beweis, ein Widerspruch kommt nicht vor. Es sei empfohlen, sich diesen Unterschied hier noch einmal klarzumachen. Es wäre ganz überflüssig, zu Beginn des Beweises anzunehmen, daß f' identisch verschwindet, um am Schluß dieses dann als einen Widerspruch anzusehen.

Die Grundlage eines indirekten (Widerspruchs-) Beweises ist das aussagenlogische Axiom (diese Axiome haben wir hier nicht formuliert, vgl. Kapitel 1), daß jede Aussage *entweder* selbst *oder* ihre Negation wahr ist (auch als *tertium non datur* - eine dritte Möglichkeit gibt es nicht - bezeichnet).

Die logische Grundlage eines Beweises durch Kontraposition ist die Gleichwertigkeit der Implikationen $A \Longrightarrow B$ und $\neg B \Longrightarrow \neg A$, die einfach zu verifizieren ist durch Fallunterscheidung, ob jeweils A und B wahr oder (im einschließenden Sinn) falsch sind, wie wir das auf Seite 5 vorgestellt haben. An der Tragfähigkeit eines Beweises durch Kontraposition gibt es keinen Zweifel, der nicht gleich alles zur Disposition stellen würde.

Mit dem indirekten Beweis sieht es etwas anders aus. Das Postulat *tertium non datur* taugt nämlich gut für sophistische Gedankenspiele, von denen wir eine Kostprobe geben wollen.

Die Vorstellung von einem allmächtigen Wesen gestattet die Frage: kann dieses Wesen eine Analysis-Aufgabe stellen, die es selbst nicht lösen kann?
Ist die Antwort „nein", so gäbe es etwas, was es nicht könnte. Dasselbe trifft zu, wenn die Antwort „ja" lautet, da es eben diese Aufgabe nicht lösen kann.
Sollte für dieses Wesen jedoch *tertium non datur* nicht gelten (was bei der Voraussetzung eigentlich anzunehmen ist), so könnte es die Aufgabe sowohl lösen wie nicht lösen, und das Problem wäre nicht mehr da.
Eine andere merkwürdige Schlußweise, die mit indirekter Argumentation stark zu tun hat, findet sich in [4, Seite 1-3].

Wir kehren zurück zu den Anwendungen der Differentialrechnung. Im nächsten Satz schließen wir auf Monotie der gegebenen Funktion aus Gegebenheiten der Ableitung.

Satz 9.6 *Es sei $a < b$ und $I :=]a, b[$. Die differenzierbare Funktion $f : I \to \mathbb{R}$ ist genau dann monoton steigend bzw. fallend, wenn für alle $x \in I$ gilt $f'(x) \geq 0$ bzw. $f'(x) \leq 0$.*
Ist $f' \neq 0$ in I, so ist f streng monoton.

Beweis: "$\Longrightarrow$" Ist f monoton steigend auf I, so ist $\dfrac{f(y) - f(x)}{y - x} \geq 0$ für alle Punkte $x, y \in I$, $x \neq y$. Mit $y \to x$ folgt $f'(x) \geq 0$ für alle $x \in I$.

"$\Longleftarrow$" Es sei $y \neq x$. Nach dem 1. Mittelwertsatz existiert ein $\xi \in I$ mit

$$\frac{f(y) - f(x)}{y - x} = f'(\xi) \geq 0.$$

Also ist f monoton steigend.
Im Fall der fallenden Monotonie schließen wir analog.
Der Zusatz über die strenge Monotonie folgt unmittelbar aus dem Satz von Rolle. □

Definition 9.1 *Es sei $A \subset \mathbb{R}$ und $f : A \to \mathbb{R}$. Ein innerer Punkt a von A heißt ein lokales Maximum bzw. lokales Minimum von f, wenn eine Umgebung $U(a) \subset A$ existiert mit $f(x) \leq f(a)$ bzw. $f(x) \geq f(a)$ für alle $x \in U(a)$. Der Punkt a heißt ein lokales Extremum von f, wenn er ein lokales Maximum oder ein lokales Minimum von f ist.*

Ein Punkt $\alpha \in A$ heißt absolutes Maximum bzw absolutes Minimum von f, wenn $f(\alpha)$ Maximum bzw. Minimum der Bildmenge $f[A]$ ist.

Der folgende Satz beschreibt, wie lokale Extrema im Falle einer differenzierbaren Funktion oft mit Hilfe der Ableitung gefunden werden können.

Satz 9.7 *Es sei $A \subset \mathbf{R}$, $f : A \to \mathbf{R}$ eine differenzierbare Funktion und a, b innere Punkte von A. Ist a ein lokales Extremum von f, so gilt $f'(a) = 0$.*
Ist $f'(b) = 0$, und existiert eine Umgebung $U(b) =]b - \delta, b + \delta[\subset A$ mit

$$f'(x) \begin{cases} \geq 0 \text{ für alle } x \in U(b) \text{ mit } x < b \\ \leq 0 \text{ für alle } x \in U(b) \text{ mit } x > b \end{cases},$$

so ist b ein lokales Maximum von f. Ist $f'(b) = 0$ und existiert eine Umgebung $U_\delta(b) =]b - \delta, b + \delta[\subset A$ mit

$$f'(x) \begin{cases} \leq 0 \text{ für alle } x \in U(b) \text{ mit } x < b \\ \geq 0 \text{ für alle } x \in U(b) \text{ mit } x > b \end{cases},$$

so ist b ein lokales Minimum von f.

Beweis: Die Behauptung folgt unmittelbar aus Satz 9.1 und Satz 9.6. □

Korollar 9.8 *Es sei zusätzlich $f \in \mathcal{C}^2(A)$. Ist $f'(b) = 0$ und $f''(b) < 0$, so ist b ein lokales Maximum von f. Ist $f'(b) = 0$ und $f''(b) > 0$, so ist b ein lokales Minimum von f.*

Beweis: Es gelte $f''(b) < 0$. Da f'' nach Voraussetzung stetig ist, existiert eine Umgebung $U(b) \subset A$ mit $f''(x) < 0$ für alle $x \in U(b)$. Da b ein innerer Punkt von A ist, darf $U(b)$ als offenes Intervall angenommen werden. Nach Satz 9.6 ist daher f' auf $U(b)$ monoton fallend. Wegen $f(b) = 0$ erhalten wir

$$f'(x) \begin{cases} \geq 0 \text{ für alle } x \in U(b) \text{ mit } x < b \\ \leq 0 \text{ für alle } x \in U(b) \text{ mit } x > b \end{cases},$$

Nach Satz 9.7 ist b ein lokales Maximum von f. Der Fall $f''(b) > 0$ ist analog zu behandeln. □

Bemerkung: Im vorstehenden Beweis können wir wegen $f'' < 0$ sogar auf strenge Monotonie von f' schließen. Daraus ließe sich die Zusatzinformation herleiten, daß b in der Umgebung $U(b)$ wie oben das einzige lokale Extremum ist.

10 Die Regel von de l'Hospital

Ist a ein Häufungspunkt von $A \subset \mathbb{R}$, und sind $f, g : A \to \mathbb{R}$ Funktionen, so ist die Frage nach Existenz und Größe des Grenzwert $\lim\limits_{x \to a} \dfrac{f(x)}{g(x)}$ jedenfalls dann sinnvoll, wenn es eine Umgebung $U(a)$ so gibt, daß g auf der Menge $(U \setminus \{a\}) \cap A$ nicht verschwindet.

Existieren sogar die Grenzwerte $\lim_{x \to a} f(x)$ und $\lim_{x \to a} g(x)$, so folgt immer schon das Grenzwertverhalten des Quotienten, es sei denn, beide Einzelgrenzwerte sind 0 oder (uneigentliche Limiten einbezogen) beide sind $\pm\infty$. Im Fall dieser „unbestimmten Ausdrücke" läßt sich ohne nähere Kenntnis der Funktionen nichts über einen Grenzwert vorhersagen (Übungsaufgabe: Beispiele suchen).

Die Regel von de l'Hospital gestattet es unter bestimmten Voraussetzungen, solche „unbestimmten Ausdrücke" in konkreten Fällen zu bestimmen. Sie greifen aber keineswegs immer. Ist eine Potenzreihenentwicklung von f und g um den Punkt a bekannt, so ist es meistens vorteilhafter, von dieser auszugehen, als die Regel von de l'Hospital zu probieren. Unten werden dazu noch Beispiele gegeben.

Satz 10.1 *Es sei I ein offenes Intervall. Die Funktionen $f, g \to \mathbb{R}$ seien differenzierbar und*

$$\lim_{x \to a} f(x) = 0 = \lim_{x \to a} g(x) \qquad (x \in I),$$

wobei a ein Randpunkt von I ist (dabei ist auch $a = \infty$ und $a = -\infty$ zugelassen). Für alle $x \in I$ gelte $g(x) \neq 0$ und $g'(x) \neq 0$.

Existiert $\lim\limits_{\substack{x \to a \\ x \in I}} \dfrac{f'(x)}{g'(x)}$ im eigentlichen oder uneigentlichen Sinn, so auch $\lim\limits_{\substack{x \to a \\ x \in I}} \dfrac{f(x)}{g(x)}$ und beide Quotienten besitzen denselben Grenzwert.

Beweis: Wir unterscheiden zwei Fälle.
1. Fall: $a \in \mathbb{R}$.
Es darf gleich angenommen werden, daß a der linke Randpunkt des Intervalls ist, ansonsten verläuft die Argumentation analog.

Wir erweitern den Definitionsbereich von f und g auf $J := \{a\} \cup I$ durch

$$F(x) := \begin{cases} 0 & \text{für} \quad x = a \\ f(x) & \text{für } x > a, x \in J \end{cases}$$

sowie

$$G(x) := \begin{cases} 0 & \text{für} \quad x = a \\ g(x) & \text{für } x > a, x \in J \end{cases}.$$

Nun sei ein Punkt $b \in J, b > a$ gewählt. Auf dem Intervall $[a,b]$ erfüllen dann F und G die Voraussetzungen des 2. Mittelwertsatzes der Differentialrechnung (Stetigkeit auf $[a,b]$, Differenzierbarkeit auf $]a,b[$). Demnach existiert ein $\xi_b \in]a,b[$ mit

$$(F(b) - F(a))G'(\xi_b) = (G(b) - G(a))F'(\xi_b).$$

Wegen $F(a) = G(a) = 0$ und $G(b) \neq 0$, $G'(b) \neq 0$ erhalten wir daraus

$$\frac{f(b)}{g(b)} = \frac{F(b)}{G(b)} = \frac{F'(\xi_b)}{G'(\xi_b)} = \frac{f'(\xi_b)}{g'(\xi_b)}.$$

Für $b \to a$ konvergiert ξ_b gegen a. Da $\lim\limits_{\substack{x\to a\\ x\in I}} \frac{f'(x)}{g'(x)} =: L$ nach Voraussetzung existiert, folgt $L = \lim\limits_{b\to a} \frac{f'(\xi_b)}{g'(\xi_b)}$ und somit auch

$$L = \lim_{b\to a} \frac{f(b)}{g(b)} = \lim_{\substack{x\to a\\ x\in I}} \frac{f(x)}{g(x)}.$$

2. Fall: $a = +\infty$.
Für $x \in I$ setzen wir

$$y = \frac{1}{x}, \quad f^*(y) := f\left(\frac{1}{y}\right) \quad g^*(y) := g\left(\frac{1}{y}\right)$$

bzw. $f(x) = f^*(\frac{1}{x})$, $g(x) = g^*(\frac{1}{x})$ und damit

$$\frac{f'(x)}{g'(x)} = \frac{\frac{-1}{x^2}(f^*)'(\frac{1}{x})}{\frac{-1}{x^2}(g^*)'(\frac{1}{x})} = \frac{(f^*)'(y)}{(g^*)'(y)}.$$

Nach Voraussetzung existiert $\lim\limits_{x\to a=+\infty} \frac{f'(x)}{g'(x)} =: L$ und aus der vorstehenden Gleichung erhalten wir

$$\lim_{\substack{y\to 0\\ y>0}} \frac{(f^*)'(y)}{(g^*)'(y)} = L$$

Die Überlegungen im 1. Fall geben nun

$$L = \lim_{\substack{y\to 0\\ y>0}} \frac{f^*(y)}{g^*(y)} = \lim_{x\to\infty} \frac{f(x)}{g(x)}.$$

Der Fall $a = -\infty$ ist analog zu behandeln. □

Es sei noch angemerkt, daß die Regel von de l'Hospital auch gültig ist, wenn statt

$$\lim_{\substack{x\to a\\ x\in I}} f(x) = 0 = \lim_{\substack{x\to a\\ x\in I}} g(x),$$

angenommen wird

$$\lim_{x \to a} g(x) = +\infty \text{ oder } \lim_{x \to a} g(x) = -\infty \qquad (x \in I).$$

Auf den Beweis soll hier verzichtet werden. Er läßt sich mit ganz ähnlichen Argumenten wie oben führen.

Beispiele: 1. Häufig sind Anwendungen der Regel von de l'Hospital in der folgenden Art beschaffen:

Wie ist das Verhalten der Folge $(1 + \frac{x}{n})^n$ für $n \to \infty$, wobei x ein reeller Parameter ist?

Die Klammer einzeln strebt offenbar gegen 1, jedoch ist „1^∞" ebenfalls ein unbestimmter Ausdruck. Die Regel von de l'Hospital wird jedoch anwendbar, wenn wir schreiben

$$(1 + \frac{x}{n})^n = \exp\left(n \ln(1 + \frac{x}{n})\right),$$

was für $n > -x$ möglich ist. Es reicht nun, Existenz und Wert von $\lim_{n\to\infty} n \ln(1 + \frac{x}{n})$ weiter zu untersuchen, und zwar wegen der Stetigkeit der Exponentialfunktion:

$$\lim_{n\to\infty} \exp\left(n \ln(1 + \frac{x}{n})\right) = \exp\left(\lim_{n\to\infty} n \ln(1 + \frac{x}{n})\right).$$

Hinreichend für die Bestimmung des Grenzwertes $\lim_{n\to\infty} n \ln(1 + \frac{x}{n})$ wäre, wenn der Funktionengrenzwert $\lim\limits_{y\to+\infty} y \ln(1 + \dfrac{x}{y})$ existierte und bekannt wäre. Für diesen ergibt sich nun

$$\lim_{y\to+\infty} y \ln(1 + \frac{x}{y}) = \lim_{y\to+\infty} \frac{\ln(1 + \frac{x}{y})}{\frac{1}{y}} \overset{t:=\frac{1}{y}}{=} \lim_{\substack{t\to 0\\ t>0}} \frac{\ln(1 + xt)}{t} \overset{del'Hosp.}{=} \lim_{\substack{t\to 0\\ t>0}} \frac{\frac{x}{1+xt}}{1} = x.$$

Wir haben damit die interessante Gleichung gefunden:

$$\boxed{\lim_{n\to\infty} (1+\frac{x}{n})^n = \exp(x)} \qquad (x \in \mathbb{R}).$$

2. Es sei $I = \mathbb{R}_{>1}$, $a = +\infty$ und $f(x) = \ln x$, $g(x) = \sqrt{x}$. Diese Funktionen sind auf I differenzierbar, und die Regel von de l'Hospital liefert

$$\lim_{x\to\infty} \frac{f(x)}{g(x)} = \lim_{x\to\infty} \frac{\frac{1}{x}}{\frac{1}{2\sqrt{x}}} = 0.$$

Dieses beinhaltet die Information, daß $\sqrt{x}$ für $x \to +\infty$ „stärker" gegen $+\infty$ geht als $\ln x$.

3. Auf I betrachten wir die Funktionen $f(x) = e^x - \sin x - 1$ und $g(x) = x^2$. Der Quotient ist für $a = 0$ unbestimmt, und wir können den Grenzwert nach der Regel von de l'Hospital ermitteln, wenn wir diese zweimal anwenden (man mache sich klar, daß die Gleichheitszeichen erst dann gerechtfertigt sind, wenn man am rechten Ende der Gleichungskette angekommen ist und sich von der Existenz und dem Wert des letzten Limes überzeugt hat):

$$\lim_{x\to a} \frac{f(x)}{g(x)} = \lim_{x\to a} \frac{e^x - \cos x}{2x} = \lim_{x\to a} \frac{e^x + \sin x}{2} = \frac{1}{2}.$$

Zum Vergleich die Potenzreihen-Argumentation:

Wir notieren nur die Potenzreihenanfänge, die Punkte stehen für Terme mit höheren Potenzen von x als die aufgeführten:

$$\frac{f(x)}{g(x)} = \frac{1 + x + \frac{x^2}{2} + \cdots - \left(x - \frac{x^3}{6} \cdots\right) - 1}{x^2} = \frac{\frac{x^2}{2} + \cdots}{x^2} = \frac{\frac{1}{2} + \cdots}{1}.$$

Der rechte Ausdruck ist in 0 stetig mit dem Wert $\frac{1}{2}$.

4. Es sei $f(x) = \exp(x) + \exp(-x)$ und $g(x) = \exp(x) - \exp(-x)$ gesetzt.
Der Grenzwert von $\dfrac{f(x)}{g(x)}$ für $x \to +\infty$ ist der Regel von de l'Hospital nicht zugänglich wegen $f' = g$ und $g' = f$, so daß man sich „im Kreise dreht“.
Andererseits zeigt Erweitern des Bruches mit $\exp(-x)$ sofort den Grenzwert:

$$\frac{f(x)}{g(x)} = \frac{1 + \exp(-2x)}{1 - \exp(-2x)} \xrightarrow{x\to+\infty} 1.$$

11 Taylor-Entwicklung

Die Idee der Differenzierbarkeit, nämlich die Annäherung einer Funktion durch eine bestapproximierende Gerade, kann in naheliegender Weise dahingehend erweitert werden, daß die Approximation durch ein Polynom festen Grades versucht wird. Dieser Gedanke wird im folgenden Satz ausgeführt.
Es sei $n \in \mathbb{N}$.

Satz 11.1 (Taylor) *Das abgeschlossene Intervall I sei begrenzt von den reellen Zahlen x, x_0, und die Funktion $f : I \to \mathbb{R}$ sei auf I als n-mal stetig differenzierbar, auf dem offenen Intervall $\overset{\circ}{I}$ sogar $(n+1)$-mal stetig differenzierbar angenommen. Dann existiert ein $\xi \in \overset{\circ}{I}$ mit*

$$f(x) = \sum_{k=0}^{n} \frac{f^{(k)}(x_0)}{k!}(x - x_0)^k + \frac{f^{(n+1)}(\xi)}{(n+1)!}(x - x_0)^{(n+1)}$$

(dabei ist $f^{(0)} := f$).

Das Polynom $T_n(x) := \sum\limits_{k=0}^{n} \frac{f^{(k)}(x_0)}{k!}(x - x_0)^k$ heißt das n-te Taylorpolynom von f und $R_n(x) := \frac{f^{(n+1)}(\xi)}{(n+1)!}(x - x_0)^{(n+1)}$ das Lagrangesche Restglied n-ter Ordnung.

Beweis: Es sei $x \neq x_0$ (sonst ist die Behauptung trivial). Wir betrachten die Hilfsfunktion

$$h(y) = f(x) - \sum_{k=0}^{n} \frac{f^{(k)}(y)}{k!}(x - y)^k - \frac{C}{(n+1)!}(x - y)^{n+1} \quad (y \in I) \tag{11.1}$$

mit einer Konstanten C so, daß $h(x_0) = 0$ gilt (wegen $x \neq x_0$ läßt sich dieses C bestimmen). Außerdem gilt $h(x) = 0$. Nach Konstruktion und den Voraussetzungen an f ist h auf I stetig und auf $\overset{\circ}{I}$ differenzierbar. Nach dem Satz von Rolle existiert also ein $\xi \in \overset{\circ}{I}$ mit $h'(\xi) = 0$.
Nun ist

$$h(y) = f(x) - f(y) - \sum_{k=1}^{n} \frac{f^{(k)}(y)}{k!}(x - y)^k - \frac{C}{(n+1)!}(x - y)^{n+1}$$

und durch Ableiten (nach y) erhalten wir

$$h'(y) = -f'(y) - \sum_{k=1}^{n}\left(\frac{f^{(k+1)}(y)}{k!}(x-y)^k - \frac{f^{(k)}(y)}{k!}k(x-y)^{k-1}t\right) + \frac{C}{n!}(x-y)^n$$

$$= -\sum_{k=0}^{n}\frac{f^{(k+1)}(y)}{k!}(x-y)^k + \sum_{k=0}^{n-1}\frac{f^{(k+1)}(y)}{k!}(x-y)^k + \frac{C}{n!}(x-y)^n$$

$$= -\frac{f^{(n+1)}(y)}{n!}(x-y)^n + \frac{C}{n!}(x-y)^n.$$

Wegen $h'(\xi) = 0$ ergibt sich

$$\frac{C}{n!}(x-\xi)^n = \frac{f^{(n+1)}(\xi)}{n!}(x-\xi)^n.$$

Wegen $x \neq \xi$ folgt $C = f^{(n+1)}(\xi)$ und wegen $h(x_0) = 0$ ergibt sich die Behauptung des Satzes aus (11.1). □

Wir greifen nun das Problem der Bestimmung lokaler Extrema erneut auf. Der Satz von Taylor ermöglicht uns hierzu das folgende Resultat:

Satz 11.2 *Es sei $J \subset \mathbb{R}$ ein offenes Intervall, $f \in C^{n+1}(J)$ und $a \in J$ mit*

$$f'(a) = f''(a) = \cdots = f^{(n)}(a) = 0,\ f^{(n+1)}(a) \neq 0.$$

Ist n ungerade, so ist a kein Extremum von f.
Ist n gerade, so ist a ein lokales Maximum von f, wenn $f^{(n+1)}(a) < 0$ und ein lokales Minimum von f, wenn $f^{(n+1)}(a) > 0$ gilt.

Beweis: Nach dem Satz von Taylor existiert zu jedem $x \in J$ ein $\xi \in J$ mit

$$f(x) = f(a) + \frac{f^{(n+1)}(\xi)}{(n+1)!}(x-a)^{n+1}.$$

Da $f^{(n+1)}$ stetig ist existiert eine Umgebung $U(a)$, auf der $f^{(n+1)}$ das Vorzeichen nicht wechselt.

Das Vorzeichenverhalten des Faktors $(x-a)^{n+1}$ hängt von der Parität von $n+1$ ab: ist $n+1$ ungerade, so wechselt $(x-a)^{n+1}$ in a das Vorzeichen und dasselbe gilt damit für

$$\frac{f^{(n+1)}(\xi)}{(n+1)!}(x-a)^{n+1} = f(x) - f(a).$$

Damit kann a kein Extremum sein. Andererseits gilt $f(x)-f(a) \leq 0$ oder $f(x)-f(a) \geq 0$ in $U(a)$ falls $n+1$ gerade ist, und das Vorzeichen ist das von $f^{(n+1)}(a)$. Daraus ist die Behauptung des Satzes unmittelbar abzulesen. □

Für eine unendlich oft differenzierbare Funktion existieren die Taylorpolynome beliebig hohen Grades, und das wirft die Frage auf, was für $n \to \infty$ passiert.

Definition 11.1 *Es sei $I \subset \mathbb{R}$ ein abgeschlossenes Intervall mit den Randpunkten x, x_0 und $f \in C^\infty(I)$. Die (konvergente oder divergente) Reihe*

$$T_\infty(x) = \sum_{k=0}^{\infty} \frac{f^{(k)}(x_0)}{k!}(x - x_0)^k$$

heißt die Taylorentwicklung oder Taylorreihe von f mit dem Entwicklungspunkt x_0.

Wenn die Taylorreihe einer C^∞-Funktion f konvergiert, so muß sie nicht notwendig f darstellen. Konvergiert aber die Taylorreihe gegen f, so besitzt f eine Potenzreihenentwicklung von f, denn die Taylorreihe ist eine solche. Das führt zu der Frage, ob jede C^∞-Funktion durch eine Potenzreihe gegeben werden kann (umgekehrt ist die Grenzfunktion einer konvergenten Potenzreihe natürlich unendlich oft differenzierbar).

Satz 11.3 *Mit den Bezeichnungen der vorstehenden Definition gilt*

$$f(x) = \sum_{k=0}^{\infty} \frac{f^{(k)}(x_0)}{k!}(x - x_0)^k$$

genau dann, wenn das Restglied $R_n(x)$ für $n \to \infty$ gegen 0 konvergiert.

Beweis: Die Taylorpolynome $T_n(x)$ sind die Teilsummen der Taylorreihe $T_\infty(x)$. Die Taylorreihe konvergiert also genau dann gegen f, wenn die Differenz $T_n(x) - f(x)$ gegen 0 strebt. Wegen $T_n(x) - f(x) = R_n(x)$ folgt die Behauptung. □

Die oben gestellte Frage läßt sich damit so formulieren: Konvergiert die Folge $R_n(x)$ der Lagrangeschen Restglieder für eine C^∞-Funktion immer gegen Null?
Das folgende Beispiel eine negative Antwort.
Beispiele: 1. Die Funktion

$$f(x) := \begin{cases} \exp\left(\frac{-1}{x}\right) & \text{für } x > 0 \\ 0 & \text{für } x \leq 0 \end{cases}$$

ist auf ganz $\mathbb{R}$ unendlich oft differenzierbar. Das ist in $a \neq 0$ unmittelbar klar, für $a = 0$ aber beweisbedürftig. Wir behaupten zusätzlich

a) $f^{(k)}(0) = 0$ für alle $k \in \mathbb{N} \cup \{0\}$, und

b) es existieren Polynome p_k mit $f^{(k)}(x) = p_k(\frac{1}{x}) \exp\left(\frac{-1}{x}\right)$ für alle $x > 0$, $k \in \mathbb{N} \cup \{0\}$.

Den Beweis geben wir induktiv.
Der Induktionsanfang $k = 0$ ist offenbar erfüllt ($p_0 \equiv 1$).
Die Behauptung gelte nun für ein $k \in \mathbb{N} \cup \{0\}$. Für $x > 0$ ist dann

$$f^{(k+1)}(x) = \left(f^{(k)\prime}(x)\right) = \left(p_k(\frac{1}{x}) \exp\left(\frac{-1}{x}\right)\right)'$$

$$= p_k'(\frac{1}{x})\frac{-1}{x^2}\exp\left(\frac{-1}{x}\right) + p_k(\frac{1}{x})\frac{1}{x^2}\exp\left(\frac{-1}{x}\right)$$

$$= \left(-p_k'(\frac{1}{x}) + p_k(\frac{1}{x})\right)\frac{1}{x^2}\exp\left(\frac{-1}{x}\right) = p_{k+1}(\frac{1}{x})\exp\left(\frac{-1}{x}\right),$$

wobei $p_{k+1}(y) = (p_k(y) - p_k'(y))y^2$ zu setzen ist. Dies gibt b).
Nun betrachten wir den Differenzenquotienten

$$\frac{f^{(k)}(x) - f^{(k)}(0)}{x - 0} = \frac{f^{(k)}(x)}{x} = \begin{cases} p_k(\frac{1}{x}\exp\left(\frac{-1}{x}\right) & \text{für } x > 0 \\ 0 & \text{für } x \leq 0 \end{cases}.$$

Es reicht, den rechtsseitigen Grenzwert weiter zu untersuchen. Für diesen ergibt sich mit der Substitution $y = \frac{1}{x}$:

$$\lim_{\substack{x \to 0 \\ x > 0}} \frac{f^{(k)}(x)}{x} = \lim_{y \to +\infty} \frac{y p_k(y)}{\exp(y)} = 0,$$

wie die Regel von de l'Hospital zeigt (sooft anzuwenden, bis der Zähler eine Konstante ist, der Nenner bleibt unverändert). Das zeigt a).

Die Taylorreihe von f ist wegen a) die Nullreihe; diese wirft zwar keine Konvergenzprobleme auf, die Ausgangsfunktion wird jedoch in keiner Umgebung des Nullpunktes durch die Taylorreihe dargestellt. Für dieses Beispiel geht also $R_n(x)$ *nicht* gegen 0 für $x > 0$.

2. Betrachtet wird $f(x) = \ln(1 + x)$. Dieses ist eine $\mathcal{C}^\infty$-Funktion auf $\mathbb{R}_{>-1}$.
Wir untersuchen die Taylorentwicklung um $x_0 = 0$.
Mittels Induktion folgt $f^{(k)}(x) = \dfrac{(-1)^{k-1}(k-1)!}{(1+x)^k}$ und damit

$$f^{(k)}(0) = (-1)^{k-1}(k-1)! \qquad (k \in \mathbb{N}).$$

Das Restglied erhalten wir also zu

$$|R_n(x)| = \left|(-1)^n \frac{n! x^{n+1}}{(n+1)!(1+\xi)^{n+1}}\right| = \frac{1}{n+1}\left|\frac{x}{1+\xi}\right|^{n+1}.$$

Für $x \in [0, 1]$ gilt $1 + \xi \in]1, 1 + x[$ und für $x \in]-1, 0[$ ist $1 + \xi \in]1 + x, 1[$. Daraus ist leicht zu ersehen, daß $\left|\dfrac{x}{1+\xi}\right| \leq 1$ gilt für $x \in [-\frac{1}{2}, 1]$. Somit konvergiert $R_n(x)$ gegen 0 für diese x, und damit ist gezeigt

$$\ln(1 + x) = \sum_{k=1}^{\infty}(-1)^{k-1}\frac{x^k}{k} \qquad (x \in [-\frac{1}{2}, 1]).$$

Speziell für $x = 1$ gibt uns diese Gleichung den Grenzwert der alternierenden harmonischen Reihe

$$\boxed{\ln 2 = \sum_{k=1}^{\infty} \frac{(-1)^{k-1}}{k}}$$

Die Potenzreihenentwicklung von $f(x) = \ln(1+x)$ kann auch durch folgende Überlegung gewonnen werden: aus der geometrischen Reihe erhalten wir

$$g(x) := \frac{-1}{1+x} = (-1)\frac{1}{1-(-x)} = -\sum_{k=0}^{\infty}(-1)^k x^k \qquad (|x| < 1).$$

Die Potenzreihe $G(x) := \sum_{k=0}^{\infty} \frac{(-1)^k}{k+1} x^{k+1}$ besitzt ebenfalls den Konvergenzradius 1, und nach Satz 8.6 gilt $G'(x) = g(x)$. Außerdem ist $f'(x) = g(x)$. Nach dem Satz 9.5 ist somit $f - G$ konstant auf $]-1,1[$. Wegen $f(0) = G(0) = 0$ folgt

$$\ln(1+x) = \sum_{k=0}^{\infty} \frac{(-1)^k}{k+1} x^{k+1} = \sum_{k=1}^{\infty}(-1)^{k-1}\frac{x^k}{k} \qquad (x \in]-1,1[).$$

Wir sehen, daß das x-Intervall nicht dasselbe ist wie bei der obigen Überlegung. Zusammengenommen gilt die Darstellung für $\ln(1+x)$ also auf dem Intervall $]-1,1]$.

Für die Potenzreihe ist nicht selbstverständlich, daß der Grenzwert der im Randpunkt $x = 1$ noch konvergenten Reihe auch mit dem Wert der zunächst nur auf dem offenen Intervall $]-1,1[$ sichergestellten Grenzfunktion $\ln(1+x)$ übereinstimmt. Diese Frage wird aber generell geklärt durch den folgenden Satz.

Satz 11.4 (Abelscher Grenzwertsatz)
Die Potenzreihe $f(x) = \sum_{k=0}^{\infty} a_k x^k$ *besitze den Konvergenzradius* $r < +\infty$.
Konvergiert $\sum_{k=0}^{\infty} a_k r^k$, *so gilt* $\lim_{\substack{x\to r\\ x<r}} f(x) = \sum_{k=0}^{\infty} a_k r^k$.

Bemerkung: Konvergiert also eine Potenzreihe in einem Randpunkt ihres Konvergenzintervalls, so ist die im (offenen) Konvergenzintervall dargestellte Grenzfunktion in diesem Randpunkt stetig ergänzbar mit dem Wert, den die Potenzreihe dort als Grenzwert besitzt.

Beweis: Es darf $r = 1$ angenommen werden (sonst betrachten wir $g(x) = f(xr)$ statt f).

Wir setzen $S_n = \sum_{k=0}^{\infty} a_k$ und $S = \sum_{k=0}^{\infty} a_k$. Mit der geometrischen Reihe erhalten wir das Cauchy-Produkt:

$$\frac{1}{1-x} \cdot \sum_{k=0}^{\infty} a_k x^k = \sum_{\nu=0}^{\infty} \sum_{\mu=0}^{\nu} a_\mu \cdot x^\mu \cdot 1 \cdot x^{\nu-\mu} = \sum_{\nu=0}^{\infty} S_\nu x^\nu \qquad (x \in]-1,1[,$$

also $f(x) = (1-x) \sum_{\nu=0}^{\infty} S_\nu x^\nu$. Dies liefert

$$S - f(x) = \left((1-x) \sum_{\nu=0}^{\infty} x^\nu \right) S - (1-x) \sum_{\nu=0}^{\infty} S_\nu x^\nu = (1-x) \sum_{\nu=0}^{\infty} (S - S_\nu) x^\nu.$$

Nun sei ein $\varepsilon > 0$ gegeben und dazu ein $\nu_0 \in \mathbb{N}$ so bestimmt, daß gilt $|S - S_\nu| < \frac{\varepsilon}{2}$ für alle $\nu \geq \nu_0$. Dann erhalten wir die Abschätzung ($x \in]-1,1[$)

$$|S - f(x)| \leq |1-x| \left(\sum_{\nu=0}^{\nu_0 - 1} |S - S_\nu||x|^\nu + \sum_{\nu=\nu_0}^{\infty} \frac{\varepsilon}{2} |x|^\nu \right)$$

$$= |1-x| \left(\sum_{\nu=0}^{\nu_0 - 1} |S - S_\nu||x|^\nu + \frac{\varepsilon |x|^{\nu_0}}{2(1 - |x|)} \right).$$

Für $0 \leq x < 1$ gilt $|1 - x| = 1 - x = 1 - |x|$ und wir können für diese x weiter abschätzen

$$|S - f(x)| \leq \underbrace{(1-x) \left(\sum_{\nu=0}^{\nu_0 - 1} |S - S_\nu||x|^\nu \right)}_{=:h(x)} + \frac{\varepsilon}{2}.$$

Die Funktion h ist ein Polynom mit $h(1) = 0$, und somit existiert ein $\delta > 0$ so, daß $|h(x| < \frac{\varepsilon}{2}$ gilt für alle $x \in]1 - \delta, 1[$. Zusammenfassend haben wir also

$$|S - f(x)| \leq \varepsilon \qquad (x \in]1 - \delta, 1[.$$

Da $\varepsilon > 0$ beliebig vorgegeben werden durfte, folgt die Behauptung

$$\lim_{\substack{x \to 1 \\ x < 1}} f(x) = S.$$

□

12 Die trigonometrischen Funktionen

Hier sollen charakteristische Eigenschaften der trigonometrischen Funktionen (die Sinus- und Kosinusfunktion war schon im Abschnitt 6.3 eingeführt worden) mit Hilfe der in den vorangegangenen Kapiteln bereitgestellten Methoden hergeleitet werden. Interessanter als die (meist ohnehin schon aus der Schule bekannten) Resultate sind die Schlußweisen, die Handhabung der zur Verfügung stehenden Hilfsmittel.
Wir beginnen mit dem

Satz 12.1 cos *besitzt im Intervall* $[0,2]$ *genau eine Nullstelle.*

Beweis:
Behauptung 1: cos ist auf $[0,2]$ streng monoton fallend.

Denn nach Satz 8.7 (iv) ist $\cos' = -\sin$. Nach Satz 9.6 reicht es also wegen der Stetigkeit der Kosinusfunktion zu zeigen: $-\sin x < 0$ für alle $x \in]0,2[$.
Um das einzusehen, wenden wir den Satz von Taylor an und erhalten für jedes $x \in]0,2[$ die Darstellung

$$\sin x = 0 + x + 0 + R_2(x) = x\left(1 + \frac{R_2(x)}{x}\right).$$

Weiter gilt mit einem passenden $\xi \in]0,2[$

$$|R_2(x)| = |-\frac{\cos\xi}{6}x^3| \leq \frac{|x|^3}{6} \leq \frac{4|x|}{6}.$$

Damit ist $|R_2(x)| \geq -\frac{2}{3}|x| = -\frac{2}{3}x$, und wir gewinnen für diese x die Abschätzung

$$\sin x \geq x - \frac{2}{3}x = \frac{1}{3}x > 0.$$

Behauptung 2: $\cos 2 \leq \frac{-1}{3}$.
Denn es ist $\cos x = 1 - \dfrac{x^2}{2} + 0 + R_3(x)$ und

$$|R_3(x)| = |\frac{\cos\theta}{4!}x^4| \leq \frac{|x|^4}{4!} \leq \frac{16}{24} = \frac{2}{3} \qquad (x \in [0,2])$$

mit einem passenden $\theta \in]0,2[$.
Also gilt für diese x die Abschätzung $\cos 2 \leq 1 - 2 + \dfrac{2}{3} = -\dfrac{1}{3}$. Zum anderen ist $\cos 0 = 1$.

Nach dem Zwischenwertsatz besitzt cos damit im Intervall $[0,2]$ eine Nullstelle. Wegen der strengen Monotonie (Behauptung 1) ist diese eindeutig. □

Wir verwenden nun die Nullstelle des vorstehenden Satzes zur Definition der „Kreiszahl“ π. Der Zusammenhang mit dem Umfang eines Kreises ist hier noch nicht hergestellt, da ein Begriff wie „Kreisumfang“ noch nicht erklärt ist. Das erfolgt erst im Kapitel 19, dort aber sehr viel weitreichender. Allerdings ist es möglich, die dort auszuführenden Überlegung zur Definition einer allgemeineren „Bogenlänge“ schon jetzt für den Fall eines Kreisbogens darzustellen. Da es sich um eine gute Übung im Umgang mit trigonometrischen Funktionen handelt, wird die Definition und Herleitung des Kreisumfangs am Ende des Kapitels gegeben.

Definition 12.1 *π ist diejenige reelle Zahl, für welche die eindeutig bestimmte Nullstelle von* $\cos$ *im Intervall* $[0,2]$ *gleich* $\frac{\pi}{2}$ *ist (d.h. π ist das Doppelte der Nullstelle aus Satz 12.1).*

Durch numerische Auswertung von Taylorpolynomen zur cos-Funktion läßt sich π innerhalb vorgebbarer Fehlerschranken bestimmen, wobei der Grad des zu betrachtenden Polynoms natürlich umso größer zu wählen ist, je kleiner der Fehler sein soll. So liefert T_{15} mit R_{15} die Abschätzung

$$3,141592652 \leq \pi \leq 3,141592654.$$

Bemerkung: $\sin\frac{\pi}{2} = 1$.
Denn wegen $1 = \sin^2\frac{\pi}{2} + \cos^2\frac{\pi}{2} = \sin^2\frac{\pi}{2}$ ist $\sin\frac{\pi}{2} = 1$ oder $\sin\frac{\pi}{2} = -1$. Im Beweis des Satzes 12.1 haben wir bereits gesehen , daß die Sinusfunktion im Intervall $]0,2[$ positiv ist. Also gilt $\sin\frac{\pi}{2} = 1$.

Durch schrittweise Anwendung der Additionstheoreme für sin und cos (Satz 6.7) gelangen wir zu den Funktionswerten in ganzzahligen Vielfachen von $\frac{\pi}{2}$. Einige sind in der folgenden Tabelle aufgelistet:

x	0	$\frac{\pi}{2}$	π	$\frac{3\pi}{2}$	2π
$\sin x$	0	1	0	-1	0
$\cos x$	1	0	-1	0	1

Wiederum durch Anwendung der Additionstheoreme für sin und cos erhalten wir zusammen mit der Wertetabelle den folgenden

Satz 12.2 *Für alle $x \in \mathbb{R}$ gilt*

i. $\cos(x + 2\pi) = \cos x,\ \sin(x + 2\pi) = \sin x,$

ii. $\cos(x + pi) = -\cos x,\ \sin(x + pi) = -\sin x,$

iii. $\cos x = \sin(\frac{\pi}{2} - x),\ \sin x = \cos(\frac{\pi}{2} - x).$

Nun sind wir in der Lage, sämtliche Nullstellen von sin und cos anzugeben.

Satz 12.3 *Es gilt* $\cos x = 0$ *genau dann, wenn* $x = \frac{\pi}{2} + k\pi$ *für ein* $k \in \mathbb{Z}$ *gilt. Es gilt* $\sin x = 0$ *genau dann, wenn* $x = k\pi$ *für ein* $k \in \mathbb{Z}$ *ist.*

Beweis: Wegen Satz 12.2(iii) reicht es, das zweite zu beweisen. Für $x \in [0, \frac{\pi}{2}[$ ist $\cos x > 0$. Wegen $\cos x = \cos -x$ ist cos positiv auf $]-\frac{\pi}{2}, \frac{\pi}{2}[$. Wegen Satz 12.2(iii) folgt $\sin x > 0$ für $x \in]0, \pi[$.
Aus Satz 12.2(ii) $(\sin(x + \pi) = -\sin x$ erhalten wir $\sin x < 0$ für $x \in]\pi, 2\pi[$.
Auf dem Intervall $[0, 2\pi[$ besitzt sin nur die beiden Nullstellen 0 und π.
Es sei nun ein $y \in \mathbb{R}$ gegeben mit $\sin y = 0$. Dann existiert ein $x \in [0, 2\pi[$ und ein $m \in \mathbb{Z}$ mit $y = 2\pi m + x$ (wähle $m = \max\{k \in Z | k \leq \frac{y}{2\pi}\}$). Dann ist

$$\sin x = \sin(y - 2\pi m) = \sin y = 0.$$

Also gilt $x = 0$ oder $x = \pi$ und somit $y = 2\pi m$ oder $y = (2m + 1)\pi$.

Diese Überlegungen zeigen, daß jede Nullstelle der Sinusfunktion von der behaupteten Bauart ist. Die umgekehrte Richtung ist leicht zu sehen. □

Nachdem die Nullstellen von sin und cos bekannt sind, macht die Betrachtung der Quotienten Sinn.

Definition 12.2 *Die für* $x \in \mathbb{R}$, $x \notin \{\frac{\pi}{2} + k\pi | k \in \mathbb{Z}\}$ *erklärte Funktion* $\tan x := \dfrac{\sin x}{\cos x}$ *heißt die Tangens-Funktion.*
Die für $x \in \mathbb{R}$, $x \notin \{k\pi | k \in \mathbb{Z}\}$ *erklärte Funktion* $\cot x := \dfrac{\cos x}{\sin x}$ *heißt die Kotangens-Funktion.*

Wir stellen einige Eigenschaften dieser Funktionen zusammen, die unmittelbar aus schon bekannten Resultaten folgen:

Satz 12.4 *Für alle x aus dem Definitionsbereich von* tan *bzw.* cot *gilt*

i. $\tan(x + \pi) = \tan x, \quad \cot(x + \pi) = \cot x$

ii. $\tan(-x) = \tan x, \quad \cot(-x) = -\cot x$

iii. $(\tan x)' = \dfrac{1}{\cos^2 x} = 1 + \tan^2 x, \; (\cot x)' = \dfrac{-1}{\sin^2 x} = 1 - \cot^2 x.$

Aus der Kenntnis der Ableitungen der trigonometrischen Funktionen sin, cos, tan, cot und der Nullstellen von sin und cos gewinnen wir mit Satz 9.6 Intervalle, auf denen die jeweilige Funktion streng monoton ist. Aus der Wertetabelle lesen wir die zugehörigen Bildintervalle ab.

Bemerkung: Auf den folgenden Intervallen sind die betreffenden Funktionen bijektiv:

$$\begin{aligned}\sin: [-\frac{\pi}{2}, \frac{\pi}{2}] &\longrightarrow [-1,1],\\ \cos: [0,\pi] &\longrightarrow [-1,1],\\ \tan:]-\frac{\pi}{2}, \frac{\pi}{2}[&\longrightarrow \mathbb{R},\\ \cot:]0,\pi[&\longrightarrow \mathbb{R}.\end{aligned}$$

Definition 12.3 *Die nach der vorstehenden Bemerkung existierenden Umkehrabbildungen*

$$\begin{aligned}\arcsin := \sin^{-1} : [-1,1] &\longrightarrow [-\frac{\pi}{2}, \frac{\pi}{2}],\\ \arccos := \cos^{-1} : [-1,1] &\longrightarrow [0,\pi],\\ \arctan := \tan^{-1} : \mathbb{R} &\longrightarrow]-\frac{\pi}{2}, \frac{\pi}{2}[,\\ \operatorname{arccot} := \cot^{-1} : \mathbb{R} &\longrightarrow]0,\pi[\end{aligned}$$

heißen die Arcus- Funktionen.

Satz 12.5 *Die Arcus-Funktionen sind auf ihrem jeweiligen Definitionsbereich differenzierbar, und es gilt dort*

$$\begin{aligned}\arcsin'(x) &= \frac{1}{\sqrt{1-x^2}},\\ \arccos'(x) &= \frac{-1}{\sqrt{1-x^2}},\\ \arctan'(x) &= \frac{1}{1+x^2},\\ \operatorname{arccot}'(x) &= \frac{-1}{1+x^2}.\end{aligned}$$

Beweis: Wir beweisen die dritte Gleichung, der Nachweis der anderen sei als Übungsaufgabe empfohlen.
Nach Satz 8.5 erhalten wir mit der Bezeichnung $y = \arctan x$

$$\arctan'(x) = \frac{1}{\tan' y} = \cos^2 y = \frac{\cos^2 y}{\cos^2 y + \sin^2 y} = \frac{1}{1+\tan^2 y} = \frac{1}{1+x^2}.$$

□

Wir gehen nun noch auf den oben schon angesprochenen Kreisumfang und dessen Zusammenhang mit der Zahl π ein. Das Ergebnis ist zum Verständnis des kommenden Stoffes nicht unbedingt nötig.

Wir betrachten den Kreis mit dem Radius 1 um den Nullpunkt in der komplexen Ebene $\mathbb{C}$. Wir wissen bereits, daß die Punkte $\exp(ix)$ für alle $x \in \mathbb{R}$ auf diesem Kreis liegen (Satz 6.4). Aus der obigen Wertetabelle ersehen wir

$$\exp(i\pi) = \cos\pi + i\sin\pi = -1 = \cos -\pi + i\sin -\pi = \exp(-i\pi).$$

Wir geben nun ein $x \in [0,\pi]$ beliebig vor. Außerdem sei ein $n \in \mathbb{N}$ gewählt.
Für $k = 0, 1, \cdots, n$ setzen wir $w_{k,n} = \exp(i\frac{k}{n}x)$. Es ist $w_{n,n} = \exp(ix)$.
Wegen der Stetigkeit von cos und sin liegen zwei in der Numerierung aufeinanderfolgende Punkte $w_{k,n}$ und $w_{(k+1),n}$ umso dichter beieinander (d.h. $|w_{k,n} - w_{(k+1),n}|$ ist umso kleiner), je größer n gewählt war.
Die Punkte $w_{k,n}$ liegen auf dem Kreisabschnitt $\{\exp(it) | 0 \leq t \leq x (\leq \pi)\}$. Da sin auf $[0,\pi]$ nicht-negativ ist, handelt es sich um den Teilbogen des Kreises mit den Begrenzungspunkten 1 und $\exp(ix)$, der in der oberen Kreishälfte liegt. Da cos auf $[0,\pi]$ streng monoton fallend ist, sind die Punkte $w_{k,n}$ mit wachsendem k von rechts nach links auf diesem Bogen aufgereiht.

Es soll nun die „Länge“ dieses Kreisbogens definiert werden, von dem wir natürlich eine intuitive Vorstellung besitzen. Dieser Vorstellung entspricht es, als Näherung für diese „Länge“ die Summe der Längen der Verbindungsstrecken $\overline{w_{k,n}, w_{(k+1),n}}$ für $k = 0, 1 \cdots, n-1$ anzusehen, also die Zahlen

$$L_n := \sum_{k=0}^{n-1} \left| \exp\left(i\frac{k}{n}x\right) - \exp\left(i\frac{k+1}{n}x\right) \right| = \sum_{k=0}^{n-1} \left| \exp(i\frac{k}{n}x) \left(1 - \exp(i\frac{1}{n}x\right) \right|$$

$$= \sum_{k=0}^{n-1} \left| \left(1 - \exp\left(i\frac{1}{n}x\right)\right) \right| = n\sqrt{(1-\cos\frac{x}{n})^2 + \sin^2\frac{x}{n}} = n\sqrt{2(1-\cos\frac{x}{n})}.$$

Wegen ($\alpha \in \mathbb{R}$)

$$\cos 2\alpha \overset{\text{Add.Thm.}}{=} \cos^2\alpha - \sin^2\alpha = 1 - 2\sin^2\alpha$$

gilt die Beziehung $|\sin\alpha| = \sqrt{\frac{1-\cos 2\alpha}{2}}$ und somit (da oben $\sin\frac{x}{2n} \geq 0$ gilt) folgt $L_n = 2n\sin\frac{x}{2n}$.

Als Länge des Kreisbogens definieren wir nun

$$L := \lim_{n\to\infty} L_n$$

und erhalten aus dem Potenzreihenanfang der Sinusfunktion

$$L = \lim_{n\to\infty} 2n\left(\frac{x}{2n} - \frac{x^3}{(2n)^3 3!} + \cdots\right) = \lim_{n\to\infty}\left(x - \frac{x^3}{(2n)^2 3!} + \cdots\right) = g(\frac{1}{2n})$$

mit der Abkürzung $g(y) := \sum_0^\infty \frac{(-1)^k x^{k+1}}{(k+1)!} y^k$.

Da diese Potenzreihe eine stetige Grenzfunktion besitzt, erhalten wir $L = g(0) = x$. Damit kommt der ganzen oberen Kreishälfte ($x = \pi$ wählen) die Länge π zu.

13 Das Riemann-Integral

13.1 Definition des Riemann-Integrals

Der Flächeninhalt eines Rechtecks mit den Seitenlängen a und b ist das Produkt ab. Das ist altgewohnt, und man ist sich vielfach gar nicht bewußt, daß dies keine von irgendwoher stammende Erkenntnis ist, sondern auf einer Definition beruht.

Warum ist die Definition so getroffen worden? Das hängt mit den Eigenschaften zusammen, die man von einem „vernünftigen" Flächeninhalt für Rechtecke erwartet.

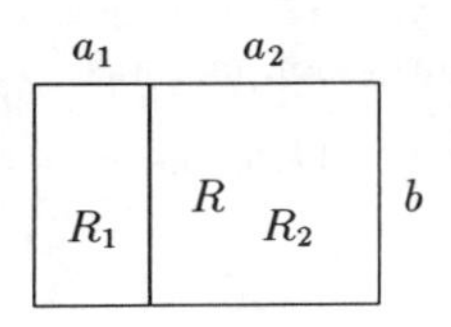

Dazu gehört das Verhalten des Flächeninhalts bei Aufteilung des Rechtecks R mit den Seiten a, b in zwei Teilrechtecke R_1, R_2 mit den Seiten a_1, b und a_2, b. Für die Flächeninhalte F, F_1, F_2 soll gelten: $F = F_1 + F_2$, was durch das Distributivgesetz auch gewährleistet ist, wenn $F = ab$, $F_1 = a_1 b$, $F_2 = a_2 b$ gesetzt wird. Wir erwarten also, daß der Flächeninhalt eines Rechtecks eine *lineare* Funktion der Seitenlängen ist. Außerdem soll diese Funktion sich vernünftigerweise stetig verhalten. Das führt dann (nach Überlegungen, die wir hier nicht ausführen) dazu, daß der Flächeninhalt eines Rechtecks mit den Ecken a, b gleich μab zu setzen ist mit einem festen Faktor $\mu \in \mathbb{R}$. Ordnen wir dem Quadrat mit Seitenlänge 1 den Flächeninhalt 1 zu, so folgt $\mu = 1$.

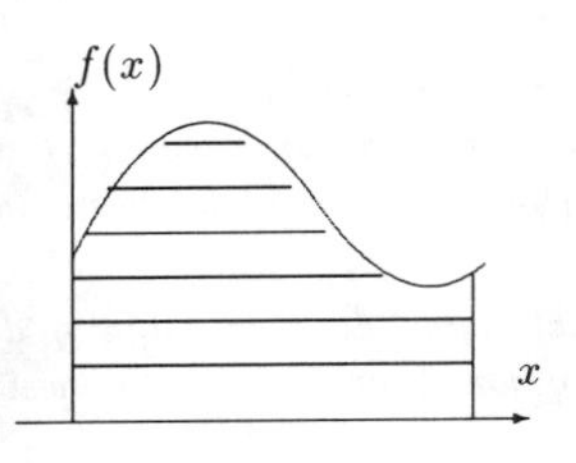

Ausgehend von diesem Flächeninhalt für Rechtecke soll nun die Definition auf andere ebene Bereiche unter Einsatz des Limesbegriffs ausgedehnt werden. Man mache sich klar, daß die schraffierte „Fläche" unter dem nebenstehend dargestellten Funktionsgraphen an dieser Stelle gar nicht berechnet werden kann, da sie nicht definiert ist.

Um diese Definition in sinnvoller Weise zu treffen, gehen wir von einer Annäherung der intuitiv gemeinten „Fläche" durch eine Summe von Rechtecksflächen aus.

Wie in der nächsten Abbildung ersetzen wir den Graphen der Funktion durch den eines Streckenzuges so, daß die „Fläche“ ersetzt wird durch die Vereinigung nichtüberlappender Rechtecke, die einmal ihre Oberkanten stets unterhalb und zum anderen stets oberhalb des Funktionsgraphen haben, aber den Graphen jeweils berühren.

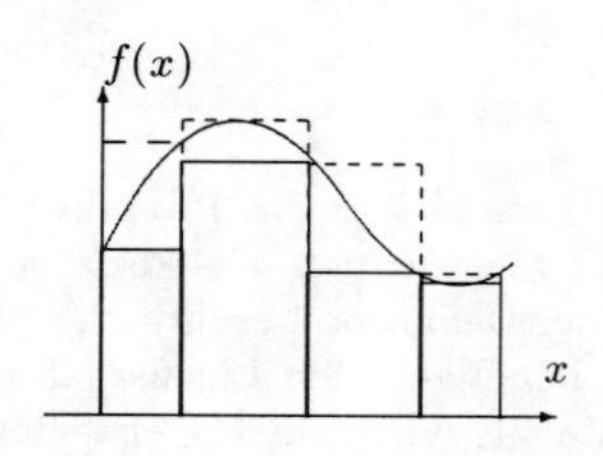

Je schmaler wir diese Rechtecke wählen, umso mehr entspricht die Summe ihrer Flächeninhalte dem, was wir uns anschaulich unter der „Fläche unter dem Graphen“ vorstellen. Wir gewinnen also dann eine vernünftige Definition dieser „Fläche“, wenn es gelingt zu zeigen, daß die Rechtecksflächen-Summen einen Grenzwert besitzen bei Wahl immer schmalerer Rechtecke. Außerdem soll dieser Grenzwert natürlich unabhängig sein von der speziellen Wahl solcher Rechtecke. Wir führen diese Konzeption nun aus.

Definition 13.1 *Es seien* $a, b \in \mathbb{R}$, $a < b$ *und* $I = [a, b]$. *Weiter seien Punkte* $x_0, x_1 \ldots x_n \quad (n \in \mathbb{N})$ *gegeben mit*

$$a = x_0 < x_1 < \ldots < x_n = b.$$

Das $(n+1)$*-Tupel* $Z = (x_0, x_1, \ldots, x_n)$ *der Teilungspunkte* $x_0, x_1, \ldots, x_n$ *heißt eine Zerlegung von* $I = [a, b]$.

Die Zahl $|Z| := \max\{|x_j - x_{j-1}| j = 1, \ldots, n\}$ *heißt die Feinheit von* Z*; das Intervall* $I_j := [x_{j-1}, x_j]$ *heißt das* j*-te Teilintervall der Zerlegung.*

Die Zerlegung Z *heißt äquidistant, wenn* $x_j - x_{j-1} = \dfrac{b-a}{n}$ *gilt für alle* $j = 1 \ldots n$.

Die Menge aller Zerlegungen von I *sei mit* $\mathcal{Z} = \mathcal{Z}(I)$ *bezeichnet.*

Definition 13.2 *Es seien* $Z,\ Z' \in \mathcal{Z}(\mathcal{I})$ *Zerlegungen des Intervalls* I.
Die Zerlegung Z' *heißt Verfeinerung von* Z, *wenn jeder Teilungspunkt von* Z *auch Teilungspunkt von* Z' *ist. Wir schreiben dann* $Z \succeq Z'$ *(Sprechweise:* Z' *ist feiner als* Z, Z *ist gröber als* Z'*).*

Diejenige Zerlegung $Z'' \in \mathcal{Z}(I)$, *deren Teilungspunktmenge die Vereinigung der Teilungspunkte von* Z *und* Z' *ist, heißt die Überlagerung von* Z *und* Z' *(Schreibweise* $Z'' = Z \sqcup Z'$*).*

Bemerkung: Zu $Z_1, Z_2 \in \mathcal{Z}(I)$ existiert ein $Z \in \mathcal{Z}(I)$ mit $Z_1 \succeq Z$ und $Z_2 \succeq Z$ (wie die Wahl $Z = Z_1 \sqcup Z_2$ zeigt).

Schreibweise: Für $I = [a, b]$ bezeichne $B(I)$ die Menge der beschränkten Funktionen $f : I \to \mathbb{R}$.

Nun folgt die Definition der oben erwähnten Rechteckflächensummen. Die einbeschriebenen Rechtecke besitzen als Grundseite ein Teilintervall der betreffenden Zerlegung von I, und die Länge der vertikalen Seiten ist das Infimum der Funktion auf diesem Teilintervall. Wählen wir als Länge der vertikalen Seiten das Supremum der Funktion auf dem jeweiligen Teilintervall, so erhalten wir Rechtecke, deren Oberkante den Funktionsgraphen stets von oben berührt.

Definition 13.3 *Es sei $I = [a, b]$, $f \in B(I)$ und $Z \in \mathcal{Z}(I)$ mit den Teilintervallen $Z_j\,(j = 1, \ldots, n)$. Die Zahl*

$$s(Z, f) = \sum_{j=1}^{n} (x - x_j) \inf f[I_j] \text{ bzw.}$$

$$S(Z, f) = \sum_{j=1}^{n} (x - x_j) \sup f[I_j]$$

heißt die Untersumme bzw. Obersumme von f zur Zerlegung Z.

Bemerkung: Mit den Bezeichnungen der vorstehenden Definition gilt

(a) $s(Z, f) \leq S(Z, f)$,

(b) $S(Z, f) = -s(Z, -f)$.

Denn: die erste Ungleichung folgt unmittelbar aus $\inf f[I_j] \leq \sup f[I_j]$, die zweite aus $\sup f[I_j] = -\inf(-f)[I_j]$.

Wenn klar ist, zu welcher Funktion die Unter- bzw. Obersummen $s(Z, f)$ bzw. $S(Z, f)$ gebildet sein sollen, darf kurz $s(Z)$ bzw. $S(Z)$ geschrieben werden.

Für das gesamte Kapitel bezeichne I stets das abgeschlossene Intervall mit den Grenzen $a, b \in \mathbb{R}$.

Hilfssatz 13.1 *Es sei $A \geq 0$, und für die Funktion $f : I \to \mathbb{R}$ gelte $|f(x)| \leq A$ für alle $x \in I$. Weiter seien Zerlegungen $Z, Z' \in \mathcal{Z}(I)$ gegeben mit $Z \succeq Z'$, wobei Z' genau m Teilungspunkte mehr als Z besitze. Dann gilt*

i. $s(Z) \leq s(Z') \leq s(Z) + 2mA|Z|$ *und*

ii. $S(Z) \geq S(Z') \geq S(Z) + 2mA|Z|$.

Beweis: Wegen der obigen Bemerkung (b) reicht es, die Zeile i. zu beweisen.

Wir führen den Beweis durch Induktion.

Im Induktionsanfang $m = 0$ ist wegen $Z = Z'$ nichts zu zeigen.

Die Behauptung sei richtig für $m = 0, \cdots, M \in \mathbb{N} \cup \{0\}$.

Nun geben wir eine Zerlegung $Z'' \in \mathcal{Z}(I)$, $Z \succeq Z''$, die genau $M+1$ Teilungspunkte über die von Z hinaus besitzt. Einen dieser Teilungspunkte ξ nehmen wir nun aus Z'' heraus und erhalten so eine Zerlegung $Z' \in \mathcal{Z}(I)$ mit $Z \succeq Z' \succeq Z''$.
Es sei $Z' = (x_0, x_1, \ldots, x_n)$. Dann besitzt Z' genau M Teilungspunkte mehr als Z. Der in Z' nicht vorhandene Teilungspunkt ξ liegt dann im Innern eines Teilintervalls von Z', etwa in $]x_{k-1}, x_k[$.
Wir setzen nun

$$\mu' := \inf f\,[[x_{k-1}, x_k]]\,, \quad \mu_1 := \inf f\,[[x_{k-1}, \xi]]\,, \quad \mu_2 := \inf f\,[[\xi, x_k]]\,.$$

Der Unterschied zwischen $s(Z')$ und $s(Z'')$ besteht darin, daß der Summand $(x_k - x_{k-1})\mu'$ aus $s(Z')$ ersetzt wird durch die beiden „neuen“ Summanden $(\xi - x_{k-1})\mu_1$ und $(x_k - \xi)\mu_2$. Also gilt

$$s(Z'') - s(Z') = (\xi - x_{k-1})\mu_1 + (x_k - \xi)\mu_2 - (x_k - x_{k-1})\mu' \tag{13.1}$$

$$= \underbrace{(\xi - x_{k-1})}_{>0}\underbrace{(\mu_1 - \mu')}_{\geq 0} + \underbrace{(x_k - \xi)}_{>0}\underbrace{(\mu_2 - \mu')}_{\geq 0} \geq 0 \tag{13.2}$$

Aus (13.2) folgt $s(Z') \leq s(Z'')$. Wir schätzen (13.1) weiter ab durch:

$$\begin{aligned} s(Z'') - s(Z') &\leq A((\xi - x_{k-1}) + A(x_k - \xi) + A(x_k - x_{k-1}) \\ &= 2A(x_k - x_{k-1}) \leq 2A|Z'| \leq 2A|Z| \end{aligned}$$

Daraus folgt $s(Z'') \leq s(Z') + 2A|Z|$, und wir erhalten insgesamt die Ungleichungskette:

$$\begin{aligned} s(Z) &\overset{\text{Ind.Ann.}}{\leq} s(Z') \overset{\text{s.o.}}{\leq} s(Z'') \leq s(Z') + 2A|Z| \\ &\overset{\text{Ind.Ann.}}{\leq} s(Z) + 2MA|Z| + 2A|Z| = s(Z) + 2(M+1)A|Z| \end{aligned}$$

□

Nun geben wir zwei Zerlegungen Z_1, $Z_2 \in \mathcal{Z}(I)$ beliebig (ohne Feiner- Beziehung) vor. Dann ist $Z_1 \sqcup Z_2$ eine Verfeinerung sowohl von Z_1 wie von Z_2. Nach dem Hilfssatz 13.1 und der Bemerkung (a) von oben erhalten wir:

$$s(Z_1) \leq s(Z_1 \sqcup Z_2) \leq S(Z_1 \sqcup Z_2) \leq S(Z_2).$$

Das bedeutet (das Intervall I und die Funktion f sind fest): *Jede Untersumme ist kleiner oder gleich jeder Obersumme* und damit ist die Menge der Untersummen nach oben und die Menge der Obersummen nach unten beschränkt. Damit kommen wir zu der grundlegenden Definition dieses Kapitels:

Definition 13.4 *Für $f \in B(I)$ heißt*

$$\underline{J}(f) := \underline{\int_I} f(x)\,dx := \underline{\int_a^b} f(f)\,dx := \sup\{s(Z,f) | Z \in \mathcal{Z}(I)\} \text{ bzw.}$$

$$\overline{J}(f) := \overline{\int_I} f(x)\,dx := \overline{\int_a^b} f(f)\,dx := \inf\{S(Z,f) | Z \in \mathcal{Z}(I)\}$$

das untere bzw. obere Riemann-Integral von f über das Intervall I. Die Funktion f heißt auf I Riemann-integrierbar, wenn $\underline{J}(f) = \overline{J}(f) =: J(f)$ gilt, und dann heißt

$$J(f) =: \int_I f(x)\,dx =: \int_a^b f(x)\,dx$$

das (Riemann-)Integral von f auf $I = [a,b]$.

Die Menge der auf I Riemann-integrierbaren Funktionen $f \in B(I)$ sei mit $R(I)$ bezeichnet.

Das Intervall I heißt dabei das Integrationsintervall und a die untere, b die obere Integrationsgrenze. Es sei vereinbart, daß als „Integrationsvariable" statt x auch jedes andere Symbol Verwendung finden darf, das nicht durch eine andere Bedeutung bereits gebunden ist. In der Definition würde durch $\int_I f(t)\,dt$ nichts anderes ausgedrückt als durch $\int_I f(x)\,dx$.

Außerdem sei vereinbart, daß statt $\underline{J}(f)$ bzw. $\overline{J}(f)$ kurz $\underline{J}$ bzw. $\overline{J}$ notiert werden darf, wenn über die zugrunde liegende Funktion f kein Zweifel besteht.

Das "dx" in der Notierung des Integrals wäre entbehrlich. Es hat seinen Ursprung in traditionellen Schreibweisen. Aber auch ohne diese erfüllt es zweierlei Zweck: erstens läßt sich daran im Zweifel ablesen, was die Integrationsvariable ist, zweitens markiert es das Ende des Integranden und erspart so manche Klammer. Der letzte Vorteil wird zunichte gemacht, wenn - wie neuerdings vor allem bei Physikern zu beobachten - das "dx" gleich hinter dem Integralzeichen notiert wird.

Satz 13.1 *Für jedes $f \in B(I)$ gilt*

i. $\overline{J}(f) = -\underline{J}(-f)$,

ii. $\underline{J}(f) \leq \overline{J}(f)$.

Beweis:

Zu i: Es ist wegen der Bemerkung (b) oben

$$\overline{J}(f) = \inf_{z \in \mathcal{Z}(I)} S(Z,f) = \inf_{z \in \mathcal{Z}(I)} (-s(Z,-f) = -\sup_{z \in \mathcal{Z}(I)} s(Z,-f) = \underline{J}(-f).$$

Zu ii: Für alle $Z, Z' \in \mathcal{Z}(I)$ gilt nach der obigen Folgerung $s(Z,f) \leq S(Z',f)$. Also gilt auch

$$\underline{J}(f) = \sup_{z \in \mathcal{Z}(I)} \leq S(Z',f) \text{ und ebenso} \underline{J}(f) \leq \inf_{Z' \in \mathcal{Z}(I)} S(Z',f) = \overline{J}(f).$$

□

Soll eine gegebene Funktion f auf Riemann-Integrierbarkeit getestet werden, so ist die Ermittlung des Unter- und Oberintegrals nicht sehr praktikabel, da das Supremum bzw. Infimum a priori über alle Zerlegungen zu erstrecken ist. Zwar wissen wir bereits, daß von zwei Zerlegungen aus $\mathcal{Z}(I)$, von denen eine feiner ist als die andere, nur die feinere in Betracht gezogen werden muß, aber erstens wird das Supremum bzw. Infimum im allgemeinen nicht angenommen und zweitens werden zwei zufällig herausgegriffene Zerlegungen nicht in der Feiner-Relation zu vergleichen sein. Deshalb sind wir dankbar für den folgenden Satz.

Satz 13.2 (Riemannsches Integrabilitätskriterium) *Eine Funktion $f \in B(I)$ gehört genau dann zu $R(I)$, wenn gilt: zu jedem $\varepsilon > 0$ existiert eine Zerlegung $Z \in \mathcal{Z}(I)$ mit $S(Z) - s(Z) < \varepsilon$.*

Bemerkung: Es gilt also $f \in R(I)$ dann und nur dann, wenn eine Folge von Zerlegungen $Z_n \in \mathcal{Z}(I)$ existiert mit $S(Z_n) - s(Z_n) \stackrel{n\to\infty}{\longrightarrow} 0$.

Man beachte, welchen Fortschritt an Komfort das bedeutet, wenn die Riemann-Integrierbarkeit im konkreten Fall nachgeprüft werden soll!

Beweis:

"$\Longrightarrow$": Es sei $f \in R(I)$ angenommen und ein $\varepsilon > 0$ vorgegeben.

Wegen $\underline{J} = \sup\{s(Z) | Z \in \mathcal{Z}(I)\}$ finden wir ein $Z_1 \in \mathcal{Z}(I)$ mit

$$\underline{J} - \frac{\varepsilon}{4} \leq s(Z_1).$$

Wegen $\overline{J} = \inf\{S(Z) | Z \in \mathcal{Z}(I)\}$ finden wir auch ein $Z_2 \in \mathcal{Z}(I)$ mit

$$S(Z_2) \leq \overline{J} - \frac{\varepsilon}{4}.$$

Wir betrachten nun $Z = Z_1 \sqcup Z_2$. Nach Hilfssatz 13.1 gilt $s(Z) \geq s(Z_1) \geq \underline{J} - \frac{\varepsilon}{4}$ sowie $S(Z) \leq S(Z_2) \leq \overline{J} + \frac{\varepsilon}{4}$. Wegen $\overline{J} = \underline{J}$ folgt daraus

$$S(Z) - s(z) \leq \overline{J} + \frac{\varepsilon}{4} - \underline{J} + \frac{\varepsilon}{4} = \frac{\varepsilon}{2} < \varepsilon.$$

"$\Longleftarrow$": Sei ein $\varepsilon > 0$ gewählt und dazu eine Zerlegung $Z \in \mathcal{Z}(I)$ fixiert mit $S(Z) - s(Z) < \varepsilon$. Wegen $\underline{J} \geq s(Z)$ und $\overline{J} \leq S(Z)$ folgt mit Satz 13.1

$$0 \leq \overline{J} - \underline{J} \leq S(Z) - s(Z) < \varepsilon.$$

Da diese Überlegung für jedes $\varepsilon > 0$ gilt, folgt $\overline{J} = \underline{J}$ und damit $f \in R(I)$. □

Beispiele: 1. Es sei f eine konstante Funktion, $f(x) \equiv c$. Dann lassen sich die Unter- und Obersummen zu jeder Zerlegung $Z = (x_0, \ldots, x_n)$ leicht ausrechnen:

$$S(Z) = \sum_{j=1}^{n} (x_{j-1} - x_j)c = c(b-a) = s(Z).$$

Die Menge $R(I)$ enthält also die konstanten Funktionen.
2. Nun sei $I = [0, b]$, also $a = 0$ und $f(x) = x$. Wir wählen $Z_n = (x_0, x_1, \ldots, x_n)$ als äquidistante Zerlegung, also $x_j = \frac{b}{n}$ für $j = 0, \ldots n$. Dann erhalten wir

$$s(Z_n) = \sum_{j=1}^{n} \frac{b}{n} \cdot (j-1)\frac{b}{n} = \left(\frac{b}{n}\right)^2 \sum_{j=1}^{n} (j+1) = \left(\frac{b}{n}\right)^2 \frac{(n-1)n}{2} = \frac{b^2}{2}\left(1 - \frac{1}{n}\right)$$

Analog folgt $S(Z_n) = \frac{b^2}{2}\left(1 + \frac{1}{n}\right)$. Damit haben wir $S(Z_n) - s(Z_n) = \frac{b^2}{n} \longrightarrow 0$ für $n \to \infty$ und nach dem Riemannschen Integrabilitätskriterium folgt $f \in R(I)$. Wegen

$$\sup_{n \in \mathbb{N}} s(Z_n) = \inf_{n \in \mathbb{N}} S(Z_n) = \lim_{n \to \infty} S(Z_n) = \frac{b^2}{2}$$

folgt der Integralwert:

$$\int_0^b x\,dx = \frac{b^2}{2}.$$

3. Es sei $f : I \to \mathbb{R}$ lediglich monoton angenommen. Dann gilt schon $f \in R(I)$.
Es reicht, f als monoton steigend vorauszusetzen, für monoton fallendes f kann analog argumentiert werden.
Wegen $f(a) \leq f(x) \leq f(b)$ für alle $x \in I$ folgt $f \in B(I)$.
Es sei ein $\varepsilon > 0$ vorgegeben und dazu ein $n \in \mathbb{N}$ so gewählt, daß gilt

$$\frac{b-a}{n}(f(b) - f(a)) < \varepsilon.$$

Mit demselben n bilden wir nun die äquidistante Zerlegung Z_n von I mit der Feinheit $|Z_n| = x_j - x_{j-1} = \frac{b-a}{n} \quad (j = 1, \ldots, n)$.
Wegen der Monotonie von f bestimmen sich die Infima und Suprema auf den einzelnen Teilintervallen $I_j = [x_{j-1}, x_j]$ zu

$$\inf f[I_j] = f(x_{j-1}), \quad \sup f[I_j] = f(x_j).$$

Also ergibt sich

$$\begin{aligned} S(Z_n) - s(Z_n) &= \frac{b-a}{n} \sum_{j=1}^{n} (f(x_j) - f(x_{j-1})) \\ &= \frac{b-a}{n}(f(b) - f(a)) < \varepsilon. \end{aligned}$$

Nach dem Riemannschen Integrabilitätskriterium folgt $f \in R(I)$.

4. Die sogenannte Dirichlet-Funktion $f : \mathbb{R} \to \mathbb{R}$, definiert durch

$$f(x) = \begin{cases} 1 \text{ für } & x \in \mathbb{Q} \\ 0 \text{ für } & x \in \mathbb{R} \setminus \mathbb{Q} \end{cases}$$

ist auf keinem Intervall $I = [a, b]$ mit $a < b$ integrierbar, denn es gilt für beliebiges $Z \in \mathcal{Z}(I)$ stets $s(Z) = 0$ und $S(Z) = b - a$.

Der folgende Satz sagt aus, daß die Unter- und Obersummen zu einer Funktion $f \in B(I)$ alle umso näher an $\underline{J}(f)$ bzw $\overline{J}(f)$ sind, je kleiner die Feinheit der Zerlegung ist.

Satz 13.3 *Es sei $f \in B(I)$. Dann existiert zu jedem $\varepsilon > 0$ ein $\delta > 0$ so, daß für alle $Z \in \mathcal{Z}(I)$ mit $|Z| < \delta$ gilt*

$$0 \leq \underline{J} - s(Z) < \varepsilon \textit{ und } 0 \leq S(Z) - \overline{J} < \varepsilon.$$

Beweis: Es gelte $|f(x)| \leq A$ für alle $x \in I$. Wir geben ein $\varepsilon > 0$ vor und fixieren ein $Z' \in \mathcal{Z}(I)$ mit $\underline{J} - s(Z') \leq \frac{\varepsilon}{2}$.

Die Zerlegung Z' habe genau m Teilungspunkte. Es sei $\delta := \frac{\varepsilon}{4Am}$.

Nun sei $Z \in \mathcal{Z}(I)$ mit $|Z| < \delta$ gegeben. Die Zerlegung $Z \sqcup Z'$ hat dann höchstens m Teilungspunkte mehr als Z. Nach dem Hilfssatz 13.1 erhalten wir die Abschätzung:

$$\begin{aligned} 0 \leq \underline{J} - s(Z) &= \underline{J} - s(Z \sqcup Z') + s(Z \sqcup Z') - s(Z) \\ &\leq \underline{J} - s(Z') + 2mA|Z| \leq \frac{\varepsilon}{2} + 2mA\delta < \frac{\varepsilon}{2} + \frac{\varepsilon}{2} = \varepsilon \end{aligned}$$

Für die Obersummen können wir diese Überlegungen auf $-f$ anwenden und erhalten für alle $Z \in \mathcal{Z}(I)$ mit $|Z| < \delta$ wie oben die Ungleichung

$$\underline{J}(-f) - s(Z, -f) < \varepsilon.$$

Nach Satz 13.1.i. und der Bemerkung (b) von oben ist das gleichbedeutend mit

$$-\overline{J} + S(Z, f) < \varepsilon.$$

□

Korollar 13.4

Es sei $f \in B(I)$ und eine Zerlegungsfolge $Z_n \in \mathcal{Z}(I)$ gegeben mit $|Z_n| \to 0$. Dann gilt $\lim_{n\to\infty} s(Z, f) = \underline{J}(f)$ und $\lim_{n\to\infty} S(Z, f) = \overline{J}(f)$.

Beweis: Es sei ein $\varepsilon > 0$ vorgegeben. Nach dem vorstehenden Satz existiert ein $\delta > 0$ mit $\underline{J} - s(Z) < \varepsilon$ und $S(Z) - \overline{J} < \varepsilon$ für alle Z mit $|Z| < \delta$. Wegen $|Z_n| \to 0$ existiert ein $n_0 \in \mathbf{N}$ $|Z_n| < \delta$ für alle $n \geq n_0$.
Für $n \geq n_0$ gilt also $\underline{J} - s(Z_n) < \varepsilon$ und $S(Z) - \overline{J} < \varepsilon$. Da diese Abschätzung für jedes $\varepsilon > 0$ durchgeführt werden kann, folgt die Behauptung. □

Bemerkung: Das Korollar sagt aus, daß das untere bzw. obere Riemann-Integral von f als $\lim s(Z_n, f)$ bzw. $S(Z_n, f)$ berechnet werden kann, wobei $Z_n \in \mathcal{Z}(I)$ *irgendeine* Zerlegungsfolge ist mit $|Z_n| \to 0$.

13.2 Riemannsche Summen

Bei der Bildung der Unter- und Obersummen zu einer Zerlegung geht die zugrundeliegende Funktion $f : I \to \mathbf{R}$ durch die Infima bzw. Suprema der Werte auf den Teilintervallen I_j ein. Es ist eine naheliegende Frage, wie sich die Summen verhalten, bei denen das Infimum bzw. Supremum durch einen Wert $f(\xi_j)$ mit beliebig wählbarem $\xi_j \in I_j$ ersetzt ist.

Definition 13.5 *Es sei $f \in B(I)$ und $Z = (x_0, x_1, \ldots, x_n) \in \mathcal{Z}(I)$. Ein Tupel $\xi = (\xi_1, \ldots, \xi_n)$ heißt ein Satz von Zwischenpunkten zu Z, wenn $\xi_j \in I_j = [x_{j-1}, x_j]$ für alle $j = 1, \ldots, n$ gilt (im folgenden werde dafür kurz (Z, ξ) notiert). Für einen Satz ξ von Zwischenpunkten zur Zerlegung Z definieren wir die Riemannsche Summe von f zu (Z, ξ) als*

$$\sigma(Z, \xi, f) := \sum_{j=1}^{n} (x_j - x_{j-1}) f(\xi_j).$$

Bemerkungen: 1. Es gilt stets $s(Z, f) \leq \sigma(Z; \xi, f) \leq S(Z, f)$.
2. Die Untersumme $s(Z, f)$ bzw. die Obersumme $S(Z, f)$ ist genau dann eine Riemannsche Summe, wenn die Infima bzw. Suprema von f auf allen Teilintervallen angenommen werden.

Die Eigenschaft der Riemann-Integrierbarkeit kann durch Riemannsche Summen wie folgt erschlossen werden.

Satz 13.5 *Für eine Funktion $f \in B(I)$ sind folgende Aussagen äquivalent:*

i. $f \in R(I)$.
ii. Es gibt ein $\alpha \in \mathbf{R}$ mit der Eigenschaft:

Zu jedem $\varepsilon > 0$ existiert ein $\delta > 0$ so, daß für alle $Z \in \mathcal{Z}(I)$ mit $|Z| < \delta$ und jedem Satz ξ von Zwischenpunkten zu Z die Abschätzung $|\sigma(Z, \xi, f) - \alpha| < \varepsilon$ gilt, und in diesem Fall ist $\alpha = \int_I f(x)\, dx$.

Beweis: "$\Longrightarrow$" Es sei $f \in R(I)$ vorausgesetzt. Die zweite Eigenschaft soll mit $\alpha := \int_I f(x)\,dx$ nachgewiesen werden. Dazu sei ein $\varepsilon > 0$ vorgegeben.

Nach Satz 13.3 kann ein $\delta > 0$ so gewählt werden, daß für alle $Z \in \mathcal{Z}(I)$ mit $|Z| < \delta$ die Ungleichungen $\alpha - s(Z) < \varepsilon$ und $\alpha - S(Z) < \varepsilon$ erfüllt sind. Damit gilt für diese Zerlegungen bei beliebiger Wahl eines Satzes von Zwischenpunkten nach der obigen Bemerkung (f wird nicht notiert)

$$-\varepsilon < s(Z) - \alpha \leq \sigma(Z,\xi) - \alpha \leq S(Z) - \alpha$$

und damit $|\sigma(Z,\xi) - \alpha| < \varepsilon$.

"$\Longleftarrow$" Zu gegebenem $\varepsilon > 0$ sei ein $\delta_1 > 0$ gewählt mit $|\sigma(Z,\xi) - \alpha| < \varepsilon$ für jedes (Z,ξ) mit $|Z| < \delta$, wobei α die nach ii. existierende feste Zahl ist.

Nach Satz 13.3 gibt es ein $\delta_2 > 0$ so, daß für alle $Z \in \mathcal{Z}(I)$ mit $|Z| < \delta_2$ die Ungleichungen

$$\underline{J} - s(Z) < \varepsilon \text{ und } S(Z) - \overline{J} < \varepsilon$$

gelten.

Es sei nun $\delta := \min\{\delta_1, \delta_2\}$ gesetzt. Weiter sei $Z = (x_0, x_1 \ldots, x_n) \in \mathcal{Z}(I)$ mit $|Z| < \delta$ und $\xi_j \in I_j \quad (j = 1, \ldots, n)$ gewählt mit

$$\inf f[I_j] \leq f(\xi_j) \leq \inf f[I_j] + \frac{\varepsilon}{b-a}$$

(solche Zwischenpunkte können nach dem Hilfssatz 1.4 gefunden werden). Dann gilt

$$s(Z) \leq \sigma(Z,\xi) = \sum_{j=1}^{n}(x_j - x_{j-1})f(\xi_j)$$

$$\leq \sum_{j=1}^{n}(x_j - x_{j-1})\inf f[I_j] + \sum_{j=1}^{n}(x_j - x_{j-1})\frac{\varepsilon}{b-a} = s(Z) + \varepsilon.$$

Also gilt $|\sigma(Z,\xi) - s(Z)| < \varepsilon$ und daher

$$|\alpha - \underline{J}| \leq |\alpha - \sigma(Z,\xi)| + |\sigma(Z,\xi) - s(Z)| + |s(Z) - \underline{J}| < \varepsilon + \varepsilon + \varepsilon = 3\varepsilon.$$

Da $\varepsilon > 0$ beliebig vorgegeben werden darf, folgt $\alpha = \underline{J}$.

Für $-f$ ist die Voraussetzung mit $-\alpha$ ebenfalls erfüllt, denn es gilt

$$\sigma(Z,\xi,-f) = -\sigma(Z,\xi,f).$$

Die vorstehende Überlegung liefert also $-\alpha = \underline{J}(-f)$. Wegen $\overline{J}(f) = -\underline{J}(-f) = \alpha$ folgt die Behauptung $f \in R(I)$ und $\alpha = \int_I f(x)\,dx$. □

Damit ist die Möglichkeit eröffnet, den Wert eines Integrals zu ermitteln als einen Limes von Riemannschen Summen zu Zerlegungen mit gegen Null strebender Feinheit. Das faßt das folgende Korollar zusammen.

Korollar 13.6 *Es sei $f \in R(I)$ und $Z_m \in \mathcal{Z}(I)$ eine Zerlegungsfolge mit $|Z_m| \to 0$. Zu jedem Z_m sei ein Satz von Zwischenpunkten ξ^m gewählt. Dann gilt*

$$\lim_{m\to\infty} \sigma(Z_m, \xi^m) = \int_I f(x)\,dx.$$

13.3 Hauptsatz und Mittelwertsatz

Der Zusammenhang zwischen Differentiation und Integration, der in diesem Abschnitt behandelt wird, gehört zu den zentralen Sachverhalten der eindimensionalen reellen Analysis. Den sogenannten Hauptsatz der Differential- und Integralrechnung behandeln wir in zwei Teilen, die inhaltlich nur lose verbunden sind. Der erste Teil besitzt sehr weitreichende Entsprechungen in der mehrdimensionalen Analysis.

Mit I bezeichnen wir weiterhin das abgeschlossene Intervall mit den Grenzen $a, b \in \mathbb{R}$.

Satz 13.7 (Hauptsatz der Differential- und Integralrechnung, 1.Teil)
Es sei $f : I \to \mathbb{R}$ auf I differenzierbar und $f' \in R(I)$. Dann ist

$$\int_a^b f'(x)\,dx = f(b) - f(a).$$

Bemerkung: Aus der Voraussetzung der Differenzierbarkeit an f folgt nicht die Integrierbarkeit von f'. Ein Beispiel ist die durch

$$f(x) := \begin{cases} x^2 \sin \frac{1}{x^2} & \text{für } x \neq 0 \\ 0 & \text{für } x = 0 \end{cases}$$

vermittelte Funktion $f : \mathbb{R} \to \mathbb{R}$. Diese ist differenzierbar, was für $x \neq 0$ nach der Kettenregel klar ist und in 0 durch Betrachtung des Differenzenquotienten folgt. Jedoch ist die Ableitung auf jedem Intervall unbeschränkt, das 0 enthält und somit auf solchen Intervallen auch nicht integrierbar.

Beweis:
Wir wählen eine Zerlegungsfolge $Z_m = (x_0^m, x_1^m, \ldots, x_{n_m}^m) \in \mathcal{Z}(I)$ mit $|Z_m| \to 0$. Nach dem 1. Mittelwertsatz der Differentialrechnung existiert zu jedem $m \in \mathbb{N}$ und zu jedem $j \in \{1, \ldots, n_m$ eine Zahl $\xi_{j,m}$ mit

$$f(x_j^m) - f(x_{j-1}^m) = (x_j^m - x_{j-1}^m) f'(\xi_{j,m}).$$

Dabei ist $\xi^m := (\xi_{1,m}, \ldots, \xi_{n_m,m})$ ein Satz von Zwischenpunkten zur Zerlegung Z_m.

Für alle $m \in \mathbb{N}$ erhalten wir also

$$f(b) - f(a) = \sum_{j=1}^{n_m}(f(x_j^m) - f(x_{j-1}^m)) = \sum_{j=1}^{n_m}(x_j^m - x_{j-1}^m)f'(\xi_{j,m}) = \sigma(Z_m, \xi^m, f')$$

und nach dem Korollar 13.6 konvergiert $\sigma(Z_m, \xi^m, f')$ gegen $\int\limits_a^b f(x)\,dx$. □

Beispiel: Für $f(x) = \exp(x)$ ist die Voraussetzung auf jedem Intervall erfüllt, da $f' = \exp$ auf $\mathbb{R}$ monoton und damit nach Beispiel 3 im letzten Abschnitt Riemann-integrierbar ist. Also gilt $\int\limits_a^b e^x\,dx = e^b - e^a$.

Die zur Definition des Riemann-Integrals herangezogenen Ober- und Unterintegrale existieren für beliebiges $f \in B(I)$ und können deshalb von Nutzen auch dann sein, wenn f nicht Riemann-integrierbar ist. Die folgenden Sachverhalte lassen sich ohne nennenswerten Mehraufwand für Ober- bzw. Unterintegrale zeigen.

Satz 13.8 *Für jedes $f \in B(I)$ und $a < c < b$ gilt:*

i. $\underline{\int\limits_a^b} f(x)\,dx = \underline{\int\limits_a^c} f(x)\,dx + \underline{\int\limits_c^b} f(x)\,dx$

ii. $\overline{\int\limits_a^b} f(x)\,dx = \overline{\int\limits_a^c} f(x)\,dx + \overline{\int\limits_c^b} f(x)\,dx$

iii. $R([a,b]) = R([a,c]) \cap R([c,b])$.

Bemerkung: Für ein $f \in R(I)$ folgt

$$\int\limits_a^b f(x)\,dx = \int\limits_a^c f(x)\,dx + \int\limits_c^b f(x)\,dx,$$

da die beiden rechten Integrale nach iii. existieren und somit in i. bzw. ii. dann das Integral anstelle des Unter- bzw. Oberintegrals notiert werden darf.

Beweis: Wir wählen Folgen $Z'_m \in \mathcal{Z}([a,c])$ und $Z''_m \in \mathcal{Z}([c,b])$ mit $|Z'_m| \longrightarrow 0$ und $|Z''_m| \longrightarrow 0$. Mit Z_m sei diejenige Zerlegung aus $\mathcal{Z}(I)$ bezeichnet, die genau die Teilungspunkte von Z'_m und Z''_m besitzt. Dann gilt auch $|Z_m| \longrightarrow 0$ und

$$s(Z_m) = s(Z'_m) + s(Z''_m).$$

Nach dem Korollar 13.4 gilt

$$s(Z'_m) \longrightarrow \underline{\int\limits_a^c} f(x)\,dx, \quad s(Z''_m) \longrightarrow \underline{\int\limits_c^b} f(x)\,dx, \quad s(Z_m) \longrightarrow \underline{\int\limits_a^b} f(x)\,dx.$$

Damit ist i. gezeigt.
Wegen $\overline{J}(f) = -\underline{J}(-f)$ folgt ii. aus i.

Zu iii.: Aus i. und ii. folgt

$$\left[\overline{\int_a^b} f(x)\,dx - \underline{\int_a^b} f(x)\,dx\right]$$

$$= \left[\overline{\int_a^c} f(x)\,dx - \underline{\int_a^c} f(x)\,dx\right] + \left[\overline{\int_c^b} f(x)\,dx - \underline{\int_c^b} f(x)\,dx\right].$$

Jeder der drei Ausdrücke in eckigen Klammern ist größer oder gleich Null. Also ist die linke Seite genau dann 0 (und damit $f \in R([a,b])$), wenn die beiden Ausdrücke in den Klammern rechts beide Null sind. Das ist gleichbedeutend mit $f \in R([a,c])$ und $f \in R([c,b])$. □

Bemerkung: Im Fall $a = b$, also eines einpunktigen Intervalls, haben offenbar die Unter- und Obersummen stets den Wert 0. Es gilt damit

$$\underline{\int_a^a} f(x)\,dx = \overline{\int_a^a} f(x)\,dx = \int_a^a f(x)\,dx = 0$$

(trivialerweise ist jede Funktion $f : [a,a] \to \mathbb{R}$ beschränkt).

Definition 13.6 *Für $a, b \in \mathbb{R}$ mit $a < b$ sei*

$$\underline{\int_b^a} f(x)\,dx := -\underline{\int_a^b} f(x)\,dx \text{ und } \overline{\int_b^a} f(x)\,dx := -\overline{\int_a^b} f(x)\,dx.$$

Für $f \in R([a,b])$ sei

$$\int_b^a f(x)\,dx = -\int_a^b f(x)\,dx.$$

Satz 13.9 *Es seien $f, g \in R(I)$ und $\lambda, \mu \in \mathbb{R}$. Dann ist auch die Funktion $\lambda f + \mu g$ in $R(I)$, und es gilt*

$$\int_I \lambda f(x) + \mu g(x)\,dx = \lambda \int_I f(x)\,dx + \mu \int_I g(x)\,dx.$$

Bemerkung: Der vorstehende Satz gehört der Aussage nach in die Lineare Algebra. Sein erster Teil sagt nämlich, daß die auf einem Intervall I Riemann-integrierbaren Funktionen einen $\mathbb{R}$-Vektorraum bilden.
Durch $f \longrightarrow \int_I f(x)\,dx$ ist eine Abbildung $R(I) \longrightarrow \mathbb{R}$ gegeben. Solche Abbildungen eines Vektorraumes in den zugehörigen Körper heißen Funktionale.
Der zweite Teil des Satzes sagt, daß diese Abbildung $R(I) \longrightarrow \mathbb{R}$ linear ist. Solche linearen Funktionale spielen in vielen Bereichen der modernen Analysis eine wichtige Rolle.

Beweis: Ist $Z \in \mathcal{Z}(I)$ und dazu ein Satz ξ von Zwischenpunkten gegeben, so gilt

$$\sigma(Z, \xi, \lambda f + \mu g) = \lambda\sigma(Z, \xi, f) + \mu\sigma(Z, \xi, g)$$

und damit

$$|\sigma(Z, \xi, \lambda f + \mu g) - \lambda J(f) - \mu J(g)| \le |\lambda||\sigma(Z, \xi, f) - J(f)| + |\mu||\sigma(Z, \xi, g) - J(g)|.$$

Aus Satz 13.5 folgt die Behauptung. □

Definition 13.7 *Eine Funktion $\varphi : I \to \mathbb{R}$ heißt Lipschitz-stetig, wenn eine Zahl $L > 0$ existiert mit $|\varphi(x) - \varphi(y)| < L \cdot |x - y|$ für alle $x, y \in I$.*

Bemerkungen: 1. Aus der Lipschitz-Stetigkeit folgt die Stetigkeit (wähle $\delta = \frac{\varepsilon}{L}$)
2. Ist φ auf I differenzierbar und $\varphi' \in B(I)$, so ist φ auf I Lipschitz-stetig (wähle $L := \sup_{x \in I} |\varphi'(x)|$ und wende den 1. Mittelwertsatz der Differentialrechnung an).

Lipschitz-stetige Abbildungen erhalten im folgenden Sinn die Riemann- Integrierbarkeit:

Satz 13.10 *Es sei $f \in R(I)$, und es gelte $|g(x)| \le A$ für alle $x \in I$. Die Funktion $\varphi : [-A, A] \to \mathbb{R}$ sei Lipschitz-stetig. Dann ist $\varphi \circ f \in R(I)$.*

Dem Beweis stellen wir einen Hilfssatz voran.

Hilfssatz 13.2 *Es sei $X \subset \mathbb{R}$ und $g : X \to \mathbb{R}$ eine beschränkte Funktion. Dann gilt*

$$\sup g[X] - \inf g[X] = \sup_{x,y \in X} |g(x) - g(y)|.$$

Beweis des Hilfssatzes: Es ist

$$\begin{aligned} \sup g[X] - \inf g[X] &= \sup g[X] + \sup -g[X] \overset{\text{Kap. 1}}{=} \sup(g[X] + (-g)[X]) \\ &= \sup \underbrace{\{g(x) - g(y) | x, y \in X\}}_{=:M} = \sup\{|g(x) - g(y)|| x, y \in X\}. \end{aligned}$$

Die letzte Gleichung folgt, da mit $g(x_0) - g(y_0) \in M$ auch $g(y_0) - g(x_0) \in M$ gilt. □

Beweis von Satz 13.10: Es sei $\varphi : [-A, A] \to \mathbf{R}$ wie im Satz vorausgesetzt. Aus der Stetigkeit von φ auf dem kompakten Intervall $[-A, A]$ folgt die Beschränktheit und somit $\varphi \circ f \in B(I)$.

Nun sei eine Zerlegung $Z \in \mathcal{Z}(I)$ vorgegeben. Für jedes Teilintervall I_j erhalten wir nach dem vorstehenden Hilfssatz

$$\begin{aligned}\sup \varphi \circ f[I_j] - \inf \varphi \circ f[I_j] &= \sup_{x,y \in I_j} |\varphi \circ f(x) - \varphi \circ f(y)| \\ &\le L \sup_{x,y \in I_j} |f(x) - f(y)| = L \cdot (\sup f[I_j] - \inf[I_j])\end{aligned}$$

und daraus weiter

$$S(Z, \varphi \circ f) - s(Z, \varphi \circ f) \le L \cdot (S(Z, f) - s(Z, f)) .$$

Mit dem Riemannschen Integrabilitätskriterium folgt nun die Riemann-Integrierbarkeit von $\varphi \circ f$ aus $f \in R(I)$. □

Korollar 13.11 *Für $f, g \in R(I)$ gilt auch $f \cdot g \in R(I)$ und $|f| \in R(I)$.*

Beweis: Die Funktion $\varphi(t) = t^2$ ist nach der obigen Bemerkung auf jedem Intervall der Form $[-A, A]$ Lipschitz-stetig. Also ist nach dem Satz 13.10 mit h auch $\varphi \circ h = h^2$ in $R(I)$. Nach Satz 13.9 ist mit f, g auch $f + g$ und $f - g$ in $R(I)$. Also sind auch die Quadrate hiervon auf I Riemann-integrierbar und (wieder nach Satz 13.9) auch $f \cdot g = \frac{1}{4}\left((f + g)^2 - (f - g)^2\right)$.

Die Funktion $\phi(t) = |t|$ ist wegen $|\phi(x) - \phi(y)| = ||x| - |y|| \le |x - y|$ Lipschitz-stetig, was die Behauptung liefert. □

Wir untersuchen nun die Verträglichkeit des Integrals mit der Ordnungsstruktur.

Satz 13.12 *Es seien $f, g \in B(I)$, und es gelte $f(x) \le g(x)$ für alle $x \in I$. Dann gilt*

$$(i) \quad \underline{\int_I} f(x)\,dx \le \underline{\int_I} g(x)\,dx \qquad (ii) \quad \overline{\int_I} f(x)\,dx \le \overline{\int_I} g(x)\,dx$$

$$(iii) \quad \int_I f(x)\,dx \le \int_I g(x)\,dx, \quad \textit{falls } f, g \in R(I).$$

Beweis: Aus $f(x) \le g(x)\,(x \in I)$ folgt $s(Z, f) \le s(Z, g)$ für jede Zerlegung $Z \in \mathcal{Z}(I)$ und daraus weiter $\underline{J}(f) \le \underline{J}(g)$, also (i).

Wegen $-f(x) \ge -g(x)$ folgt $\underline{J}(-f) \ge \underline{J}(-g)$ aus (i) und weiter (ii) mit Satz 13.1.i. Die dritte Ungleichung für Riemann- integrierbare Funktionen folgt unmittelbar aus (i) wie aus (ii). □

Korollar 13.13 *Für jede Funktion* $f \in B(I)$ *gilt*

$$\text{(I)}\quad \left|\underline{\int_I} f(x)\,dx\right| \le \underline{\int_I} |f(x)|\,dx \qquad \text{(II)}\quad \left|\overline{\int_I} f(x)\,dx\right| \le \overline{\int_I} |f(x)|\,dx,$$

$$\text{(III)}\quad \left|\int_I f(x)\,dx\right| \le \int_I |f(x)|\,dx, \quad \textit{falls } f \in R(I).$$

Bemerkung: (III) heißt auch die Dreiecksungleichung für Integrale.

Beweis: Es ist $-|f(x)| \le f(x)| \le |f(x)|$ und daher nach Satz 13.12

$$-\overline{\int_I} |f(x)|\,dx = \underline{\int_I} -|f(x)|\,dx \le \underline{\int_I} f(x)\,dx \le \underline{\int_I} |f(x)|\,dx \le \overline{\int_I} |f(x)|\,dx.$$

Damit ist (I) gezeigt.

(II) läßt sich auf (I) zurückführen: $|\overline{J}(f)| = |-\underline{J}(-f)| = |\underline{J}(-f)| \le \overline{J}(|-f|) = \overline{J}(|f|)$.

Zu (III): Nach dem obigen Korollar folgt $|f| \in R(I)$, wenn $f \in R(I)$. Der Rest ist klar wegen (I) bzw. (II). □

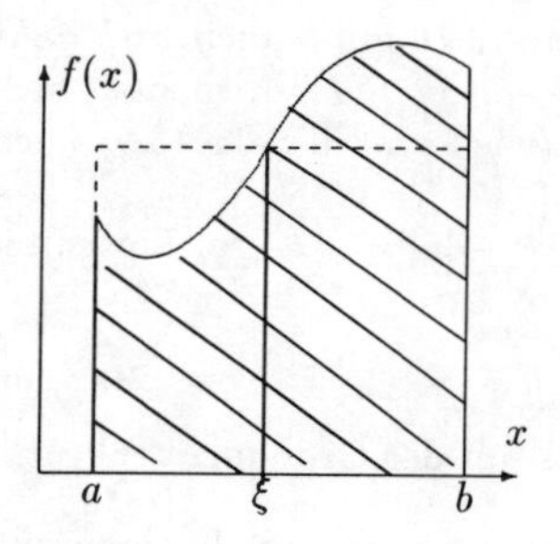

Der nächste Satz folgt unmittelbar aus Satz 13.12 mittels der für alle $x \in I$ erfüllten Ungleichung $\inf f[I] \le f(x) \le \sup f[I]$. Der Zusatz für stetige Funktionen ergibt sich daraus in Verbindung mit dem Korollar 7.12 zum Zwischenwertsatz für stetige Funktionen. Die rechte Seite der letzten Gleichung des folgenden Satzes heißt das Integralmittel von f über $[a, b]$. Die Version für stetiges f ist in der nebenstehenden Abbildung illustriert.

Satz 13.14 (Mittelwertsatz der Integralrechnung)
Für jede Funktion $f \in R([a, b])$ *gilt*

$$(b-a)\inf f[I] \le \int_a^b f(x)\,dx \le (b-a)\sup f[I].$$

Ist f *außerdem stetig auf* $[a, b]$, *so existiert ein* $\xi \in [a, b]$ *mit*

$$f(\xi) = \frac{1}{b-a}\int_a^b f(x)\,dx.$$

Satz 13.15 *Zu $f \in B(I)$ erklären wir die Funktionen $\varphi, \psi : I \to \mathbb{R}$ durch*

$$\varphi(x) := \underline{\int_a^x} f(t)\,dt \text{ bzw. } \psi(x) := \overline{\int_a^x} f(t)\,dt.$$

Dann gilt

i. *φ und ψ sind auf I stetig (sogar Lipschitz-stetig).*

ii. *Ist f stetig in $x_0 \in I$, so φ und ψ in x_0 differenzierbar, und es gilt dann $\varphi'(x_0) = \psi'(x_0) = f(x_0)$.*

Beweis: Zu i.: Es gelte $f : I \to [-A, A]$. Wir wählen zwei Punkte $x, y \in I$. Dann erhalten wir

$$|\varphi(x) - \varphi(y)| = |\underline{\int_a^x} f(t)\,dt - \underline{\int_a^y} f(t)\,dt|$$

$$= |\underline{\int_a^x} f(t)\,dt - \underline{\int_a^x} f(t)\,dt - \underline{\int_x^y} f(t)\,dt|$$

$$= |\underline{\int_x^y} f(t)\,dt| \leq |\overline{\int_x^y} |f(t)|\,dt| \leq A \cdot |x - y|$$

(in der vorletzten Station der Ungleichungskette steht der Betrag um das Oberintegral, um den Fall $x > y$, s. Definition 13.6, nicht gesondert behandeln zu müssen).
Also ist φ auf [a,b] Lipschitz-stetig.

Die Lipschitz-Stetigkeit von ψ ergibt sich wegen $\psi(x, f) = -\varphi(x, -f)$, denn offenbar gilt mit f auch $-f : I \to [-A, A]$.

Zu ii.: Es sei ein $\varepsilon > 0$ gegeben.
Die Funktion f sei in x_0 stetig angenommen. Dann finden wir ein $\delta > 0$ so, daß für alle $t \in U_\delta(x_0) \cap I$ gilt $f(t) \in U_\varepsilon(f(x_0))$. Sei ein $t = x_0 + h \in U_\delta(x_0) \cap I$ gewählt. Für den Differenzenquotient zu φ gilt dann:

$$|\frac{\varphi(t) - \varphi(x_0)}{h} - f(x_0)| = \frac{1}{|h|} |\underline{\int_a^{x_0+h}} f(s)\,ds - \underline{\int_a^{x_0}} f(s)\,ds - h \cdot f(x_0)|$$

$$\frac{1}{|h|} |\underline{\int_{x_0}^{x_0+h}} f(s)\,ds - h \cdot f(x_0)| \overset{\text{Satz13.9}}{=} \frac{1}{|h|} |\underline{\int_{x_0}^{x_0+h}} f(s) - f(x_0)\,ds|$$

$$\leq \frac{1}{|h|} |\overline{\int_{x_0}^{x_0+h}} f(s) - f(x_0)\,ds| \leq \frac{1}{|h|} |\overline{\int_{x_0}^{x_0+h}} \varepsilon\,ds| = \frac{1}{|h|} |h| \varepsilon = \varepsilon.$$

Da $\varepsilon > 0$ beliebig vorgebbar war, folgt die Differenzierbarkeit von φ in x_0 und $\varphi'(x_0) = f(x_0)$. Wegen $\psi(x, f) = -\varphi(x, -f)$ ist ψ ebenfalls in x_0 differenzierbar, und es ist $\psi'(x_0, f) = -\varphi'(x_0, -f) = -(-f(x_0)) = f(x_0)$. Damit ist ii. bewiesen. □

Satz 13.16 *Jede stetige Funktion $f : I \to \mathbf{R}$ ist auf I Riemann-integrierbar.*

Beweis: Die wie oben definierten Funktionen $\varphi, \psi : I \to \mathbf{R}$ sind dann auf I differenzierbar, und es gilt dort $\varphi' = \psi' = f$. Nach dem Korollar zum Satz 9.5 ist $\psi - \varphi$ daher konstant. Wegen $\varphi(a) = \psi(a) = 0$ folgt $\varphi(x) = \psi(x) = 0$ für alle $x \in I$. Speziell für $x = b$ bedeutet das

$$\underline{\int_I} f(s))\,ds = \overline{\int_I} f(s))\,ds,$$

woraus $f \in R(I)$ folgt. □

Wir kommen nun zum zweiten Teil des Hauptsatzes der Differential- und Integralrechnung, dessen Beweis sich aus den vorangegangenen Überlegungen schon vollständig ergibt.

Satz 13.17 (Hauptsatz der Differential- und Integralrechnung, 2. Teil) *Es sei $f : I \to \mathbf{R}$ stetig auf I. Dann ist die Funktion $F : I \to \mathbf{R}$, definiert durch $F(x) := \int_a^x f(s)\,ds$ auf I differenzierbar, und es gilt $F'(x) = f(x)$ für alle $x \in I$.*

Bemerkung: Eine Funktion $F : I \to \mathbf{R}$ mit $f = F'$ heißt eine Stammfunktion von f auf I. Der 2. Teil des Hauptsatzes des Differential- und Integralrechnung lautet in dieser Terminologie, daß jede auf einem abgeschlossenen Intervall stetige Funktion dort eine Stammfunktion besitzt, die sich wie oben als Integral angeben läßt. Nach dem Korollar zum Satz 9.5 ist die Gesamtheit der Stammfunktionen von f gegeben durch

$$F_c(x) = F(x) + c,$$

wobei $c \in \mathbf{R}$ beliebig wählbar ist. Diese Gesamtheit der Stammfunktionen wird auch als das „unbestimmte" Integral über f bezeichnet und als Integral ohne Grenzen notiert.

Zur praktischen Berechnung eines Integrals gibt es kein Patentrezept, jedoch eine ganze Anzahl von Hilfsmitteln und Tricks, die am besten durch häufigen Umgang mit dieser Aufgabe gelernt werden. Durch sehr gute Computerprogramme zur numerischen Integration hat das Problem allerdings nicht mehr denselben Stellenwert wie vor dieser Zeit. Aber es ist nicht immer mit numerischer Auswertung getan. Außerdem ist es allemal eine andere Qualität an Erkenntnis, ob man weiß $\int_0^{\frac{\pi}{2}} x \cos x\,dx = 1,5707963$ oder $\int_0^{\frac{\pi}{2}} x \cos x\,dx = \frac{\pi}{2}$.

Das Aufsuchen einer Stammfunktion, um das Integral nach Satz 13.7 auszurechnen, kann jedoch nicht immer erfolgreich sein, wenn eine solche in Form eines endlichen Rechenausdrucks aus „elementaren" Funktionen (Polynome, exp, ln, trigonometrische Funktionen) geschrieben sein soll. Von einigen Funktionen, wie zum Beispiel $\frac{\sin x}{x}$ ist vor etwa hundert Jahren bewiesen worden, daß sie keine in dieser Form darstellbare

Stammfunktion besitzen. Das Phänomen selbst ist nicht verwunderlich: wenn wir auf die Einführung der Logarithmus-Funktion verzichtet hätten, bestünde dasselbe Problem schon mit $f(x) = \frac{1}{x}$.

Satz 13.18 (Partielle Integration) *Die Funktionen $f, g : I \to \mathbb{R}$ seien differenzierbar auf I, und sowohl fg' wie $f'g$ seien auf I Riemann-integrierbar. Dann gilt*

$$\int_a^b f(x)g'(x)\,dx = f(b)g(b) - f(a)g(a) - \int_a^b f'(x)g(x)\,dx.$$

Beweis: Nach Satz 13.9 und der Produktregel gilt $f'g + fg' = (fg)' \in R(I)$. Aus dem Satz 13.7 (Hauptsatz 1. Teil) und Satz 13.9 folgt daher

$$\int_a^b (f(x)g(x))'\,dx = f(b)g(b) - f(a)g(a) = \int_a^b f'(x)g(x)\,dx + \int_a^b f(x)g'(x)\,dx.$$

□

Beispiele: 1. Das (oben schon erwähnte) Integral von $x \cos x$ auf $[0, \frac{\pi}{2}]$ errechnet sich durch partielle Integration mit $f(x) = x$, $g(x) = \cos x$.

2. Manchmal ist die Art der Anwendung überraschend. Die Funktion $\ln x$ integriert man vorteilhaft partiell mit den Setzungen $f(x) = \ln x$ und $g'(x) = 1$ (das Integrationsintervall muß selbstverständlich hier in $\mathbb{R}_{>0}$ enthalten sein).

Satz 13.19 (Substitutionsregel) *Es sei $F : I \to \mathbb{R}$ auf I differenzierbar und $F' =: f \in R(I)$. Die Funktion $\varphi : [\alpha, \beta] \to I$ sei auf $[\alpha, \beta]$ differenzierbar, und es gelte $\varphi(\alpha) = a$, $\varphi(\beta) = b$ sowie $(f \circ \varphi) \cdot \varphi' \in R([\alpha, \beta])$. Dann ist*

$$\int_\alpha^\beta f(\varphi(t))\varphi'(t)\,dt = \int_a^b f(x)\,dx.$$

Beweis: Nach Satz 13.7 (Hauptsatz 1. Teil) gilt $\int_a^b f(x)\,dx = F(b) - F(a)$. Zum anderen ist mit $H := F \circ \varphi$

$$\int_\alpha^\beta f(\varphi(t))\varphi'(t)\,dt = \int_\alpha^\beta H'(t)\,dt$$

$$= H(\beta) - H(\alpha) = F \circ \varphi(\beta) - F \circ \varphi(\alpha) = F(b) - F(a).$$

□

Beispiel: Es sei $\alpha = 0, \beta = \frac{\pi}{4}$. Wir berechnen

$$\int_{\alpha}^{\beta} \tan t \, dt = \int_{\alpha}^{\beta} \frac{\sin t}{\cos t} \, dt = \int_{\alpha}^{\beta} -\frac{(\cos t)'}{\cos t} \, dt = -\int_{\cos\alpha}^{\cos\beta} \frac{1}{x} \, dx$$

$$= -\int_{1}^{\frac{1}{\sqrt{2}}} \frac{1}{x} \, dx = -(\ln \frac{1}{\sqrt{2}} - \ln 1) = \ln \sqrt{2}.$$

Die beiden vorangegangenen Integrationsregeln lassen sich auch für unbestimmte Integrale, also zur Ermittlung von Stammfunktionen verwenden. Aus der Herleitung ist das leicht zu sehen, da es sich nur um die Integralversion der Produkt- bzw. Kettenregel handelt. Es ist aber generell zu beachten, daß das unbestimmte Integral eine Menge von Funktionen (wegen der additiven Konstante) darstellt und keine einzelne Funktion. Dies wird deutlich, wenn zu $H := \frac{h'}{h}$ eine Stammfunktion gesucht wird. Wir nehmen an, daß h nullstellenfrei ist, so daß H ohne Probleme definiert ist. Wenn h' und damit H stetig ist, so liefert Satz 13.17 eine Stammfunktion in Integraldarstellung. Für das unbestimmte Integral als Menge der Stammfunktionen benötigen wir keine Voraussetzung an h' außer der Existenz. Aus der Kettenregel folgt nämlich, daß $F(x) = \ln h(x)$ eine Stammfunktion für H ist. Damit ist

$$\int \frac{h'(x)}{h(x)} \, dx = \ln h(x) + c \quad (c \in \mathbf{R})$$

das unbestimmte Integral von $H(x)$.

Dasselbe Integral könnte man auch mit der Regel zur partiellen Integration angehen. Dann ergibt sich (Bezeichnungen wie in Satz 13.18) mit $f(x) = \frac{1}{h(x)}$, $g'(x) = h'(x)$

$$\int \frac{h'}{h} \, dx = h \cdot \frac{1}{h} - \int \frac{-h'}{h^2} h' \, dx = 1 + \int \frac{h'}{h} \, dx$$

was aber nur paradox wäre, wenn diese Gleichheit wie eine Gleichung von Zahlen angesehen würde.

14 Integration spezieller Funktionen

14.1 Partialbruchzerlegung

Jedes Polynom $p : \mathbb{R} \to \mathbb{R}$, gegeben durch $p(x) = \sum_{j=0}^{n} a_j x^j$ läßt sich wegen $\mathbb{R} \subset \mathbb{C}$ in natürlicher Weise zu einem Polynom $\mathbb{C} \to \mathbb{C}$ erweitern, das auch wieder mit p bezeichnet sei. Das hat einen großen Vorteil, da im Komplexen stets eine Produktzerlegung des Polynoms in Linearfaktoren möglich ist. Es gilt nämlich der

Satz 14.1 (Fundamentalsatz der Algebra) *Zu jedem Polynom $p(z) = \sum_{j=0}^{n} a_j z^j$ mit $a_j \in \mathbb{C}$ und $n = \operatorname{grad} p > 1$ existieren genau n komplexe Zahlen $z_1, \ldots, z_n$, die bis auf die Reihenfolge eindeutig bestimmt sind, mit*

$$p(z) \quad = \quad a_n \prod_{j=1}^{n} (z - z_j) \quad (z \in \mathbb{C}). \tag{14.1}$$

Bemerkung: Die Zahlen $z_1, \ldots, z_n$ im vorstehenden Satz sind genau die Nullstellen von p (Rechenregel 6 auf Seite 5). Tritt eine Zahl in der Auflistung $z_1, \ldots, z_n$ genau k-mal auf, so heißt diese eine k-fache Nullstelle von p.. Die Zahl k heißt dann die Vielfachheit dieser Nullstelle.

Wir wollen hier keinen Beweis dieses Satzes geben, obwohl das mit den zur Verfügung stehenden Hilfsmitteln möglich wäre (vgl. [5, Band I, S. 398f]. Dafür gibt es zwei Gründe: zum einen läßt sich später im Rahmen der Funktionentheorie ein überraschend einfacher Beweis geben (s. etwa [7, Seite 51f]) und zum anderen wird der Fortgang der hier zu entwickelnden Theorie gar nicht durch das berührt, was wir in diesem Kapitel mit dem Fundamentalsatz der Algebra vorhaben.

Satz 14.2 *Es sei ein Polynom $p(z) = \sum_{j=0}^{n} a_j z^j$ mit $a_0, \ldots, a_n \in \mathbb{R}$ gegeben. Ist $z_0 \in \mathbb{C}$ eine Nullstelle von p, so auch die konjugierte Zahl $\overline{z_0}$.*

Beweis: Aufgrund der Regeln für das Rechnen mit Konjugierten (Seite 29) gilt

$$0 = \overline{0} = \overline{p(z_0)} = \overline{\sum_{j=0}^{n} a_j \, z_0{}^j} = \sum_{j=0}^{n} \overline{a_j} \, \overline{z_0}^j = \sum_{j=0}^{n} a_j \, \overline{z_0}^j = p(\overline{z_0}).$$

□

Satz 14.3 *Besitzt das Polynom $p(z) = \sum_{j=0}^{n} a_j z^j$ mit reellen Koeffizienten $a_0, \ldots, a_n$ die k-fache Nullstelle $z_0 \in \mathbb{C}$, so ist $\overline{z_0}$ ebenfalls eine k-fache Nullstelle von p.*

Beweis: Dieselbe Argumentation wie im vorangegangenen Beweis zeigt $\overline{p(\overline{z})} = p(z)$. Daher gilt

$$p(z) = a_n \prod_{j=1}^{n} (z - z_j) = a_n \prod_{j=1}^{n} (z - \overline{z_j}) = \overline{p(\overline{z})}.$$

Also tritt jedes z_j in (14.1) genauso oft auf wie $\overline{z_j}$. □

Wegen $(z-z_0)(z-\overline{z_0}) = z^2 - 2(\Re z_0)z + |z_0|^2$ läßt sich daher eine reelle Produktzerlegung des Polynoms p wie folgt angeben.
Es seien $x_1, \ldots, x_m$ die (paarweise verschiedenen) *reellen* Nullstellen von p mit den Vielfachheiten $\nu_1, \ldots, \nu_m$.
Dann existieren Zahlen $A_1, \ldots, A_\ell \in \mathbf{R}$ und $B_1, \ldots, B_\ell \in \mathbf{R}$ und $\mu_1, \ldots, \mu_\ell$ mit

$$p(z) = a_n(z - x_1)^{\nu_1} \cdot \ldots \cdot (z - x_m)^{\nu_m} \cdot (z^2 + A_1 z + B_1)^{\mu_1} \cdot \ldots \cdot (z^2 + A_\ell z + B_\ell)^{\mu_\ell}.$$

Dabei sind die quadratischen Polynome $(z^2 + A_k z + B_k)$ $(k = 1, \ldots, \ell)$ in $\mathbf{R}$ nullstellenfrei.

Beispiele: 1. Das Polynom $p(x) = x^3 - 1$ besitzt offenbar die Nullstelle $x_1 = 1$. Durch Polynomdivision bzw. Satz 1.15 (Geometrische Summenformel) erhalten wir $\frac{p(x)}{x-1} = x^2 + x + 1$, einen in $\mathbf{R}$ nullstellenfreien Ausdruck. Damit ist die reelle Produktzerlegung schon gewonnen. Mit der aus der Schule bekannten Lösungsformel für quadratische Gleichungen[1] erhalten wir die komplexen Nullstellen $-\frac{1}{2} + \frac{\sqrt{3}}{2}i$ und $-\frac{1}{2} - \frac{\sqrt{3}}{2}i$ und damit die komplexe Produktzerlegung

$$p(z) = (z - 1)(z + \frac{1}{2} - \frac{\sqrt{3}}{2}i)(z + \frac{1}{2} + \frac{\sqrt{3}}{2}i).$$

2. Betrachtet wird $p(x) = x^4 + 1$. Jede komplexe Zahl z besitzt eine Darstellung $z = r\exp(\alpha i)$ mit einem $r >$ und $\alpha \in \mathbf{R}$, die dann eindeutig bestimmt ist, wenn $z \neq 0$ und $0 \leq \alpha < 2\pi$ gewählt wird (Übungsaufgabe; wegen $\Re z = r\cos\alpha$, $\Im z = r\sin\alpha$ ist das gleichbedeutend mit der reellen Polarkoordinaten-Darstellung im $\mathbf{R}^2$).
Der Ansatz

$$z^4 = r^4 \exp(4\alpha i) = -1 = \exp(\pi i) = \exp(\pi i + 2k\pi i) = \exp((2k+1)\pi i)$$

(dabei ist $k \in \mathbf{Z}$ frei wählbar) liefert $r^4 = 1$, also

[1] Hierzu läßt Edgar Allan Poe den Detektiv Dupin anmerken [6, Der stibitzte Brief, S. 54]: „Ich bin noch nie einem Nur-Mathematiker begegnet,...,der es nicht insgeheim für einen Glaubensartikel hielt, daß $x^2 + px$ absolut und bedingungslos gleich q sei. Probieren Sie's einmal und sagen Sie einem dieser Herren, wenn's gefällt, *Sie* wären des Glaubens, es könnten Fälle eintreten , wo $x^2 + px$ *nicht* gänzlich gleich q sei,und wenn Sie ihn so weit haben, daß er begreift, was Sie meinen, so begeben Sie sich aber ja so rasch als eben angängig aus seiner Reichweite, denn er wird zweifelsohne trachten, Sie mit Faustschlägen zu widerlegen."
Diese Passage ist auch deshalb eigenartig, weil $x^2 + px$ üblicherweise gleich $-q$ gesetzt wird.

$$r = 1 \text{ und } \alpha = \alpha_k = \frac{(2k+1)\pi}{4}.$$

Die so gefundenen Nullstellen $z_k = \exp(i\alpha_k)$ sind aber nicht für alle $k \in \mathbb{Z}$ paarweise verschieden. Die vorkommenden Werte werden z.B. für $k = 0, 1, 2, 3$ angenommen. Somit haben wir (vgl. das Beispiel auf S. 13.3) alle vier komplexen Nullstellen von p gefunden:

$$z_0 = \cos\frac{\pi}{4} + i\sin\frac{\pi}{4} = \frac{1}{\sqrt{2}}(1+i),$$

$$z_1 = \frac{1}{\sqrt{2}}(-1+i), \quad z_2 = \frac{1}{\sqrt{2}}(-1-i), \quad z_3 = \frac{1}{\sqrt{2}}(1-i).$$

Durch Zusammenfassung der Linearfaktoren mit den jeweils konjugierten Nullstellen erhalten wir aus der komplexen Produktzerlegung

$$z^4 + 1 = (z - z_0)(z - z_1)(z - z_2)(z - z_3)$$

die reelle

$$x^4 + 1 = (x^2 + \sqrt{2}x + 1)(x^2 - \sqrt{2}x + 1).$$

Bemerkung: Die reelle Produktdarstellung ist in den meisten Fällen auf diesem „Umweg" ins Komplexe bequemer zu bestimmen als etwa durch den direkten Ansatz

$$z^4 + 1 = (z^2 + az + b)(z^2 + cz + d)$$

und Auswertung der durch Koeffizientenvergleich erhaltenen Gleichungen. (Übungsaufgabe: worauf beruht der Koeffizientenvergleich bei Polynomen oder auch Potenzreihen?).

Definition 14.1 *Es seien p, q Polynome und $N := \{z \in \mathbb{C} | q(z) = 0\}$. Dann heißt der Quotient $R := \frac{p}{q} : \mathbb{C} \setminus N \longrightarrow \mathbb{C}$ eine rationale Funktion.*

Bemerkung: Im Fall $grad\, q \le grad\, p$ existieren Polynome $P, \tilde{p}$ mit $grad\, \tilde{p} < grad\, q$ und

$$R = \frac{p}{q} = P + \frac{\tilde{p}}{q}. \tag{14.2}$$

Das wird durch Teilen mit Rest erreicht, Beispiel:

$$\frac{z^4 + 3z - 1}{z^2 + 7z - 2} = z^2 - 7z + 51 + \frac{-368z + 101}{z^2 + 7z - 2}.$$

Für das Teilen von Polynomen kann das für Zahlendivision übliche Schema verwendet werden, wobei die verschiedenen z-Potenzen in derselben Weise gehandhabt werden wie dort die verschiedenen Dezimalstellen.

Satz 14.4 (Partialbruchzerlegung) *Es sei* $R = \frac{p}{q}$ *eine rationale Funktion mit* $\operatorname{grad} p < \operatorname{grad} q = n$ *und die Produktzerlegung in Linearfaktoren von* q *sei gegeben durch*

$$q(z) = a_n(z - z_1)^{\nu_1} \dots (z - z_m)^{\nu_m} \quad (z \in \mathbb{C})$$

mit paarweise verschiedenen $z_1, \dots, z_m \in \mathbb{C}$.
Dann existieren komplexe Zahlen $c_{k\ell}$ $(\ell = 1, \dots, \nu_k;\ k = 1, \dots m)$ *so, daß für alle* z *aus dem Definitionsbereich von* R *gilt*

$$\begin{aligned} R(z) = {} & \frac{c_{11}}{z - z_1} + \frac{c_{12}}{(z - z_1)^2} + \dots + \frac{c_{1\nu_1}}{(z - z_1)^{\nu_1}} \\ & + \frac{c_{21}}{z - z_2} + \frac{c_{22}}{(z - z_2)^2} + \dots + \frac{c_{2\nu_2}}{(z - z_2)^{\nu_2}} \\ & + \dots + \frac{c_{m1}}{z - z_m} + \frac{c_{m2}}{(z - z_m)^2} + \dots + \frac{c_{m\nu_m}}{(z - z_m)^{\nu_m}} \\ = {} & \sum_{k=1}^{m} \sum_{\ell=1}^{\nu_k} \frac{c_{k\ell}}{(z - z_k)^\ell}. \end{aligned}$$

Auf den Beweis dieser Aussage verzichten wir hier. Wie schon im Zusammenhang mit dem Fundamentalsatz der Algebra erwähnt: wir benötigen diesen Sachverhalt nicht zum weiteren Ausbau der Analysis, sondern benutzen ihn nur rein pragmatisch als Ansatz zur Integration rationaler Funktionen. Die Kenntnis des Beweises würde uns lediglich versichern, daß die Empfehlung, so vorzugehen, auch stets erfolgreich ist und betrifft deshalb eher die Nerven der integrierenden Person als das Integral.

Beispiele: 1. Es sei $R(z) = \frac{z+1}{z^2(z-1)}$. Der obige Satz empfiehlt uns den Ansatz

$$\frac{z+1}{z^2(z-1)} = \frac{c_{11}}{z} + \frac{c_{12}}{z^2} + \frac{c_{21}}{z-1}.$$

Multiplikation mit z^2 und anschließendes Einsetzen von $z = 0$ liefert $c_{12} = -1$.
Multiplikation mit $z - 1$ und anschließendes Einsetzen von $z = 1$ liefert $c_{21} = 2$.
Einsetzen von $z = -1$ liefert $0 = -c_{11} - 1 + \frac{2}{-2}$, also $c_{11} = -2$.

2. Für die rationale Funktion $\frac{z+1}{z(z^2+1)}$ probieren wir nach Satz 14.4 den Ansatz

$$\frac{z+1}{z(z^2+1)} = \frac{c_{11}}{z} + \frac{c_{21}}{z-i} + \frac{c_{31}}{z+i}.$$

Da alle Nullstellen des Nennerpolynoms erster Ordnung sind, lassen sich die Koeffizienten des Ansatzes leicht dadurch ermitteln, daß die ganze Gleichung nacheinander mit den im Nenner stehenden Linearfaktoren multipliziert wird und danach dasjenige z eingesetzt wird, für das dieser Linearfaktor verschwindet („Zuhaltemethode“). So erhält man

$$c_{11} = 1,\ c_{21} = \frac{-1-i}{2},\ c_{31} = \frac{-1+i}{2}.$$

Da in diesem Beispiel nur Polynome mit reellen Koeffizienten vorkommen, macht es auch Sinn, nach einer reellen Partialbruchzerlegung zu fragen. Diese läßt sich unter diesen Gegebenheiten immer ableiten, indem die Brüche mit denjenigen Nennern zusammengefaßt werden, deren Nullstellen unter Beachtung der Vielfachheit konjugiert sind, in diesem Beispiel also

$$\frac{x+1}{x(x^2+1)} = \frac{1}{x} + \frac{-x+1}{x^2+1}.$$

14.2 Integration rationaler Funktionen

In diesem Abschnitt werden die Polynome p, q mit reellen Koeffizienten angenommen, so daß die rationale Funktion $R = \frac{p}{q}$ auf $M := \mathbf{R} \setminus \{x \in \mathbf{R} | q(x) = 0\}$ reelle Werte hat. Die Integrationsintervalle $I_x := [a, x]$ seien stets in M enthalten. Nach Satz 14.4 und (14.2) reicht es zum Auffinden einer Stammfunktion, also zur Berechnung des Integrals

$$\int_a^x R(t)\,dt,$$

die folgenden Einzelintegrale zu kennen:

$$J_\ell = \int_a^x \frac{1}{(t-x)^\ell}\,dt \quad (\ell \in \mathbf{N},\ x \in \mathbf{R}),$$

$$J_\ell^* = \int_a^x \frac{1}{(t^2+At+B)^\ell}\,dt \quad (\ell \in \mathbf{N},\ A, B \in \mathbf{R}),$$

$$J_\ell^{**} = \int_a^x \frac{t}{(t^2+At+B)^\ell}\,dt \quad (\ell \in \mathbf{N},\ A, B \in \mathbf{R})$$

mit $t^2 + At + B \neq 0$ für alle $t \in \mathbf{R}$ (was genau dann gilt, wenn $\Delta := 4B - A^2 > 0$ positiv ist). Nach dem Satz 13.7 (Hauptsatz, 1.Teil) gilt mit

$$F(t) = \begin{cases} \ln|t-x| & \text{für } \ell = 1 \\ \frac{-1}{(\ell-1)(t-x)^{\ell-1}} & \text{für } \ell \geq 2 \end{cases}.$$

und der Abkürzung $F|_a^x := F(x) - F(a)$

$$J_\ell = F|_a^x.$$

Entsprechend erhält man

$$J_1^* = \frac{2}{\sqrt{\Delta}} \arctan \frac{2x + A}{\sqrt{\Delta}} \Big|_a^x ,$$

sowie

$$J_1^{**} = \frac{1}{2} \ln(t^2 + At + B) \Big|_a^x .$$

Für $\ell \geq 2$ lassen sich die Integrale rekursiv (Zurückführung auf $J_{\ell-1}^*$ bzw. $J_{\ell-1}^{**}$ bestimmen (s. etwa [2, Nr. 43, Nr. 46]).

Abschließend sei noch die oft hilfreiche Substitution $s = \tan \frac{t}{2}$ erwähnt.
Es ist

$$\sin t = 2 \sin t \cos t = 2 \tan t \frac{\cos^2 \frac{t}{2}}{\sin^2 \frac{t}{2} + \cos^2 \frac{t}{2} +} = \frac{2s}{1 + s^2}$$

und entsprechend $\cos t = \frac{1 - s^2}{1 + s^2}$. Wegen $s'(t) = \frac{1}{2}(1 + \tan^2 \frac{t}{2} = \frac{1 + s^2}{2}$ lassen sich damit im Integranden auftauchende trigonometrische Funktionen in rationale Funktionen überführen.

15 Uneigentliche Integrale

Der Integralbegriff aus Kapitel 13 soll dahingehend erweitert werden, daß auch unbeschränkte Funktionen unter bestimmten Gegebenheiten erfaßt werden oder das Integrationsintervall unbeschränkt sein darf.

Definition 15.1 *Es sei $J \subset \mathbf{R}$ ein Intervall mit (im eigentlichen oder uneigentlichen Sinn) $\inf J = a$, $\sup J = b$, und die Funktion $f : J \to \mathbf{R}$ sei auf jedem kompakten Teilintervall von J Riemann-integrierbar, aber nicht auf J.*

Dann heißt f uneigentlich auf J Riemann-integrierbar, falls für ein $c \in J$ die Grenzwerte

$$L_a := \lim_{\substack{x \to a \\ x \in J}} \int_x^c f(t)\,dt \quad \textit{und} \quad L_b := \lim_{\substack{x \to b \\ x \in J}} \int_c^x f(t)\,dt$$

beide (im eigentlichen Sinn) existieren. In diesem Fall sei

$$\int_J f(t)\,dt := \int_a^b f(t)\,dt = L_a + L_b$$

und dieses Integral wird dann als konvergent bezeichnet.

Bemerkung: Die uneigentliche Integrierbarkeit von f ist unabhängig von der speziellen Wahl von c.

Beispiele: 1. Das Integral $\int_0^1 \frac{1}{t^\lambda}dt$ ist an der unteren Grenze uneigentlich. Wegen

$$\int_x^1 \frac{1}{t^\lambda}dt = \begin{cases} \ln 1 - \ln x & = & -\ln x & \text{für } \lambda = 1 \\ \frac{-1}{(\lambda-1)t^{\lambda-1}}\Big|_x^1 & = & \frac{1}{\lambda-1}((\frac{1}{x})^{\lambda-1} - 1) & \text{für } \lambda \neq 1 \end{cases}$$

konvergiert das Integral für $\lambda < 1$ und divergiert für $\lambda \geq 1$.

2. Das Integral $\int_1^\infty \frac{1}{t^\lambda}dt$ ist an der oberen Grenze uneigentlich. Wegen

$$\int_1^x \frac{1}{t^\lambda}dt = \begin{cases} \ln x & \text{für } \lambda = 1 \\ \frac{1}{\lambda-1}(1 - (\frac{1}{x})^{\lambda-1}) & \text{für } \lambda \neq 1 \end{cases}$$

konvergiert das Integral für $\lambda > 1$ und divergiert für $\lambda \leq 1$.

Definition 15.2 *Unter einer Umgebung von $+\infty$ bzw. $-\infty$ verstehen wir eine Menge, die ein Intervall der Form $\{x \in \mathbf{R} | x > a\}$ mit $a \in \mathbf{R} \cup \{-\infty\}$ bzw. $\{x \in \mathbf{R} | x < b\}$ mit $b \in \mathbf{R} \cup \{+\infty\}$ enthält.*

Bemerkung: Die Aussage $L = \lim_{x\to+\infty} f(x)$ ist gleichbedeutend mit: zu jedem $\varepsilon > 0$ existiert eine Umgebung U von $+\infty$ so, daß für alle $x \in U$ gilt $f(x) \in U_\varepsilon(L)$, in Analogie zum Fall $\lim_{x\to c} f(x)$ mit $c \in \mathbf{R}$.

Für das Folgende reicht offenbar die Betrachtung solcher Integrale aus, die nur an einer Grenze uneigentlich sind (wie eventuelle Aufteilung des Integrationsintervalls zeigt). Wir nennen solche Integrale einseitig uneigentlich.

Die Theorie der uneigentlichen Integrale weist große Ähnlichkeit mit der der unendlichen Reihen auf, wie die nächsten Überlegungen zeigen.

Satz 15.1 (Cauchy-Kriterium für Integrale) *Das einseitig an der oberen Grenze uneigentliche Integral $\int_a^b f(t)\,dt$ konvergiert dann und nur dann, wenn zu jedem $\varepsilon > 0$ eine Umgebung U von b existiert mit*

$$\left|\int_\alpha^\beta f(t)\,dt\right| < \varepsilon \text{ für alle } \alpha, \beta \in U \cap [a, b[$$

(analog für einseitig an der unteren Grenze uneigentliche Integrale).

Beweis: "$\Longrightarrow$": Es sei $L = \lim_{x\to b} \int_a^x f(t)\,dt$ und ein $\varepsilon > 0$ gegeben. Dann existiert eine Umgebung U von b mit $|\int_a^x f(t)\,dt - L| < \frac{\varepsilon}{2}$ für alle $x \in U \cap [a, b[$.
Für beliebige $\alpha, \beta \in U \cap [a, b[$ gilt dann

$$\left|\int_\alpha^\beta f(t)\,dt\right| = \left|\int_a^\beta f(t)\,dt - L + L - \int_a^\alpha f(t)\,dt\right|$$

$$\leq \left|\int_a^\beta f(t)\,dt - L\right| + \left|L - \int_a^\alpha f(t)\,dt\right| \leq \frac{\varepsilon}{2} + \frac{\varepsilon}{2} = \varepsilon.$$

"$\Longleftarrow$": Wir setzen $F(x) = \int_a^x f(t)\,dt$. Es sei eine Folge $x_n \in [a, b[$ mit $x_n \to b$ gegeben. Zu zeigen ist, daß die Folge $F(x_n)$ konvergiert. Dazu sei ein $\varepsilon > 0$ gewählt. Nach Voraussetzung existiert eine Umgebung U von b mit

$$\left|\int_\alpha^\beta f(t)\,dt\right| < \varepsilon \text{ für alle } \alpha, \beta \in x \in U \cap [a, b[.$$

Außerdem existiert ein $n_0 \in \mathbf{N}$ mit $x_m \in U$ für alle $m \geq n_0$. Damit gilt

$$|\int_a^{x_k} f(t)\,dt - \int_a^{x_m} f(t)\,dt| = |\int_{x_k}^{x_m} f(t)\,dt| < \varepsilon$$

für alle $k, m \geq n_0$.
Nach dem Cauchyschen Konvergenzkriterium für Folgen (Satz 4.12) konvergiert die Folge $F(x_n)$. □

Definition 15.3 *Das uneigentliche Integral* $\int_a^b f(t)\,dt$ *heißt absolut konvergent, wenn* $\int_a^b |f(t)|\,dt$ *konvergiert.*

Unmittelbar aus der Dreiecksungleichung für Integrale (Korollar 13.13) und dem Cauchy-Kriterium erhalten wir

Satz 15.2 *Jedes absolut konvergente uneigentliche Integral* $\int_a^b f(t)\,dt$ *ist konvergent, und es gilt*

$$|\int_a^b f(t)\,dt| \leq \int_a^b |f(t)|\,dt.$$

Mit denselben Argumenten läßt sich der folgende Satz beweisen (die Durchführung diene der eigenen Übung).

Satz 15.3 (Majoranten- und Minorantenkriterium)

Die Funktionen seien wie in der Voraussetzung der Definition 15.1.

i. *Ist* $|f(x)| \leq g(x)$ *für alle* J *und konvergiert das uneigentliche Integral* $\int_J g(t)\,dt$, *so konvergiert* $\int_J f(t)\,dt$ *absolut.*

ii. *Gilt* $f(x) \geq g(x) \geq 0$ *auf* J *und divergiert* $\int_J g(t)\,dt$, *so divergiert auch* $\int_J f(t)\,dt$.

Beispiel: Wir diskutieren das uneigentliche Integral $\int_0^{+\infty} \frac{\sin t}{t}\,dt$. Der Integrand ist in 0 stetig ergänzbar. Daher ist das Integral nur an der oberen Grenze uneigentlich und somit ist die Konvergenz von $\int_0^{+\infty} \frac{\sin t}{t}\,dt$ gleichwertig mit der von $\int_1^{+\infty} \frac{\sin t}{t}\,dt$.

Das letzte Integral formen wir mittels partieller Integration um:

$$\int_1^{+\infty} \frac{\sin t}{t}\,dt = -\left.\frac{\cos t}{t}\right|_1^x - \int_1^{+\infty} \frac{\cos t}{t^2}\,dt. \tag{15.1}$$

Wegen $|\frac{\cos t}{t^2}| \leq \frac{1}{t^2}$ konvergiert $\int\limits_1^{+\infty} \frac{\cos t}{t^2}\,dt$ sogar absolut nach dem Majorantenkriterium. Aus (15.1) folgt damit die Konvergenz von $\int\limits_1^{+\infty} \frac{\sin t}{t}\,dt$, aber *nicht* die absolute Konvergenz.

Wir zeigen nun, daß $\int\limits_1^{+\infty} \frac{\sin t}{t}\,dt$ in der Tat nicht absolut konvergiert. Dazu betrachten wir für $n \in \mathbb{N}$ die Abschätzung:

$$\int\limits_1^{n\pi} |\frac{\sin t}{t}|\,dt = \sum_{k=0}^{n-1} \int\limits_{k\pi}^{(k+1)\pi} |\frac{\sin t}{t}|\,dt \geq \sum_{k=0}^{n-1} \int\limits_{k\pi+\frac{\pi}{4}}^{k\pi+\frac{3\pi}{4}} |\frac{\sin t}{t}|\,dt \geq \sum_{k=0}^{n-1} \int\limits_{k\pi+\frac{\pi}{4}}^{k\pi+\frac{3\pi}{4}} \frac{1}{\sqrt{2}}\frac{1}{t}\,dt$$

$$\geq \frac{1}{\sqrt{2}} \sum_{k=0}^{n-1} \frac{\pi}{2} \frac{1}{k\pi + \frac{3\pi}{4}} \geq \frac{1}{\sqrt{2}} \sum_{k=0}^{n-1} \frac{\pi}{2} \frac{1}{k\pi + \pi} = \frac{1}{2\sqrt{2}} \sum_{k=1}^{n} .$$

Der letzte Ausdruck divergiert für $n \to \infty$ gegen $+\infty$ und damit folgt die Behauptung.

Eine ähnliche Zerlegung des Integrals in eine Summe von Einzelintegralen kann auch benutzt werden, um die Konvergenz von $\int\limits_1^{+\infty} \frac{\sin t}{t}\,dt$ aus dem Leibniz-Kriterium herzuleiten. Die Durchführung möge als Übungsaufgabe dienen. Diese Idee wird im nächsten Satz aufgegriffen, der eine direkte Verbindung von der Theorie der unendlichen Reihen und der uneigentlichen Integrale herstellt.

Satz 15.4 (Integralkriterium für Reihen)
Es sei $f : \mathbb{R}_{\geq 1} \to \mathbb{R}$ eine monotone Funktion. Dann gilt:

Das uneigentliche Integral $\int_1^{+\infty} f(t)dt$ konvergiert genau dann, wenn die Reihe $\sum\limits_{k=1}^{\infty} f(k)$ konvergiert.

Beweis: Es darf ohne Einschränkung f monoton fallend angenommen werden. Dann ist entweder $f(t) \geq 0$ für alle $t \in \mathbb{R}$ oder es existiert ein t_0 so, daß für $t \geq t_0$ stets gilt $f(t) < 0$. Im ersten Fall werde $t_0 = 1$ gesetzt. Dann ist die Funktion

$$F(x) = \int\limits_1^x f(t)\,dt = \int\limits_1^{t_0} f(t)\,dt + \int\limits_{t_0}^x f(t)\,dt$$

auch monoton, denn das erste Integral ist konstant, und der Integrand des zweiten wechselt nicht das Vorzeichen. Die Existenz von $F(x)$ ergibt sich aus dem Beispiel 3 auf Seite 121. Die Konvergenz von $F(x)$ für $x \to +\infty$ ist danach gleichbedeutend mit der Beschränktheit von F.

Aus Satz 13.14 (Mittelwertsatz der Integralrechnung) erhalten wir die Abschätzung für $k \geq 2$

$$\int_{k}^{k+1} f(t)\,dt \leq f(k) \leq \int_{k-1}^{k} f(t)\,dt$$

und daraus durch Summation

$$F(n+1) - F(2) = \int_{2}^{n+1} f(t)\,dt \leq \sum_{k=2}^{n} f(k) \leq \int_{1}^{n} f(t)\,dt = F(n).$$

Daraus ersehen wir die Äquivalenz der folgenden Aussagen:

1. $\sum\limits_{k=1}^{\infty} f(k)$ ist konvergent,
2. $\sum\limits_{k=2}^{\infty} f(k)$ ist konvergent,
3. die Folge $s_n = \sum\limits_{k=2}^{n} f(k)$ ist beschränkt (Monotonie von f!)
4. $F(x)$ ist beschränkt (wegen der Monotonie von F und - für die Gegenrichtung - der obigen Abschätzung),
5. $\int\limits_{1}^{+\infty} f(t)\,dt$ ist konvergent.

□

Beispiel: Die Reihe $\sum\limits_{k=2}^{\infty} \frac{1}{k \ln k}$ ist divergent. Das folgt aus dem Integralkriterium und der Substitution $s = \ln t$:

$$\int_{2}^{x} \frac{1}{t \ln t}\,dt = \int_{\ln 2}^{\ln x} \frac{1}{s}\,ds = \ln\ln x - \ln\ln 2 \overset{x \to +\infty}{\longrightarrow} +\infty.$$

16 Funktionenfolgen

16.1 Punktweise Konvergenz

Definition 16.1 *Es sei $A \subset \mathbf{R}$. Zu jedem $n \in \mathbf{N}$ sei eine Funktion $f_n : A \to \mathbf{R}$ gegeben. Die Zuordnung $n \to f_n$ heißt eine Funktionenfolge (auf A). Als Schreibweisen vereinbaren wir je nach Informationsbedarf (f_n) oder auch nur f_n.*

Definition 16.2 *Die Funktionenfolge (f_n) auf $A \subset \mathbf{R}$ heißt punktweise konvergent, wenn in jedem Punkt $x \in A$ der Grenzwert $f(x) := \lim_{n\to\infty} f_n(x)$ existiert. In diesem Fall heißt die so gegebene Funktion $f : A \to \mathbf{R}$ die Grenzfunktion der Folge (f_n), und wir notieren dann $f = \lim_{n\to\infty} f_n$ oder $f_n \to f$.*

Aus dem Cauchy-Kriterium für Zahlenfolgen (Satz 4.12) erhalten wir unmittelbar die folgende Aussage:

Satz 16.1 (Cauchy-Kriterium für punktweise Konvergenz) *Eine Funktionenfolge (f_n) auf $A \subset \mathbf{R}$ ist genau dann punktweise konvergent, wenn gilt (wir greifen auf die Kurzschreibweise zurück)*

$$\forall \varepsilon > 0\, \forall x \in A\, \exists n_0 \in \mathbf{N}\, \forall n, m \in \mathbf{N} : n, m \geq n_0 \Longrightarrow |f_n(x) - f_m(x)| < \varepsilon.$$

Beispiele: 1. Es sei $A = [0,1]$ und $f_n(x) = x^n$. Dann ist (f_n) auf A punktweise konvergent gegen die durch $f(x) = 0$ für $0 \leq x < 1$ und $f(1) = 1$ gegebene Funktion.

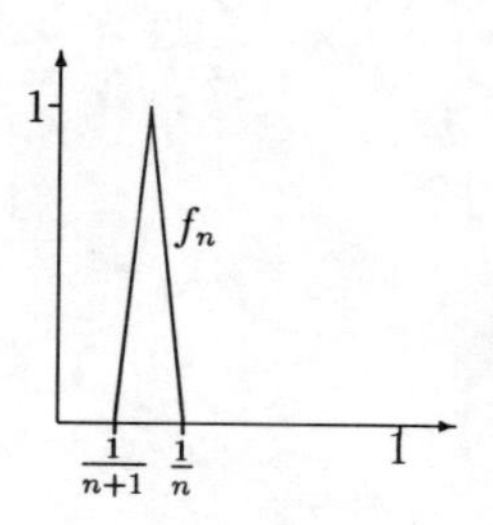

Es sei $A = [0,1]$ und f_n wie in der Abbildung dargestellt. Diese Funktionenfolge konvergiert auf A punktweise gegen die Nullfunktion. Die „Dynamik" der Funktionen der Folge vererbt sich hier nicht auf die Grenzfunktion.

16.2 Gleichmäßige Konvergenz

Eine natürliche und wichtige Frage ist, wann aus bestimmten gemeinsamen Eigenschaften der Funktionen f_n einer Folge (wie Stetigkeit oder Differenzierbarkeit) im Konvergenzfall auf das Vorliegen der entsprechenden Eigenschaften der Grenzfunktion geschlossen werden kann. Das vorletzte Beispiel zeigt bereits, daß die punktweise Konvergenz diese Hoffnung enttäuscht.

Es wird sich aber erweisen, daß dieser Wunsch dann erfüllt ist, wenn wir den Konvergenzbegriff für Funktionenfolgen dahingehend verschärfen, daß das n_0 in der Definitionszeile nicht von ε und x abhängt (wie das bei der punktweisen Konvergenz der Fall ist, vgl. die Beispiele oben), sondern allein von ε.

Definition 16.3 *Die Funktionenfolge (f_n) auf $A \subset \mathbf{R}$ heißt gleichmäßig konvergent gegen die Grenzfunktion $f : A \to \mathbf{R}$, wenn gilt*

$$\forall \varepsilon > 0 \, \exists n_0 \in \mathbf{N} \, \forall x \in A \, \forall n \in \mathbf{N} : n \geq n_0 \Longrightarrow |f_n(x) - f(x)| < \varepsilon. \tag{16.1}$$

Wir schreiben kurz $f_n \rightrightarrows f$.

Es kommt in der genannten Bedingung nicht auf einzelne Werte $|f_n(x) - f(x)|$ an, sondern auf die Größe des Supremums dieses Ausdrucks auf A. Um das bequemer handhaben zu können, führen wir die folgende Bezeichnung ein.

Definition 16.4 *Es sei $A \subset \mathbf{R}$ und $f : A \to \mathbf{R}$ eine Funktion. Ist f beschränkt, so heißt $\|f\|_A := \sup_{x \in A} |f(x)|$ die (Supremums-) Norm von f auf A. Für unbeschränktes f setzen wir $\|f\|_A = \infty$.*

Satz 16.2 *Die Funktionenfolge $f_n : A \to \mathbf{R}$ konvergiert genau dann gleichmäßig gegen $f : A \to \mathbf{R}$, wenn die Zahlenfolge $\|f_n - f\|_A$ gegen Null konvergiert.*

Beweis: Das folgt daraus, daß (16.1) äquivalent ist zu

$$\forall \varepsilon > 0 \, \exists n_0 \in \mathbf{N} \, \forall x \in A \, \forall n \in \mathbf{N} : n \geq n_0 \Longrightarrow |f_n(x) - f(x)| \leq \varepsilon,$$

und dieses zu

$$\forall \varepsilon > 0 \, \exists n_0 \in \mathbf{N} \, \forall n \in \mathbf{N} : n \geq n_0 \Longrightarrow \|f_n(x) - f(x)\|_A < \varepsilon.$$

□

Satz 16.3 (Cauchy-Kriterium für gleichmäßige Konvergenz)
Es sei $f_n : A \to \mathbb{R}$ eine Funktionenfolge auf $A \subset \mathbb{R}$. Die folgenden Aussagen sind äquivalent:

i. (f_n) *ist auf* A *gleichmäßig konvergent,*

ii. $\forall \varepsilon > 0 \, \exists n_0 \in \mathbb{N} \, \forall x \in A \, \forall n, m \in \mathbb{N} : n, m \geq n_0$
$\Longrightarrow |f_n(x) - f_m(x)| \leq \varepsilon,$

iii. $\forall \varepsilon > 0 \, \exists n_0 \in \mathbb{N} \, \forall n, m \in \mathbb{N} : n, m \geq n_0$
$\Longrightarrow \|f_n(x) - f_m(x)\|_A < \varepsilon.$

Beweis: Die Äquivalenz von ii. und iii. ergibt sich durch dasselbe Argument, das wir im Beweis von Satz 16.2 benutzt haben. Die Implikation i.$\Longrightarrow$ ii. erhalten wir aus der Dreiecksungleichung und die Rückrichtung aus dem Cauchy-Kriterium für Zahlenfolgen. □

Beispiel: Wir betrachten $f_n(x) := e^{-nx}$ auf $A = \mathbb{R}_{>0}$ bzw. auf $B := \mathbb{R}_{>1}$. Die Folge konvergiert punktweise gegen die Nullfunktion, und wir erhalten wegen der Monotonie der Exponentialfunktion

$$\|f_n - 0\|_A = e^{-n\cdot 0} = 1, \text{ sowie } \|f_n - 0\|_B = e^{-n\cdot 1} = \frac{1}{e^n} \to 0.$$

Also konvergiert (f_n) auf B gleichmäßig, auf A dagegen nur punktweise.

Der Graph einer Funktion $f : A \to \mathbb{R}$ ist die Menge $\{(x, y) \in \mathbb{R}^2 | x \in A \wedge y = f(x)\}$ (also nach der Definition des Begriffs 'Funktion' in Kapitel 3 die Funktion selbst, was keinen Widerspruch darstellt).

Die gleichmäßige Konvergenz läßt sich auch an den Graphen der f_n und f ablesen: zu $\varepsilon > 0$ definieren wir den „ε-Schlauch" zum Graphen von f als die Menge

$$\{(x, y) \in \mathbb{R}^2 | x \in A \wedge |y - f(x)| < \varepsilon\}.$$

Dann ist die Folge (f_n) genau dann gleichmäßig konvergent gegen f, wenn zu jedem ε der Graph von f_n für alle hinreichend großen n im ε- Schlauch zum Graphen von f enthalten ist. Diese Sichtweise ist oft nützlich. Man beachte dabei, daß die „Dicke" des ε-Schlauches mit der „Steilheit" des Graphen von f variiert.

Wir zeigen nun, daß sich bei gleichmäßiger Konvergenz die Stetigkeit auf die Grenzfunktion überträgt.

Satz 16.4 *Die Funktionenfolge (f_n) konvergiere auf $A \subset \mathbb{R}$ gleichmäßig gegen die Funktion $f : A \to \mathbb{R}$.*
Sind die f_n im Punkt $a \in A$ stetig, so ist auch f in a stetig.

Beweis: Es sei ein $\varepsilon > 0$ gegeben und ein n_0 so gewählt, daß für alle $n \geq n_0$ und alle $x \in A$ gilt $|f_n(x) - f(x)| < \frac{\varepsilon}{3}$.

Nun halten wir ein solches $n \geq n_0$ fest und finden wegen der Stetigkeit von f_n ein $\delta > 0$ so, daß für alle $x \in U_\delta(a)$ gilt

$$|f_n(x) - f_n(a)| < \frac{\varepsilon}{3}.$$

Insgesamt erhalten wir dann für alle $x \in U_\delta(a)$ mittels Dreiecksungleichung die Abschätzung

$$|f(x) - f(a)| \leq |f(x) - f_n(x)| + |f_n(x) - f(x)| + |f(x) - f(a)| < 3 \cdot \frac{\varepsilon}{3} = \varepsilon.$$

□

Korollar 16.5 *Der gleichmäßige Limes f stetiger Funktionen f_n auf A ist stetig. Für jeden Häufungspunkt $b \in A$ gilt*

$$f(b) = \lim_{x\to b} f(x) = \lim_{x\to b}\lim_{n\to\infty} f_n(x) = \lim_{n\to\infty}\lim_{x\to b} f_n(x) = \lim_{n\to\infty} f_n(b).$$

Die gleichmäßige Konvergenz bewirkt hier also die Vertauschbarkeit von $\lim_{n\to\infty}$ *und* $\lim_{x\to b}$.

Die Grenzfunktion einer gleichmäßig konvergente Folge differenzierbarer Funktionen muß nicht notwendig differenzierbar sein. Ein Beispiel ohne Rechnung können wir uns so verschaffen, wie in der folgenden Abbildung dargestellt: es sei ein Kreis vom Radius $r_n = \frac{1}{n}$ mit seinem Mittelpunkt y_n auf der $y-$ *Achse* so gewählt, daß er den Graph der Funktion $y = |x|$ von oben berührt, etwa über den Punkten $x = a_n > 0$ und $x = -a_n$. Dann sind die beiden Geraden $y = x$ bzw. $y = -x$ Tangenten an diesen

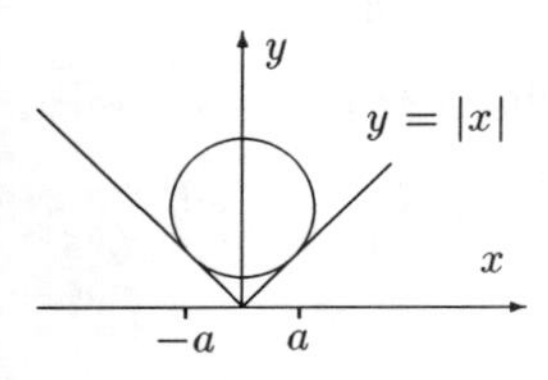

Kreis, und die durch
$f_n(x) = |x|$ für $|x| \geq a_n$ bzw.
$f_n(x) = y_n - \sqrt{r_n^2 - x^2}$ für $|x| < a_n$
definierte Funktion f_n ist nach Konstruktion differenzierbar.
Die gleichmäßige Konvergenz der Folge (f_n) gegen $f(x) = |x|$ auf ganz $\mathbb{R}$ ist unmittelbar klar (ε-Schlauch betrachten!).

Die Grenzfunktion ist in diesem Beispiel nicht differenzierbar. Die Dinge sehen aber anders aus, wenn nicht die gleichmäßige Konvergenz der Funktionenfolge, sondern der Folge der Ableitungen verlangt wird. Über die Funktionenfolge selbst muß natürlich auch etwas vorausgesetzt werden, da die Ableitungsfolge diese nur bis auf additive Konstanten bestimmt. Aber (f_n) und $(n + f_n)$ zum Beispiel können nicht beide konvergieren.

Satz 16.6 *Es sei $I = [a, b]$ ein kompaktes Intervall und f_n eine Folge auf I differenzierbarer Funktionen. Die Ableitungsfolge (f'_n) sei auf I gleichmäßig konvergent und die Folge (f_n) konvergiere in mindestens einem Punkt. Dann konvergiert (f_n) auf I gleichmäßig gegen eine differenzierbare Funktion $f : I \to \mathbb{R}$, und für jedes $x \in I$ gilt*

$$f'(x) = (\lim_{n\to\infty} f_n)'(x) = \lim_{n\to\infty} f'_n(x).$$

Beweis: Es sei $c \in I$ so gewählt, daß $(f_n(c))$ konvergiert. Wir geben ein $\varepsilon > 0$ vor. Dazu existiert also ein $n_0 \in \mathbb{N}$ mit $|f_m(c) - f_n(c)| < \varepsilon$ für alle $n, m \in \mathbb{N}$ mit $n, m \geq n_0$.

Außerdem können wir ein k_0 so finden, daß für alle $n, m \geq k_0$ gilt

$$\|f'_m - f'_n\|_I < \frac{\varepsilon}{2(b-a)}.$$

Wir setzen $N_0 := \max\{n_0, k_0\}$.

Nach dem 1. Mittelwertsatz der Differentialrechnung, angewendet auf $g := f_m - f_n$, existiert zu jedem Punktepaar $x, y \in I, x \neq y$ ein $\xi \in]a, b[$ mit

$$\left|\frac{f_m(x) - f_n(x) - f_m(y) + f_n(y)}{x - y}\right| = |f'_m(\xi) - f'_n(\xi)|$$

und damit

$$|f_m(x) - f_n(x) - f_m(y) + f_n(y)| < \frac{\varepsilon}{2(b-a)}|x - y|. \tag{16.2}$$

Trivialerweise gilt (16.2) auch im Fall $x = y$.
Aus der Dreiecksungleichung erhalten wir somit für beliebiges $x \in I$

$$\begin{aligned}|f_m(x) - f_n(x)| &\leq |f_m(x) - f_n(x) - f_m(c) - f_n(c)| + |f_m(c) - f_n(c)| \\ &< \frac{\varepsilon}{2(b-a)}|x - c| + \frac{\varepsilon}{2} \leq \varepsilon.\end{aligned}$$

Nach dem Cauchy-Kriterium (Satz 16.3) folgt die gleichmäßige Konvergenz der Folge (f_n). Die Grenzfunktion sei f.
Wir geben ein $\zeta \in I$ vor und setzen für $x \in I \setminus \{\zeta\}$

$$F_n(x) := \frac{f_n(x) - f_n(\zeta)}{x - \zeta} \text{ sowie } F(x) := \frac{f(x) - f(\zeta)}{x - \zeta}.$$

Nun beweisen wir: $F_n \rightrightarrows F$ auf $I \setminus \{\zeta\}$.
Denn nach (16.2) gilt ($y := \zeta$) für alle $n, m \geq N_0$ und $x \in I \setminus \{\zeta\}$:

$$|F_m(x) - F_n(x)| < \frac{\varepsilon}{2(b-a)}|.$$

Aus dem Cauchy-Kriterium erhalten wir, daß (F_n) konvergiert. Daß die Grenzfunktion tatsächlich F ist, sehen wir aus $f_n \to f$ durch punktweisen Grenzübergang (der gleichmäßige Limes stimmt selbstverständlich mit dem punktweisen überein).

Die Funktionen

$$\Delta_n(x) := \begin{cases} F_n(x) \text{ für } x \neq \zeta \\ f_n'(\zeta) \text{ für } x = \zeta \end{cases}$$

sind nach Voraussetzung stetig in ζ. Wir zeigen nun, daß die Folge (Δ_n) gleichmäßig auf I konvergiert.
Dies folgt aus der Kombination der obigen Überlegung (16.2) für die Folge (F_n) mit der Voraussetzung über (f_n') .
Es sei $\Delta = \lim_{n\to\infty} \Delta_n$. Aus der obigen Betrachtung ergibt sich $F(x) = \Delta(x)$ für $x \neq \zeta$.
Nach Satz 16.4 ist Δ in ζ stetig. Demnach existiert der Grenzwert

$$\lim_{x\to\zeta} \Delta(x) = \lim_{x\to\zeta} F(x) = f'(\zeta).$$

Somit ist f in ζ differenzierbar und wegen der zweiten Behauptung gilt

$$\Delta(\zeta) = f'(\zeta) = \lim_{n\to\infty} \Delta_n(\zeta) = \lim_{n\to\infty} f_n'(\zeta).$$

□

Bei gleichmäßiger Konvergenz ist auch das Integral und der Limes vertauschbar:

Satz 16.7 *Die Funktionenfolge (f_n) sei auf dem kompakten Intervall $I = [a, b]$ gegen die Funktion $f : I \to \mathbb{R}$ gleichmäßig konvergent. Fall für alle $n \in \mathbb{N}$ gilt $f_n \in R(I)$, so auch $r \in R(I)$, und dann ist*

$$\lim_{n\to\infty} \int_a^b f_n(t)\,dt = \int_a^b f(t)\,dt = \int_a^b \lim_{n\to\infty} f_n(t)\,dt.$$

Beweis: Es gelte $f_n \rightrightarrows$ auf I und $f_n \in R([a, b])$ für alle $n \in \mathbb{N}$.
Um $f \in B(I)$ einzusehen reicht es, $\varepsilon = 1$ zu wählen und dazu *eine* Funktion f_n festzuhalten mit $|f_n(x) - f(x)| < 1$ für alle $x \in I$. Damit können wir nämlich notieren

$$|f(x)| < 1 + |f_n(x)| \leq 1 + \|f_n\|_I.$$

Nun sei irgendein $\varepsilon > 0$ gewählt und n_0 so, daß für alle $n \geq n_0$ und $t \in I$ gilt

$$f_n(t) - \frac{\varepsilon}{b-a} < f(t) < f_n(t) + \frac{\varepsilon}{b-a}.$$

Damit ist nach Satz 13.12 und Satz 13.1

$$\underline{\int_I}(f_n(t) - \frac{\varepsilon}{b-a})\,dt \leq \underline{\int_I} f(t)\,dt \leq \overline{\int_I} f(t)\,dt \leq \overline{\int_I}(f_n(t) + \frac{\varepsilon}{b-a})\,dt,$$

also

$$\int_I f_n(t)\,dt - \varepsilon \leq \underline{\int_I} f(t)\,dt \leq \overline{\int_I} f(t)\,dt \leq \int_I f_n(t)\,dt + \varepsilon.$$

Wegen $f_n \in R(I)$ folgt mit $J_n := \int_I f_n(t)\,dt$ daraus sowohl $|J_n - \underline{J}(f)| < \varepsilon$ als auch $|J_n - \overline{J}(f)| < \varepsilon$, und dies gilt für alle $n \geq n_0$.

Da $\varepsilon > 0$ vorgebbar war, folgt die Existenz von $\lim_{n\to\infty} J_n$ gegen $\underline{J}(f)$ wie auch gegen $\overline{J}(f)$. Wegen der Eindeutigkeit des Grenzwertes folgt $\underline{J}(f) = \overline{J}(f)$, also $f \in R(I)$ und $\lim_{n\to\infty} J_n = J(f)$. □

Jede Funktionenreihe ist auch eine Funktionenfolge (und umgekehrt). Trotzdem lohnt es sich, Funktionenreihen für sich zu betrachten, wie es sich für Zahlenreihen (Konvergenzkriterien!) bereits gezeigt hat.
Der Vollständigkeit halber definieren wir den Begriff.

Definition 16.5 *Es sei $A \subset \mathbb{R}$ und (f_k) eine Funktionenfolge auf A. Die durch $s_n(x) = \sum_{k=1}^{n} f_k(x)$ auf A gegebene Funktionenfolge heißt eine Funktionenreihe auf A. Wie bei Zahlenreihen verwenden wir das Symbol $\sum_{k=1}^{\infty} f_k$ sowohl für die Reihe als auch (falls er existiert) für den Grenzwert.*

Bemerkung: Die vorangegangenen Sätze lassen sich entsprechend für Funktionenreihen formulieren:

1. Sind die f_k stetig auf A und ist $\sum\limits_{k=1}^{\infty} f_k$ gleichmäßig auf A konvergent, so ist die Grenzfunktion $f(x) := \sum\limits_{k=1}^{\infty} f_k(x)$ auf A stetig.

2. Sind die f_k differenzierbar auf A und ist $\sum\limits_{k=1}^{\infty} f_k'$ gleichmäßig auf A konvergent sowie $\sum\limits_{k=1}^{\infty} f_k$, in einem Punkt $c \in I$ konvergent, so ist die Grenzfunktion $\sum\limits_{k=1}^{\infty} f_k$ auf I differenzierbar und es ist $(\sum\limits_{k=1}^{\infty} f_k)' = \sum\limits_{k=1}^{\infty} f_k'$.

3. Das Cauchy-Kriterium läßt sich für Funktionenreihen ganz ähnlich wie für Zahlenreihen fassen:

   $\sum\limits_{k=1}^{\infty} f_k$ konvergiert genau dann gleichmäßig auf A, wenn gilt

$$\forall \varepsilon > 0\, \exists n_0 \in \mathbb{N}\, \forall n, m \in \mathbb{N} : n \geq n_0 \Longrightarrow \|\sum_{k=n+1}^{n+m} f_k\|_A < \varepsilon.$$

Aus der Abschätzung

$$\| \sum_{k=n+1}^{n+m} f_k \|_A < \varepsilon \le \sum_{k=n+1}^{n+m} \|f_k\|_A$$

und dem Cauchy-Kriterium für Funktionen- bzw. Zahlenreihen ersehen wir den folgenden

Satz 16.8 *Ist* (f_k) *eine Funktionenfolge auf* $A \subset \mathbb{R}$ *mit* $|f_k(x)| \le c_k$ *für alle* $x \in A$ *und konvergiert die Reihe* $\sum_{k=1}^{\infty} c_k$, *so ist die Funktionenreihe* $\sum_{k=1}^{\infty} f_k$ *auf* A *gleichmäßig konvergent.*

Einen speziellen Typ von Funktionenreihen haben wir schon früher betrachtet: die Potenzreihen. Die schon damals gezeigte Stetigkeit der Grenzfunktionen (Satz 7.17), die Differenzierbarkeit einschließlich der Möglichkeit der gliedweisen Differentiation (Satz 8.6), erscheinen durch den nächsten Satz in neuem Licht.

Satz 16.9 *Die Potenzreihe* $f(x) = \sum_{k=0}^{\infty} a_k(x-x_0)^k$ *besitze einen positiven Konvergenzradius. Ist* K *eine kompakte Teilmenge des Konvergenzintervalls* J, *so konvergiert die Potenzreihe auf* K *gleichmäßig.*

Beweis: Es reicht zum Beweis, $x_0 = 0$ anzunehmen. Der Konvergezradius sei mit r bezeichnet.
Aufgrund der Kompaktheit von K existiert ein $\rho < r$ mit $K \subset K_\rho := [-\rho, \rho]$. Die Potenzreihe konvergiert auf J absolut (Satz 6.1). Also existiert ein $n_0 \in \mathbb{N}$ so, daß für alle $n \ge n_0$ und alle $x \in K$ gilt

$$\left| \sum_{k=0}^{\infty} a_k x^k - \sum_{k=0}^{n} a_k x^k \right| = \left| \sum_{k=n+1}^{\infty} a_k x^k \right| \le \sum_{k=n+1}^{\infty} |a_k||x|^k \le \sum_{k=n+1}^{\infty} |a_k|\rho^k < \varepsilon.$$

□

Bemerkungen: 1. Um etwa die Stetigkeit der durch Potenzreihen dargestellten Grenzfunktionen aus dem vorstehenden Satz zu sehen, reicht die gleichmäßige Konvergenz auf kompakten Teilen des Konvergenzintervalls aus, da es sich um eine lokale Eigenschaft handelt: soll die Stetigkeit in $a \in J$ bewiesen werden, ist das Kompaktum so zu wählen, daß es a als inneren Punkt enthält.
Für die Differenzierbarkeit gilt entsprechendes für die Reihe über die Ableitungen der Ausgangssummanden.

2. Die Konvergenz einer Potenzreihe muß in der Tat nicht auf dem ganzen Konvergenzintervall gleichmäßig sein. Dies zeigt das Beispiel der geometrischen Reihe

$$\sum_{k=0}^{\infty} x^k = \frac{1}{1-x} \quad (x \in]-1, 1[),$$

denn die Grenzfunktion strebt für $x \to 1$ gegen $+\infty$, so daß hier sogar keine einzige Teilsumme $s_n(x) = \sum_{k=0}^{n} x^k$ (Polynom!) auf *ganz* $]-1, 1[$ die Ungleichung

$$|s_n(x) - \frac{1}{1-x}| < \varepsilon$$

mit irgendeinem $\varepsilon > 0$ erfüllen kann.

17 Zur Topologie der euklidischen Räume

In diesem Kapitel geschieht nichts eigentlich Neues. Wir übertragen die topologischen Begriffe aus dem Kapitel 7, die dort für $\mathbb{R} = \mathbb{R}^1$ definiert worden sind auf den N-dimensionalen euklidischen Raum. Dabei ist mit weniger Struktur auszukommen, denn

- $\mathbb{R}^N$ ist (in kanonischer Weise) ein Vektorraum über $\mathbb{R}$, aber für $n \geq 3$ kein Körper. Das Produkt der zweier Vektoren $v = (v_1, \ldots, v_N)$ und $w = (w_1, \ldots, w_N)$ sei das Skalarprodukt $v \cdot w := \sum_{k=1}^{N} v_k w_k$, wenn nichts anderes erwähnt ist. Das Skalarprodukt ordnet je zwei Vektoren eine reelle Zahl zu.
- Auf $\mathbb{R}^N$ ist für $N \geq 2$ keine Ordnungsrelation vorhanden.

Zur Erklärung der Topologie haben wir aber wie vorher einen Abstandsbegriff zur Verfügung, den wir über den Betrag (Länge) eines Vektors $\in \mathbb{R}^N$ zu $|v| := \sqrt{v \cdot v}$ definieren.
Für $x, y \in \mathbb{R}^N$ bezeichne die Zahl

$$d(x, y) := |x - y| := \sqrt{(x - y) \cdot (x - y)}$$

den Abstand von x und y.

Bemerkungen: 1. Auf $\mathbb{R} = \mathbb{R}^1$ sowie auf $\mathbb{C} = \mathbb{R}^2$ stimmt der so definierte Betrag mit dem früher erklärten überein.
2. Für jeden Vektor $x = (x_1, \ldots x_N) \in \mathbb{R}^N$ gilt die Abschätzung

$$\max\{|x_1|, \ldots, |x_N|\} \leq |x| \leq \sqrt{N} \max\{|x_1|, \ldots, |x_N|\}. \tag{17.1}$$

3. Für alle $x, y \in \mathbb{R}^N$ gilt

(a) $|x + y| \leq |x| + |y|$ (Dreiecksungleichung),

(b) $|x \cdot y| \leq |x||y|$ (Cauchy-Schwarzsche Ungleichung).

In beiden Ungleichungen gilt $'' ='' $ genau dann, wenn x und y linear abhängig sind (also gemeinsam auf einer Geraden durch den Nullpunkt liegen).
Die Beweise mögen als Übungsaufgabe dienen.

Die folgenden Definitionen sind Übertragungen der entsprechenden Konzepte aus dem $\mathbb{R}^1$ bzw. aus $\mathbb{C}$. Es sei empfohlen, sich dazu jeweils Beispiele (im $\mathbb{R}^3$) klarzumachen und so zu sehen, was diese Begriffe im Mehrdimensionalen beschreiben. Die Definitionen sind gegenüber den eindimensionalen Entsprechungen in variierter Form gegeben, so daß gleichzeitig das Verständnis für die topologischen Begriffe geschult und überprüft werden kann.

Definition 17.1 *Für $\varepsilon > 0$ und $x \in \mathbb{R}^N$ heißt die Menge*

$$U_\varepsilon(x) := \{y \in \mathbb{R}^N \mid |x - y| < \varepsilon\}$$

die ε – Umgebung von x.
Eine Menge $U \subset \mathbb{R}^N$ heißt eine Umgebung von x, wenn sie eine ε-Umgebung enthält. Statt „Umgebung U von x“ schreiben wir kürzer „Umgebung $U(x)$“.

Im Anschauungsraum $\mathbb{R}^3$ sind die ε-Umgebungen von x also Kugeln ohne Peripherie mit dem Mittelpunkt x.

Definition 17.2 *Eine Menge $X \subset \mathbb{R}^N$ heißt offen, wenn sie Umgebung jedes ihrer Punkte ist. Eine Menge $Y \subset \mathbb{R}^N$ heißt abgeschlossen, wenn das Komplement $\mathbb{R}^N \setminus Y$ offen ist.*

Bemerkung: Der ganze $\mathbb{R}^N$ und die leere Menge sind im $\mathbb{R}^N$ sowohl offen wie abgeschlossen. Jede ε-Umgebung ist offen (aber nicht abgeschlossen). Der „Würfel“ $[0,1]^N$ ist abgeschlossen (aber nicht offen). Die Menge $\mathbb{Q}^N$ ist weder offen noch abgeschlossen.

Satz 17.1 *Die Vereinigung beliebig vieler und der Durchschnitt endlich vieler offener Mengen ist offen.*
Der Durchschnitt beliebig vieler und die Vereinigung endlich vieler abgeschlossener Mengen ist abgeschlossen.

(Vgl. Satz 7.1, der Beweis läßt sich fast wörtlich übertragen.)

Definition 17.3 *Es sei $M \subset \mathbb{R}^N$. Ein Punkt $x \in M$ heißt innerer Punkt, wenn M eine Umgebung von x ist. Ein Punkt y heißt Berührpunkt von M, wenn jede Umgebung von y mit M nichtleeren Durchschnitt hat. Ein Punkt v heißt Häufungspunkt von M, wenn jede Umgebung U von v mit M einen Durchschnitt hat, der nicht nur aus v besteht (also $M \cap (U \setminus \{v\}) \neq \emptyset$. Ein Punkt w heißt isolierter Punkt von M, wenn $w \in M$ gilt und kein Häufungspunkt von M ist.*
Die Menge der Berührpunkte von M notieren wir als $\overline{M}$ und bezeichnen sie als die abgeschlossene Hülle von M.
Die Menge der inneren Punkte von M notieren wir als $\overset{\circ}{M}$ und bezeichnen sie als den offenen Kern von M.
Die Menge $\partial M := \overline{M} \setminus \overset{\circ}{M}$ bezeichnen wir als den Rand von M.

Satz 17.2 *Für jede Teilmenge M des $\mathbb{R}^N$ gilt*

1. $\overset{\circ}{M} \subset M \subset \overline{M}$.
2. *M ist offen* $\Leftrightarrow \overset{\circ}{M} = M \Leftrightarrow \partial M \cap M = \emptyset$.

3. *M ist abgeschlossen* $\Leftrightarrow \overline{M} = M \Leftrightarrow \partial M \subset M \Leftrightarrow$ *die Menge M enthält alle ihre Häufungspunkt e.*

4. $\overline{M} = \bigcap\{X \subset \mathbb{R}^N | X$ *ist abgeschlossen* $\wedge M \subset X\}$.

5. $\overset{\circ}{M} = \bigcup\{Y \subset \mathbb{R}^N | Y$ *ist offen* $\wedge Y \subset M\}$.

6. *Die Menge der Häufungspunkt e von M ist abgeschlossen.*

Der Beweis ist analog zu dem von Satz 7.4 zu führen.

Die fast grimmige Analogie der folgenden Definitionen zur Folgenkonvergenz im mehrdimensionalen Fall ist Absicht und soll dazu dienen, die Hemmungen zu nehmen, die oft beim Betreten des „Neulands" der Analysis im $\mathbb{R}^N$ zu beobachten sind, da die eindimensionale Analysis oft durch Schulwissen schon mehr vertraut erscheint.

Definition 17.4 *Es sei (x_n) eine Folge von Punkten des $\mathbb{R}^N$ (also eine Funktion $\mathbb{N} \to \mathbb{R}^N$). Die Folge heißt konvergent gegen $a \in \mathbb{R}^N$ Schreibweise: $x_n \to a$ bzw. $\lim_{n\to\infty} x_n = a$), falls gilt*

$$\forall \varepsilon > 0\, \exists n_0 \in \mathbb{N}\, \forall n \in \mathbb{N} : n \geq n_0 \Longrightarrow |x_n - a| < \varepsilon.$$

Ein Punkt $b \in \mathbb{R}^N$ heißt Häufungswert von (x_n), falls gilt

$$\forall \varepsilon > 0\, \forall n_0 \in \mathbb{N}\, \exists n \in \mathbb{N} : n \geq n_0 \wedge |x_n - b| < \varepsilon.$$

Satz 17.3 *Die Folge $x_n = (x_{n1}, \ldots, x_{nN}) \in \mathbb{R}^N$ konvergiert genau dann gegen $a = (a_1, \ldots, a_N)$, wenn für jedes $j \in \{1, \ldots, N\}$ die Folge der j-ten Komponenten (x_{nj}) gegen a_j konvergiert.*

Beweis: Die Behauptung folgt aus der Abschätzung (17.1). □

Satz 17.4 (Cauchy-Kriterium im $\mathbb{R}^N$) *Die Folge (x_n) im $\mathbb{R}^N$ konvergiert genau dann, wenn sie eine Cauchy-Folge ist, das heißt wenn gilt*

$$\forall \varepsilon > 0\, \exists n_0 \in \mathbb{N}\, \forall n, m \geq n_0 \Longrightarrow |x_n - x_m| < \varepsilon.$$

Beweis: Das folgt aus dem Satz 4.12 und Satz 17.3. □

Auch der folgende Satz kann ganz analog wie im eindimensionalen Fall bewiesen werden.

Satz 17.5 *Der Punkt a ist genau dann ein Häufungswert der Folge (x_n) im $\mathbb{R}^N$, wenn eine Teilfolge $(x_{\varphi(k)})$ von (x_n) existiert mit $x_{\varphi(k)} \overset{k\to\infty}{\longrightarrow} a$.*

Definition 17.5 *Eine Folge (x_n) im $\mathbf{R}^N$ heißt beschränkt, falls die Folge $(|x_n|)$ beschränkt ist.*
Eine Menge $M \subset \mathbf{R}^N$ heißt beschränkt, wenn die Menge $|M| := \{|x| | x \in M\}$ beschränkt ist.

Satz 17.6 (Bolzano-Weierstraß für Folgen) *Eine beschränkte Folge von Punkten des $\mathbf{R}^N$ besitzt mindestens einen Häufungswert.*

Beweis: Die Folge $x_n = (x_{n1}, \ldots, x_{nN}) \in \mathbf{R}^N$ sei beschränkt. Dann ist auch die Folge (x_{n1}) der ersten Komponenten beschränkt und besitzt nach dem Satz von Bolzano-Weierstraß im $\mathbf{R}^1$ (Satz 4.11) einen Häufungswert b_1. Es sei $(x_{\varphi(k)1})$ eine gegen b_1 konvergente Teilfolge.
Die Folge $(x_{\varphi(k)2})$ ist ebenfalls beschränkt. Sei $(x_{\varphi(\psi(\ell))2})$ eine gegen b_2 konvergente Teilfolge. Dann konvergiert auch $(x_{\varphi(\psi(\ell))1})$ und zwar gegen b_1.
Nach insgesamt N Schritten erhalten wir eine Teilfolge $(x_{\phi(m)})$ der Ausgangsfolge (x_n) und einen Punkt $b := (b_1, b_2, \ldots, b_N)$ mit $x_{\phi(m)} \to b$. Nach Satz 17.5 ist b ein Häufungspunkt von (x_n). □

Satz 17.7 *Der Punkt $a \in \mathbf{R}^N$ ist genau dann Häufungspunkt der Menge $M \subset \mathbf{R}^N$, wenn eine injektive Folge $x_n \in M$ existiert, die gegen a konvergiert.*

Satz 17.8 (Bolzano-Weierstraß für Mengen) *Jede beschränkte unendliche Menge $M \subset \mathbf{R}^N$ besitzt mindestens einen Häufungspunkt .*

Der Beweis läßt sich wie der zum entsprechenden Satz 7.3 führen.

Da eine Ordnungsrelation nicht zur Verfügung steht, existieren im $\mathbf{R}^N$ keine Intervalle wie im eindimensionalen Fall. Deshalb überträgt sich das dort so nützliche Intervallschachtelungsprinzip nicht. Diese Lücke wird aber durch den folgenden Satz geschlossen:

Satz 17.9 (Cantorscher Durchschnittsatz) *Es seien nicht-leere, abgeschlossene und beschränkte Teilmengen A_n des $\mathbf{R}^N$ gegeben mit*

$$A_1 \supset A_2 \supset \cdots A_3 \supset \cdots .$$

Dann ist der Durchschnitt $D := \bigcap_{n=1}^{\infty}$ nicht-leer. Bildet außerdem die Folge der Durchmesser $\delta(A_n) := \sup\{|x-y| | x, y \in A_n\}$ eine Nullfolge, so besteht D aus genau einem Punkt.

Beweis: Zu jedem $n \in \mathbb{N}$ wählen wir einen Punkt $x_n \in A_n$. Die Folge (x_n) ist dann beschränkt und besitzt somit nach Satz 17.6 einen Häufungswert a. Wir nehmen gleich $x_n \to a$ an.

Falls die Folge (x_n) ab einem Index n_0 konstant ist, so folgt $x_n = a \in A_n$ für $n \geq n_0$ und somit $a \in A_n$ für *alle* $n \in \mathbb{N}$. Dann gilt $a \in D$, also $d \neq \emptyset$.

Wir dürfen also annehmen, daß (x_n) eine injektive Teilfolge besitzt. Also ist a ein Häufungspunkt jeder der Mengen A_k $(k \in \mathbb{N})$, denn es gilt $x_n \in A_k$ für jedes $n \geq k$. Wegen der Abgeschlossenheit der A_k gilt damit (Satz 17.2) $a \in A_k$ für jedes $k \in A_k$ und damit $a \in D$. Die erste Behauptung ist damit gezeigt.

Es sei die Folge der Durchmesser der A_k eine Nullfolge und $a, b \in D$. Gezeigt werden soll $a = b$.

Es gilt $a, b \in A_k$ für alle $k \in \mathbb{N}$ und somit auch $|a - b| \leq \delta(A_k) \to 0$, also $|a - b| = 0$.□

Es ist eine gute Übung, die Voraussetzungen des vorstehenden Satzes durch entsprechende Beispiele zu überdenken. Dazu lasse man eine Voraussetzung weg (etwa die Beschränktheit der A_n) und suche ein Gegenbeispiel für den „Restsatz“ .

Definition 17.6 *Eine Menge $M \subset \mathbb{R}^N$ heißt kompakt, wenn sie die folgende Eigenschaft besitzt: sind offene Mengen X_j $(j \in J)$ (wobei J eine beliebige Indexmenge ist) und gilt $M \subset \bigcup_{j \in J} X_j$, so existieren schon endlich viele $j_1, \ldots, j_n \in J$ mit $M \subset \bigcup_{m=1}^{n} X_{j_m}$.*

Satz 17.10 (Heine-Borel) *Für jede Teilmenge M des $\mathbb{R}^N$ sind die folgenden Aussagen äquivalent:*

1. *M ist abgeschlossen und beschränkt,*
2. *M ist kompakt,*
3. *jede unendliche Teilmenge von M besitzt einen Häufungspunkt , der zu M gehört.*

Beweis: "1. $\Rightarrow$ 2.":

Wir folgen der Idee des Beweises des Satzes von Heine und Borel im $\mathbb{R}^1$ (Satz 7.5), wobei wir das Intervallschachtelungsprinzip durch den Cantorschen Durchschnittsatz ersetzen. Viel ändert sich dabei nicht.

Angenommen, es wäre M zwar abgeschlossen und beschränkt, aber nicht kompakt. Es gibt also ein System offener Mengen X_j $(j \in J)$ so, daß keine endliche Auswahl dieser Mengen existiert, deren Vereinigung die Menge M enthält.

Nun wird induktiv eine Folge von Mengen W_n definiert.
Für den Induktionsanfang wählen wir eine Zahl $S > 0$ und dazu den Würfel

$$W_1 := \{(x_1, \ldots, x_N) \in \mathbb{R}^N | -S \leq x_m \leq S,\ m = 1, \ldots, N\}$$

so, daß $M \subset W_1$ erfüllt ist. Dann gibt es keine endliche Auswahl der X_j, die $W_1 \cap M$ überdecken (der Sprachgebrauch ist wie im eindimensionalen Fall).
Als Induktionsvoraussetzung nehmen wir an, daß Würfel $W_1, \ldots, W_n$ mit den folgenden Eigenschaften bereits konstruiert sind:

i. $W_1 \supset W_2 \supset \cdots \supset W_n$,

ii. für $\ell = 1, \ldots, n$ ist $W_\ell \cap M$ *nicht* enthalten in irgendeiner Vereinigung endlich vieler X_j.

iii. $\delta(W_\ell) \leq \frac{1}{2}\delta(W_{\ell-1})$ für $\ell = 2, \ldots, n$.

Es sei

$$W_n = \{x = (x_1, \ldots, x_N) \in \mathbf{R}^N | a_\nu \leq x_\nu \leq b_\nu,\ \nu = 1, \ldots, N\}.$$

Wir setzen $c_\nu = \dfrac{b_\nu - a_\nu}{2}$ und zerlegen W_n in die 2^N Teilwürfel ($\omega \in \{0, 1\}$)

$$W_n^\mu := \{(x_1, \ldots, x_N) \in \mathbf{R}^N | a_\nu + \omega c_\nu \leq x_\nu \leq b_\nu + (\omega - 1)c_\nu,\ \nu = 1, \ldots, N\}.$$

Dann ist unter diesen Teilwürfeln mindestens einer, der sich auch nicht schon durch endlich viele X_j überdecken läßt, denn sonst hätte auch W_n diese Eigenschaft, was wegen iii. nicht der Fall ist. Wir wählen einen solchen Teilwürfel als W_{n+1}. Dann sind i.,ii.,iii. auch für $W_1, \ldots, W_{n+1}$ erfüllt, wie sich leicht bestätigen läßt.

Die Mengen $A_k := W_k \cap M$ erfüllen die Voraussetzung des Cantorschen Durchschnittsatzes. Also existiert ein eindeutig bestimmter Punkt a mit $\bigcap_{k=1}^\infty A_k = \{a\}$. Da offenbar $a \in M$ ist, existiert ein $j_0 \in J$ mit $a \in X_{j_0}$, da M von der Vereinigung *aller* X_j überdeckt wird. Wegen der Offenheit der X_j existiert ein $\varepsilon > 0$ mit $U_\varepsilon(a) \subset X_{j_0}$. Wegen iii. finden wir ein n_0 so, daß für alle $n \geq n_0$ gilt $W_n \subset U_\varepsilon(a)$, so daß alle diese W_n schon von einer einzigen dieser offenen Mengen, von X_{j_0}, überdeckt werden, was nach ii. nicht sein kann. Also muß M doch kompakt sein, im Widerspruch zur Annahme.

"2. $\Rightarrow$ 3.": Es sei angenommen, daß für M die Eigenschaft 2. gilt, aber 3. nicht.
Wir finden demnach eine unendliche Teilmenge T von M, die keinen in M liegenden Häufungspunkt besitzt und haben damit

$$\forall x \in M\, \exists \varepsilon(x) > 0 : U_{\varepsilon(x)}(x) \setminus \{x\} \cap T = \emptyset.$$

Dann bilden die $U_{\varepsilon(x)}(x)\,(x \in M)$ ein M überdeckendes System offener Mengen.
Aus 2. bekommen wir

$$\exists x_1, \ldots, x_n \in M : \bigcup_{j=1}^n U_{\varepsilon(x_j)}(x_j) \supset M.$$

Nach der obigen Annahme gilt

$$\left(U_{\varepsilon(x_j)}(x_j) \setminus \{x_j\}\right) \cap T = \emptyset,$$

was nur möglich ist, falls $T \subset \{x_1, \ldots, x_n\}$ und damit entgegen der Vorgabe endlich ist.

"3. $\Rightarrow$ 1." zeigen wir mittels Kontraposition.
Es sei M nicht abgeschlossen. Dann existiert nach Satz 17.2 ein Häufungspunkt x_0 von M, der nicht zu M gehört. Sei $x_n \in M$ eine gegen x_0 konvergente injektive Folge. Dann ist mit $\{x_n | n \in \mathbb{N}\}$ eine unendliche Teilmenge von M aufgezeigt, die keinen zu M gehörenden Häufungspunkt besitzt, also die Negation von 3. gezeigt.

Schließlich sei M als nicht beschränkt angenommen. Dann können wir eine Folge $x_n \in M$ finden mit $|x_n| \geq n$, so daß $\{x_n | n \in \mathbb{N}\}$ eine unendliche Teilmenge von M ist, die überhaupt keinen Häufungspunkt besitzt. Also gilt auch hier die Negation von 3., und die Behauptung ist gezeigt. □

18 Stetigkeit von Funktionen mehrerer Veränderlicher

Es seien N, L natürliche Zahlen und A stets eine Teilmenge des $\mathbb{R}^N$. Wir betrachten Funktionen $f : \mathbb{R}^N \to \mathbb{R}^L$. Diese lassen sich darstellen in der Form

$$f(x_1 \ldots, x_N) = (f_1(x_1 \ldots, x_N), \ldots, f_L(x_1 \ldots, x_N))$$

mit den Koordinatenfunktionen $f_j : \mathbb{R}^N \to \mathbb{R}$ $(j = 1, \ldots, N)$. Für zwei Funktionen $f, g : \mathbb{R}^N \to \mathbb{R}^L$ und $\lambda \in \mathbb{R}$ sind die folgenden Funktionen kanonisch definiert:

$$f + g,\ f \cdot g,\ |f|,\ \lambda f.$$

Mit "·" ist dabei das Skalarprodukt gemeint. Auch Aussagen wie „f ist auf A beschränkt“ , „x_0 ist Nullstelle von f“ und ähnliches sollen nicht eigens definiert werden, weil die Übertragung der früheren Definitionen offensichtlich ist.

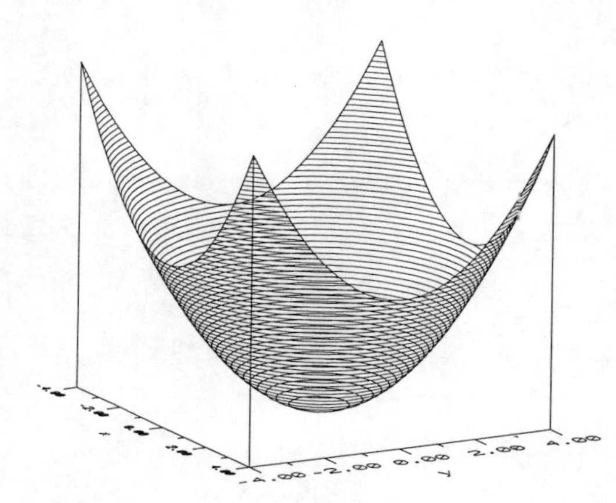

Dasselbe gilt im Fall $L = 1$ für Begriffe wie sup, inf, max, min einer Funktion $f : A \to \mathbb{R}$. Für Funktionen $f : \mathbb{R}^2 \to \mathbb{R}$ ist eine Veranschaulichung des Graphen als „Fläche“ im $\mathbb{R}^3$ möglich. Die nebenstehende Abbildung zeigt den Graphen der durch $z = f(x, y) = x^2 + y^2$ gegebenen Funktion. Über den Kreisen $x^2 + y^2 = c$ ist der Funktionswert konstant. Der Schnitt mit der x, z-Ebene ist die Parabel $z = x^2$. Der gesamte Funktionsgraph kommt also durch Rotation dieser Parabel um die z-Achse zustande.

Definition 18.1 *Eine Funktion $f : A \to \mathbb{R}^L$ heißt im Punkt $a \in A$ stetig, wenn gilt*

$$\forall \varepsilon > 0\, \exists \delta > 0\, \forall x \in A : |x - a| < \delta \Longrightarrow |f(x) - f(a)| < \varepsilon. \tag{18.1}$$

Die Funktion heißt auf A stetig, wenn sie in jedem $a \in A$ stetig ist. Sie heißt auf A gleichmäßig stetig, wenn in (18.1) für alle $a \in A$ dieselbe Zahl $\delta = \delta(\varepsilon)$ gewählt werden kann.

Der Beweis des folgenden Satzes läßt sich einfach übertragen.

Satz 18.1 *Eine Funktion $f: A \to \mathbb{R}^L$ ist in $a \in A$ genau dann stetig, wenn für jede Folge $x_n \in A$ mit $x_n \to a$ gilt $f(x_n) \to f(a)$.*

Bemerkung: die Summe, das Produkt mit einem Skalar und das Skalarprodukt stetiger Funktionen sind stetig. Im Fall $L = 1$ gilt das auch für den Quotienten unter den üblichen Voraussetzungen. Die Hintereinanderausführung stetiger Funktionen ist stetig.

Aus Satz 17.3 und Satz 18.1 ersehen wir unmittelbar den

Satz 18.2 *Die Funktion $f = (f_1, \dots, f_L): A \to \mathbb{R}^L$ ist in $a \in A$ genau dann stetig, wenn jede der Koordinatenfunktionen f_j in a stetig ist.*

Insofern kann man sich für Stetigkeitsbetrachtungen immer auf den Fall $L = 1$ zurückziehen.

Auch die nächsten beiden Sätze geben wir ohne Beweis an, da dieser jeweils direkt aus dem Eindimensionalen zu übertragen ist.

Satz 18.3 *Es sei $K \subset \mathbb{R}^N$ kompakt und $f: K \to \mathbb{R}^L$ sei stetig. Dann ist die Bildmenge $f[K]$ kompakt. Im Fall $L = 1$ nimmt f auf K Minimum und Maximum an.*

Satz 18.4 *Jede auf der kompakten Menge $K \subset \mathbb{R}^N$ stetige Funktion $f: K \to \mathbb{R}^L$ ist dort gleichmäßig stetig.*

Wie im eindimensionalen Fall erklären wir den Begriff des Funktionengrenzwertes.

Definition 18.2 *Es sei $f: A \to \mathbb{R}^L$ und $a \in A$ ein Häufungspunkt von A. Dann gelte*

$$\lim_{\substack{x \to a \\ x \in A \setminus \{a\}}} f(x) = b :\Longleftrightarrow \text{ für jede Folge } x_n \in A \setminus \{a\} \text{ mit } x_n \to a \text{ gilt } f(x_n) \to b.$$

Bemerkung: Mit den Bezeichnungen der vorstehenden Definition gilt

$$f \text{ ist in } a \in A \text{ stetig} \iff \lim_{\substack{x \to a \\ x \in A \setminus \{a\}}} f(x) = f(a).$$

Der Einfachheit halber schreiben wir nur $\lim_{x \to a} f(x)$ statt $\lim_{\substack{x \to a \\ x \in A \setminus \{a\}}} f(x)$.

Beispiel: Die Funktion

$$f(x,y) := \begin{cases} \frac{xy^2}{x^2+y^4} & \text{für } (x,y) \neq (0,0) \\ 0 & \text{für } (x,y) = (0,0) \end{cases}$$

ist in $(0,0)$ nicht stetig, verhält sich aber auf jeder Geraden durch $(0,0)$ stetig.

Denn ist eine Gerade $(x,y) = t(u,v)$ $(t \in \mathbb{R}$, $(u,v) \neq (0,0)$ gegeben, so erhalten wir für $t \neq 0$:

$$f(x,y) = f(tu,tv) = \frac{uv^2t}{u^2 + v^4t^2} \xrightarrow{t\to 0} 0 = f(0,0).$$

Dagegen gilt bei Annäherung an $(0,0)$ längs des Parabelbogens $(x,y) = (t^2,t)$ $(t \in \mathbb{R})$:

$$f(x,y) = \frac{t^4}{t^4 + t^4} = \frac{1}{2}.$$

Der Graph dieser Funktion ist in der folgenden Abbildung dargestellt.

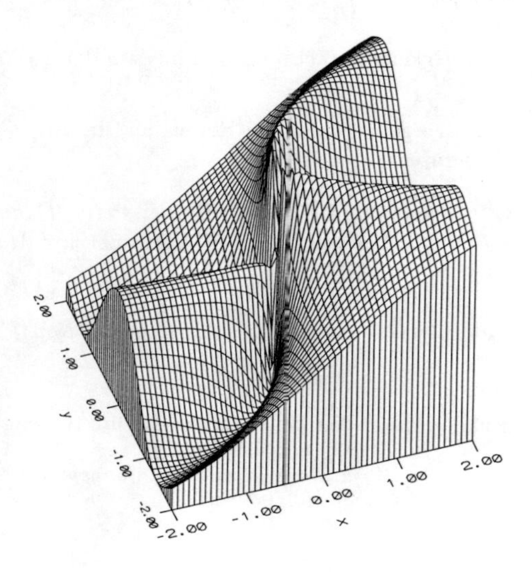

19 Wege

Definition 19.1 *Es sei $I = [a, b]$ ein kompaktes Intervall. Eine stetige Abbildung $\gamma : I \to \mathbb{R}^L$ heißt ein Weg im $\mathbb{R}^L$ mit dem Anfangspunkt $\gamma(a)$ und dem Endpunkt $\gamma(b)$. Eine stetige Abbildung eines beliebigen (nicht notwendig kompakten) Intervalls in den $\mathbb{R}^L$ heißt eine Kurve. Die Bildmenge heißt Träger des Weges bzw. der Kurve.*

Bemerkung: Es ist zu unterscheiden zwischen dem Weg und dem Träger. Ein und dieselbe Trägermenge kann auf ganz unterschiedliche Arten als Weg parametrisiert werden. Solche Mengen müssen auch keineswegs immer „eindimensional" aussehen. Es gibt eine stetige Abbildung („Peano-Kurve") des Einheitsintervalls $[0, 1]$ auf das volle Einheitsquadrat $[0, 1] \times [0, 1]$!

Nun kommen wir zum Problem, die Länge eines Weges zu definieren, das wir am Ende von Kapitel 12 schon kurz angeschnitten haben. Wir benutzen dazu dieselbe Grundidee wie bei der Einführung des Integrals: der Weg wird durch ein einfacheres Gebilde ersetzt, für das eine Länge schon erklärt ist. Dieses ist der Fall für Strecken, und wir ersetzen den Weg durch Streckenzüge, wie wir zur Definition des Riemann-Integrals die zu definierende Fläche durch Rechteckssummen ersetzt haben.

Dieses Konzept präzisieren wir wie folgt
Es sei stets $\gamma : I = [a, b] \to \mathbb{R}^L$ ein Weg, $Z = (t_0, \dots, t_n) \in \mathcal{Z}(I)$ eine Zerlegung des Intervalls und

$$L(Z, \gamma) := \sum_{j=1}^{n} |\gamma(t_j) - \gamma(t_{j-1})|.$$

Definition 19.2 *Die Zahl*

$$L(\gamma) := \sup_{Z \in \mathcal{Z}(I)} L(Z, \gamma) \leq \infty$$

heißt die Länge des Weges γ. Im Fall $L(\gamma) < \infty$ heißt γ rektifizierbar.

Beispiel für einen nicht rektifizierbaren Weg im $\mathbb{R}^2$:
Es soll zunächst der Träger des zu definierenden Weges erklärt werden, der eine Vereinigung von achsenparallelen Strecken sein wird. Wir starten mit der Verbindungsstrecke $S_0 = \{(x, 0) \,|\, 0 \leq x \leq 1\}$ der Punkte $(0, 0)$ und $(1, 0)$.
Es folgt

$$S_1 = \{(1, y) \,|\, 0 \leq y \leq \frac{1}{2}\}, \text{ dann } S_2 = \{(x, \frac{1}{2}) \,|\, 1 \geq x \geq 1 - \frac{1}{3}\}$$

$$\text{sowie } S_3 = \{(1 - \frac{1}{3}, y) \mid \frac{1}{2} \geq y \geq \frac{1}{2} - \frac{1}{4}\}.$$

Die Endpunkte der Strecken sind also die Punkte

$$p_{2k-1} := \left(\sum_{m=1}^{k-1} \frac{(-1)^{m+1}}{2m-1}, \sum_{m=1}^{k-1} \frac{(-1)^{m+1}}{2m} \right) \text{ bzw.}$$

$$p_{2k} := \left(\sum_{m=1}^{k} \frac{(-1)^{m+1}}{2m-1}, \sum_{m=1}^{k-1} \frac{(-1)^{m+1}}{2m} \right) \quad (k \in \mathbb{N}).$$

Sind zwei Punkte P, Q des $\mathbb{R}^2$ oder allgemeiner im $\mathbb{R}^L$ sowie ein kompaktes Intervall $[a, b]$ gegeben, so verstehen wir unter der kanonischen Parametrisierung der Verbindungsstrecke von P nach Q (die Reihenfolge ist wichtig) mit dem Intervall $[a, b]$ den durch

$$\gamma(t) := P \frac{b-t}{b-a} - Q \frac{a-t}{b-a} \, (t \in [a, b]$$

gegebenen Weg.

Nun zerlegen wir das Intervall $[0, 1[$ in die unendlich vielen Intervalle

$$[0, 1 - \frac{1}{2}], [1 - \frac{1}{2}, 1 - \frac{1}{3}], [1 - \frac{1}{3}, 1 - \frac{1}{4}], \ldots, \underbrace{[1 - \frac{1}{n}, 1 - \frac{1}{n+1}]}_{=:I_n}, \ldots$$

und parametrisieren die Verbindungsstrecken der Punkte p_{2k-1} und p_{2k} bzw. p_{2k} und p_{2k+1} mit den Intervallen I_{2k-1} bzw. I_{2k} wie beschrieben.

Auf diese Weise wird eine Kurve $\gamma : [0, 1[\to \mathbb{R}^2$ beschrieben, die wegen der Konvergenz der Reihen (Leibniz-Kriterium)

$$x_0 := \sum_{m=1}^{\infty} \frac{(-1)^{m+1}}{2m-1} \text{ und } y_0 := \sum_{m=1}^{\infty} \frac{(-1)^{m+1}}{2m}$$

für $t = 1$ stetig ergänzbar ist mit dem Wert $\gamma(1) := (x_0, y_0)$. Damit ist insgesamt ein Weg $\gamma : [0, 1] \to \mathbb{R}^2$ erklärt, dessen Länge durch die Summe $\sum_{j=1}^{n} \frac{1}{n}$ der Längen der ersten n Teilstrecken nach unten abgeschätzt werden kann, so daß die Länge des gesamten Weges nicht endlich ist. Die nebenstehende Abbildung erläutert noch einmal das Konstruktionsprinzip.

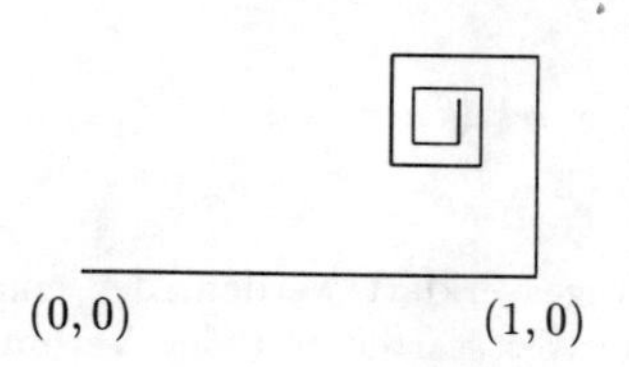

Als Abbildung $I \to \mathbb{R}^L$ läßt sich jeder Weg darstellen als $\gamma = (\gamma_1, \ldots, \gamma_L)$, also durch L Funktionen $\gamma_j : I \to \mathbb{R}$. Deshalb kann der Begriff der Differenzierbarkeit ohne Probleme auf Wege übertragen werden.

Definition 19.3 *Ein Weg* $\gamma =: (\gamma_1, \ldots, \gamma_L) : [a,b] \to \mathbb{R}^L$ *heißt (stetig) differenzierbar, wenn jedes* γ_j $(j = 1, \ldots, L)$ *auf* $[a,b]$ *(stetig) differenzierbar ist. In diesem Fall heißt*

$$\gamma'(t) = (\gamma_1'(t), \ldots, \gamma_L'(t))$$

der Tangentenvektor an γ.

Bemerkung: Daß der Tangentenvektor diesen Namen verdient, sehen wir aus der mit Satz 18.2 leicht zu bestätigenden Beziehung

$$\gamma'(t) = \lim_{h \to 0} \frac{\gamma(t+h) - \gamma(t)}{h},$$

was im Anschauungsraum $\mathbb{R}^3$ unsere geometrische Vorstellung eines Tangentenvektors als Grenzlage von Sekantenvektoren widerspiegelt.

Wir zeigen nun, daß stetig differenzierbare Wege rektifizierbar sind und berechnen die Länge als Integral. im Punkt $t \in [a,b]$.

Satz 19.1 *Ein stetig differenzierbarer Weg* $\gamma : [a,b] \to \mathbb{R}^L$ *ist rektifizierbar, und es gilt*

$$L(\gamma) = \int_a^b |\gamma'(t)|\, dt.$$

Beweis: Es sei eine Zerlegung $Z = (t_0, \ldots, t_n)$ des Intervalls $I = [a,b]$ gewählt. Dann gilt

$$L(Z,\gamma) = \sum_{j=1}^{n} |\gamma(t_j) - \gamma(t_{j-1})| = \sum_{j=1}^{n} \sqrt{\sum_{\nu=1}^{L} (\gamma_\nu(t_j) - \gamma_\nu(t_{j-1}))^2}$$

$$= \sum_{j=1}^{n} \sqrt{\sum_{\nu=1}^{L} \left(\frac{\gamma_\nu(t_j) - \gamma_\nu(t_{j-1})}{t_j - t_{j-1}} \right)^2} \, (t_j - t_{j-1}) = \sum_{j=1}^{n} \sqrt{\sum_{\nu=1}^{L} (\gamma_\nu'(\xi_{\nu j}))^2} \, (t_j - t_{j-1})$$

mit passenden $\xi_{\nu j} \in]t_{j-1}, t_j[$ nach dem 1. Mittelwertsatz der Differentialrechnung. Den Vektor $x_j \in \mathbb{R}^L$ definieren wir zu

$$x_j = (\gamma_1'(\xi_{1j}), \gamma_2'(\xi_{2j}) \ldots, \gamma_L'(\xi_{Lj}))$$

und können dann kurz $L(Z,\gamma) = \sum_{j=1}^{n} |x_j|(t_j - t_{j-1})$ notieren.

Nun sei $\xi = (\xi_1, \ldots, \xi_n)$ ein zu Z passender Satz von Zwischenpunkten (s. S. 123) und $S(Z, \xi, |\gamma'|)$ die zugehörige Riemannsche Summe zur Funktion $|\gamma'| : I \to \mathbb{R}$.

Aus der Dreiecksungleichung erhalten wir

$$|L(Z,\gamma) - S(Z,\xi,|\gamma'|)| = |\sum_{j=1}^{n} (|x_j| - |\gamma'(\xi_j)|)(t_j - t_{j-1})|$$

$$\leq \sum_{j=1}^{n} |x_j - \gamma'(\xi_j)|(t_j - t_{j-1}).$$

Die Funktionen γ'_ν sind auf dem kompakten Intervall I gleichmäßig stetig. Zu gegebenem $\varepsilon > 0$ wählen wir deshalb ein $\delta > 0$ mit

$$\forall \nu \in \{1,\ldots,L\} \, \forall t,\tau \in I : |t-\tau| < \delta \Longrightarrow |\gamma'_\nu(t) - \gamma'_\nu(\tau)| < \frac{\varepsilon}{\sqrt{L}(b-a)}$$

und dürfen gleich $\delta \leq |Z|$ (Feinheit von Z) annehmen.
Dann ist $|\xi_j - \xi_{\nu j}| < \delta$ für alle ν, j sichergestellt und wir erhalten

$$|L(Z,\gamma) - S(Z,\xi,|\gamma'|)| = \sum_{j=1}^{n} \sqrt{\sum_{\nu=1}^{L} (\gamma'_\nu(\xi_{\nu j}) - \gamma'_\nu(\xi_j))^2} \, (t_j - t_{j-1})$$

$$\leq \sum_{j=1}^{n} \sqrt{\sum_{\nu=1}^{L} \frac{\varepsilon^2}{L(b-a)^2}} \, (t_j - t_{j-1}) = \sum_{j=1}^{n} \frac{\varepsilon}{b-a}(t_j - t_{j-1}) = \varepsilon.$$

Die Dreiecksungleichung zeigt, daß bei Verfeinerung der Zerlegung Z der Wert von $L(Z,\gamma)$ zunimmt oder gleichbleibt (bei einem Geradenstück). Also existiert eine Folge $Z_m \in \mathcal{Z}(I)$ mit $|Z_m| \to 0$ und $L(Z,\gamma) \to L(\gamma)$.
Aus der vorausgesetzten Stetigkeit von γ' folgt aus dem Hauptsatz der Differential- und Integralrechnung (2. Teil, Satz 13.17) die Riemann-Integrierbarkeit der ebenfalls stetigen Funktion $|\gamma'|$.
Aus dem Korollar 13.6 erhalten wir nun zusammen

$$L(\gamma) = \lim_{m\to\infty} L(Z_m,\gamma) = \lim_{m\to\infty} S(Z_m,\xi_m,|\gamma'|) = \int_a^b |\gamma'(t)| \, dt.$$

□

Beispiel: Der Umfang des Kreises um 0 mit dem Radius 1 (vgl. das Beispiel auf S. 113) ist anzusetzen als die Länge des Weges

$$\gamma(t) = (\cos t, \sin t) \quad (t \in [0,2\pi]).$$

Dann ist $|\gamma'(t)| = \sqrt{\sin^2 t + \cos^2 t} = 1$ und damit haben wir

$$L(\gamma) = \int_0^{2\pi} |\gamma'(t)| \, dt = \int_0^{2\pi} 1 \, dt = 2\pi.$$

Zum Abschluß dieses Kapitels geben wir noch eine eher topologische Definition.

Definition 19.4 *Eine Menge $M \subset \mathbf{R}^L$ heißt wegzusammenhängend, falls zu jedem Punktepaar $x, y \in M$ ein Weg $\gamma : [0,1] \to M$ existiert, dessen Anfangspunkt x und dessen Endpunkt y ist. Ein Gebiet ist eine offene und wegzusammenhängende Teilmenge des $\mathbf{R}^L$.*

Bemerkung: Es reicht offenbar aus, in der vorstehenden Definition das Parameterintervall $[0,1]$ vorzugeben, da dieses durch $\psi(s) := a(1-s) + bs$ auf $[a,b]$ affin (d.h. bis auf Verschiebung linear) abgebildet wird. Ist γ mittels $[a,b]$ parametrisiert, so kann stattdessen auch $\gamma \circ \psi$ gewählt werden, was denselben Träger hat, aber mit dem Einheitsintervall parametrisiert ist.

20 Partielle Differenzierbarkeit

Für Funktionen $f : \mathbf{R}^N \to \mathbf{R}$ können wir eine Art von Differenzierbarkeit aus dem Eindimensionalen sofort übertragen. Ist ein Punkt $a = (a_1, \ldots, a_N)$ gewählt, so können wir die Beschränkung von f auf achsenparallele Geraden durch a betrachten, also die Funktionen $g_j : \mathbf{R} \to \mathbf{R}$ ($j = 1, \ldots, N$), gegeben durch

$$g_j(x) = f(a_1, \ldots, a_{j-1}, x, a_{j+1}, \ldots, a_N).$$

Diese g_j können wir jeweils im Punkt a_j auf Differenzierbarkeit und gegebenenfalls den Wert von $g_j'(a_j)$ untersuchen und hoffen, dadurch Rückschlüsse auf die multivariable Funktion f ziehen zu können. Es ist allerdings von vornherein klar, daß diese Hoffnungen nicht zu hochgeschraubt werden dürfen, denn in die so gebildeten Ableitungswerte geht nur das Verhalten von f längs bestimmter (achsenparalleler) Geraden ein und das Beispiel auf Seite 163 zeigt schon, daß dieses allein keine sehr gehaltvollen Informationen liefern wird. Das ändert sich aber, wenn über diese Ableitungswerte mehr vorausgesetzt wird als die bloße Existenz. Daran knüpfen wir aber erst im nächsten Kapitel an.

Definition 20.1 *Es sei $X \subset \mathbf{R}^N$ eine offene Menge, $f : X \to \mathbf{R}$ und ein Punkt $a = (a_1, \ldots, N)$ gewählt. Außerdem sei $j \in \{1, \ldots, N)$. Dann heißt f in a nach x_j partiell differenzierbar, falls die Funktion $g_j(x) = f(a_1, \ldots, a_{j-1}, x, a_{j+1}, \ldots, N)$ im Punkt a_j differenzierbar ist, und in diesem Fall nennen wir*

$$\frac{\partial f}{\partial x_j}(a) := g_j'(a_j)$$

die partielle Ableitung von f nach x_j in a.

Die Funktion f heißt auf X partiell differenzierbar, wenn sie in jedem $a \in X$ nach x_j partiell differenzierbar ist. In diesem Fall ist die partielle Ableitung

$$\frac{\partial}{\partial x_j} f = \frac{\partial f}{\partial x_j} : X \to \mathbf{R}$$

von f nach x_j kanonisch als Funktion auf X erklärt.

Beispiel: Die auf $X = \{(x, y) \in \mathbf{R}^2 | x > 0\}$ erklärte Funktion $f(x, y) = \arctan \frac{y}{x}$ ist auf X nach beiden Variablen partiell differenzierbar. Wir erhalten

$$\frac{\partial f}{\partial x}(u, v) = \frac{\frac{-v}{u^2}}{1 + (\frac{v}{u})^2} = \frac{-v}{u^2 + v^2}$$

sowie

$$\frac{\partial f}{\partial y}(u,v) = \frac{\frac{1}{u}}{1+(\frac{v}{u})^2} = \frac{u}{u^2+v^2}.$$

Wenn die Funktion f auf der offenen Menge $X \subset \mathbb{R}^N$ partiell differenzierbar ist, so können die Funktion $\frac{\partial f}{\partial x_j}$ wiederum auf diese Eigenschaft untersucht werden und so entstehen partielle Ableitungen höherer Ordnung.

Definition 20.2 *Ist (unter der Voraussetzung der Definition 20.1) die Funktion* $\frac{\partial f}{\partial x_j}$ *im Punkt* $a \in X$ *partiell nach* x_k *differenzierbar, so heißt*

$$\frac{\partial^2 f}{\partial x_k \partial x_j}(a) := \frac{\partial \frac{\partial f}{\partial x_j}}{\partial x_k}(a)$$

eine partielle Ableitung zweiter Ordnung von f *in* a. *Existiert diese für alle* $a \in X$, *so ist entsprechend die Funktion* $\frac{\partial^2 f}{\partial x_k \partial x_j}$ *auf* X *kanonisch definiert.*

Statt $\frac{\partial^2 f}{\partial x_j \partial x_j}$ *schreiben wir auch* $\frac{\partial^2 f}{\partial x_j^2}$.

Bemerkung: Wir verzichten auf die formale Definition von Ableitungen höherer Ordnung als 2, da die Vorgehensweise und die Bezeichnungen aus der vorangegangenen Definition klar ist.

Hängt der Wert einer partiellen Ableitung zweiter Ordnung von der Differentiationsreihenfolge ab? Es ist eigentlich nicht zu sehen, was die in verschiedener Reihenfolge gewonnenen Ableitungen gemeinsam haben sollen, und im allgemeinen ist das Ergebnis auch von der Reihenfolge der Ableitungen abhängig, wie das folgende Beispiel zeigt:

Beispiel: Es sei $f : \mathbb{R}^2 \to \mathbb{R}$ gegeben durch

$$f(x,y) := \begin{cases} xy\frac{x^2-y^2}{x^2+y^2} & \text{für} \quad (x,y) \neq (0,0) \\ 0 & \text{für} \quad (x,y) = (0,0) \end{cases}.$$

Hier gilt, wie man leicht bestätigt:

$$\frac{\partial^2 f}{\partial x \partial y}(0,0) = 1 \neq -1 = \frac{\partial^2 f}{\partial y \partial x}(0,0).$$

Umso erstaunlicher ist deshalb das folgende Resultat.

Satz 20.1 (Schwarz) *Es sei* X *eine offene Menge im* $\mathbb{R}^N$ *und* $f : X \to \mathbb{R}$ *eine Funktion, deren sämtliche partielle Ableitungen bis zur Ordnung* k *einschließlich existieren und auf* X *stetig sind (dafür vereinbaren wir wie im eindimensionalen Fall die Schreibweise* $f \in C^k(X)$*). Dann sind die Werte der partiellen Ableitungen bis zur Ordnung* k *einschließlich unabhängig von der Differentiationsreihenfolge.*

Beweis: Es sei irgendeine partielle Ableitung der Ordnung $m \leq k$ festgehalten. Daraus läßt sich jede andere, die sich davon nur durch die Differentiationsreihenfolge unterscheidet durch sukzessive Vertauschung genau zweier aufeinanderfolgender Differentiationen erhalten. Auf den (nicht schweren induktiven) Beweis verzichten wir und machen dies nur an folgendem Beispiel deutlich, das wir in Kurzschreibweise notieren, deren Bedeutung klar sein dürfte:

$$\frac{\partial^5 f}{\partial x_1 \partial x_3 \partial x_2 \partial x_1^2} \leftrightarrow \frac{\partial^5 f}{\partial x_1 \partial x_3 \partial \partial x_1 x_2 \partial x_1} \leftrightarrow \frac{\partial^5 f}{\partial x_1^2 \partial x_3 \partial x_1 \partial x_2} \leftrightarrow \frac{\partial^5 f}{\partial x_1^3 \partial x_3 \partial x_2} \leftrightarrow \frac{\partial^5 f}{\partial x_1^3 \partial x_2 \partial x_3}$$

Für den Beweis des Satzes von Schwarz heißt dies, daß nur der Fall $N = 2$ und $k = 2$ explizit nachgeprüft werden braucht. Die Variablen notieren wir (wie meist im zweidimensionalen Fall) als x und y. Ein Punkt $(a, b) \in X$ sei gewählt. Der Beweis ist lediglich eine konsequente Anwendung des 1. Mittelwertsatzes der Differentialrechnung.

Wir betrachten die für alle hinreichend nahe 0 gelegenen $r, s \in \mathbb{R}$ definierte Hilfsfunktion

$$g_r(s) := f(a + r, b + s) - f(a, b + s)$$

und stellen unter Verwendung des 1. Mittelwertsatzes der Differentialrechnung fest

$$g_r(s) - g_r(0) = s \cdot g_r'(s\vartheta) = s \cdot \left(\frac{\partial f}{\partial y}(a + r, b + s\vartheta) - \frac{\partial f}{\partial y}(a, b + s\vartheta)\right) \tag{20.1}$$

mit einem geeigneten $\vartheta \in]0, 1[$.

Analog gilt mit der Hilfsfunktion $h_s(r) := f(a + r, b + s) - f(a + r, b)$:

$$h_s(r) - h_s(0) = r \cdot h_s'(r\delta) = r \cdot \left(\frac{\partial f}{\partial x}(a + r\delta, b + s) - \frac{\partial f}{\partial x}(a + r\delta, b)\right) \tag{20.2}$$

mit einem geeigneten $\delta \in]0, 1[$.

Also ist (nach Gleichung (20.1) und erneuter Anwendung des Mittelwertsatzes)

$$\frac{1}{rs}\left(f(a + r, b + s) - f(a + r, b) - f(a, b + s) + f(a, b)\right)$$

$$= \frac{1}{r}\left(\frac{\partial f}{\partial y}(a + r, b + s\vartheta) - \frac{\partial f}{\partial y}(a, b + s\vartheta\right) = \frac{\partial^2 f}{\partial x \partial y}(a + r\xi, b + s\vartheta).$$

Genauso erhalten wir (nach Gleichung (20.2) und dem Mittelwertsatz)

$$\frac{1}{rs}\left(f(a + r, b + s) - f(a - r, b) - f(a, b + s) + f(a, b)\right)$$

$$= \frac{1}{s}\left(\frac{\partial f}{\partial x}(a + r\delta, b + s) - \frac{\partial f}{\partial y}(a + r\delta, b\right) = \frac{\partial^2 f}{\partial x \partial y}(a + r\delta, b + s\zeta)$$

für passende $\xi, \zeta \in]0, 1[$.

Der Grenzübergang $r, s \to 0$ zeigt die Behauptung

$$\frac{\partial^2 f}{\partial x \partial y}(a,b) = \frac{\partial^2 f}{\partial y \partial x}(a,b).$$

□

Beispiel: Die bereits auf Seite 163 diskutierte Funktion (die in $(0,0)$ nicht stetig ist, aber sich auf jeder Geraden stetig verhält) ist überall (auch in $(0,0)$) partiell sowohl nach x wie nach y differenzierbar. Dieses zeigt, daß die partielle Differenzierbarkeit eine recht schwache Eigenschaft ist, die im Mehrdimensionalen nicht die Rolle der eindimensionalen Differenzierbarkeit übernehmen kann.

21 Totale Differenzierbarkeit

Auch in diesem Kapitel bezeichnet N, L stets ein vorgegebenes Paar natürlicher Zahlen.
Wie im Fall von Funktionen $g : \mathbb{R} \to \mathbb{R}$ soll ein aussagekräftiger Differenzierbarkeitsbegriff dadurch gewonnen werden, daß eine Funktion $f : \mathbb{R}^N \to \mathbb{R}^L$ lokal (in Umgebungen eines Punktes x_0) durch eine Funktion ersetzt wird, die einer Geraden $G(t) = g(t_0) + \alpha(t - t_0)$ durch den Punkt $(t_0, g(t_0))$ im eindimensionalen Fall entspricht. Dies sind die affinen Abbildungen (Ebenen), also lineare Abbildungen mit einer Translation, die wir in der Form schreiben können

$$y(x) = f(x_0) + A \cdot (x - x_0) \tag{21.1}$$

mit einer $L \times N$-Matrix A aus reellen Koeffizienten, (kurz als reelle (L, N)-Matrix bezeichnet):

$$A = \begin{pmatrix} a_{11} & a_{12} \cdots a_{1N} \\ a_{21} & a_{22} \cdots a_{2N} \\ \cdots & \cdots\cdots\cdots \\ a_{L1} & a_{L2} \cdots a_{LN} \end{pmatrix}.$$

Die Multiplikation $\cdot$ in (21.1) ist die von Matrizen, so daß $A \cdot (x - x_0)$ derjenige Vektor aus dem $\mathbb{R}^L$ ist, dessen j-te Komponente gleich dem Skalarprodukt aus der j-ten Zeile von A mit dem Vektor $x - x_0$ ist.
Damit kommen wir zu der grundlegenden

Definition 21.1 *Es sei X eine offene Teilmenge des $\mathbb{R}^N$ und $f : X \to \mathbb{R}^L$ eine Funktion. Dann heißt f im Punkt $x_0 \in X$ total differenzierbar, wenn eine reelle (L, N)-Matrix A und eine Funktion $r : X \to \mathbb{R}^L$ existiert mit*

1. $f(x) = f(x_0) + A \cdot (x - x_0) + r(x)$ *für alle* $x \in X$,
2. $\lim\limits_{\substack{x \to a \\ x \neq a}} \dfrac{r(x)}{|x - a|} = (0, \ldots, 0)$.

Bemerkungen: 1. Die Ebene $y = f(x_0) + A(x - x_0)$ heißt dann Tangentialebene für f in x_0 und liefert eine „lineare Approximation“ von f dicht an x_0.

2. Im Fall der totalen Differenzierbarkeit approximiert keine andere Ebene f nahe x_0 besser als diese Tangentialebene.

3. Aus der totalen Differenzierbarkeit in x_0 folgt die Stetigkeit in x_0.

4. Eine Version der vorstehenden Definition mittels eines Differenzenquotienten existiert i.a. nicht (da das Teilen durch einen Vektor keinen Sinn macht).

Nun wenden wir uns der naheliegenden Frage zu, wie im Fall der totalen Differenzierbarkeit die Matrix A beschaffen ist.

Satz 21.1 *Es sei $X \subset \mathbf{R}^N$ offen und $f = (f_1, \cdots, f_L)$ im Punkt $x_0 \in X$ total differenzierbar. Dann existieren sämtliche partiellen Ableitungen*

$$\frac{\partial f_\ell}{\partial x_n}(x_0) \quad (n = 1, \ldots, N,\ \ell = 1, \ldots, L)$$

und für die Matrix A aus Definition 21.1 gilt

$$A = \begin{pmatrix} \frac{\partial f_1}{\partial x_1}(x_0) & \frac{\partial f_1}{\partial x_2}(x_0) \cdots \frac{\partial f_1}{\partial x_N}(x_0) \\ \frac{\partial f_2}{\partial x_1}(x_0) & \frac{\partial f_2}{\partial x_2}(x_0) \cdots \frac{\partial f_2}{\partial x_N}(x_0) \\ \cdots & \cdots \quad \cdots \quad \cdots \\ \frac{\partial f_L}{\partial x_1}(x_0) & \frac{\partial f_L}{\partial x_2}(x_0) \cdots \frac{\partial f_L}{\partial x_N}(x_0) \end{pmatrix}.$$

Schreibweise: Für die vorstehende Matrix A schreiben für kurz $Jf(x_0)$, $\frac{df}{dx}(x_0)$ oder auch wieder $f'(x_0)$ und nennen sie die Funktionalmatrix oder Jacobimatrix von f in x_0. Im Spezialfall $L = 1$ reduziert sich $f'(x_0)$ auf einen (Zeilen-)Vektor, den wir dann den Gradienten von f in x_0 nennen und mit $grad\, f(x_0)$ bezeichnen.

Beweis zum Satz 21.1: Es bezeichne e_m den m-ten kanonischen (Spalten-)Einheitsvektor im $\mathbf{R}^N$, also den Spaltenvektor, der außer Nullen nur eine 1, diese an der m-ten Stelle, enthält.
Die Matrix A setzen wir mit zunächst unbestimmten Koeffizienten $a_{\ell n}$ (wie oben) an. Der n-te Spaltenvektor von A sei mit A_n bezeichnet. Da f in x_0 total differenzierbar angenommen wird, erhalten wir mit $x = x_0 + te_n$ $(t \in \mathbf{R})$ die Beziehung

$$f(x_0 + te_n) = f(x_0) + A \cdot (te_n) + r(x_0 + te_n) = f(x_0) + tA_n + r(x_0 + te_n).$$

Für die Komponentenfunktionen f_ℓ bzw. r_ℓ von f bzw. r bedeutet das

$$f_\ell(x_0 + te_n) = f_\ell(x_0) + ta_{\ell n} + r_\ell(x_0 + te_n)$$

und damit haben wir erhalten

$$\frac{f_\ell(x_0 + te_n) - f_\ell(x_0)}{t} = a_{\ell n} + \frac{r_\ell(x_0 + te_n)}{t}.$$

Nach Voraussetzung gilt

$$\lim_{t \to 0} \frac{r_\ell(x_0 + te_n)}{t} = \lim_{t \to 0} \frac{r_\ell(x_0 + te_n)}{|x_0 + te_n - x_0|} = 0$$

und daraus ersehen wir, daß auch der Grenzwert von $\frac{f_\ell(x_0 + te_n) - f_\ell(x_0)}{t}$, also die partielle Ableitung $\frac{\partial f_\ell}{\partial x_n}(x_0)$ existiert und gleich $a_{\ell n}$ ist. □

Die Umkehrung dieses Satzes gilt nicht, wie das Beispiel einer partiell differenzierbaren, aber nicht stetigen Funktion zeigt. Aus der Kenntnis der partiellen Ableitung kann dann aber auf die totale Differenzierbarkeit geschlossen werden, wenn mehr verlangt wird.

Satz 21.2 *Die Funktion $f : X \to \mathbf{R}^L$ besitze auf der offenen Menge $X \subset \mathbf{R}^N$ stetige partielle Ableitungen $\frac{\partial f_\ell}{\partial x_n}$ $(n = 1, \ldots, N,\ \ell = 1, \ldots L)$. Dann ist f auf X (in jedem Punkt von X) total differenzierbar.*

Dem Beweis stellen wir einen Hilfssatz vom Typ des Satzes von Taylor voran.

Hilfssatz 21.1 *Es sei $g : X \to \mathbf{R}$ auf der offenen Menge $X \subset \mathbf{R}^N$ partiell differenzierbar und $x_0 \in X$. Ausgehend von dem Vektor $h = (\lambda_1, \ldots, \lambda_N) \in \mathbf{R}^N$ bilden wir für $n = 1, \ldots, N$ die Vektoren $h_n := (\lambda_1, \ldots, \lambda_n, 0 \ldots, 0)$ und setzen außerdem $h_0 := (0, \ldots, 0) =: 0$ (wenn aus dem Zusammenhang ersichtlich ist, daß es sich um den Nullvektor handelt).*

Liegen die Verbindungsstrecken S_n der Punkte $x_0 + h_{n-1}$ und $x_0 + h_n$ ganz in X für jedes $n \in \{1, \ldots, N\}$, so existieren Punkte $\xi_n \in S_n$ mit

$$g(x_0 + h) = g(x_0) + \sum_{n=1}^{N} \lambda_n \frac{\partial g}{\partial x_n}(\xi_n).$$

Beweis des Hilfssatzes: Wir führen die Behauptung auf den 1. Mittelwertsatz der Differentialrechnung zurück:

$$\begin{aligned} g(x_0 + h) - g(x_0) &= \sum_{n=1}^{N} g(x_0 + h_n) - g(x_0 + h_{n-1}) \\ &= \sum_{n=1}^{N} \lambda_n \frac{g(x_0 + h_n) - g(x_0 + h_{n-1})}{\lambda_n} = \sum_{n=1}^{N} \lambda_n \frac{\partial g}{\partial x_n}(\xi_n) \end{aligned}$$

mit geeigneten $\xi_n \in S_n$. □

Beweis zum Satz 21.2: Es sei ein Punkt $x_0 \in X$ und ein Vektor h wie im Hilfssatz ausgewählt. Wir setzen für

$$r(x) = (r_1, \ldots, r_L)(x) := f(x) - f(x_0) - Jf(x_0) \cdot (x - x_0) \quad (x \in X)$$

mit der (wie oben beschrieben) aus den partiellen Ableitungen aufgebauten Funktionalmatrix von f im Punkt x_0.
Wegen der Offenheit von X ist die Voraussetzung $S_n \subset X$ $(n = 1, \ldots, N)$ für alle h mit hinreichend kleinem Betrag erfüllt. Wir erhalten dann aus Hilfssatz 21.1 für beliebiges $\ell \in \{1, \ldots, L\}$ und solche h die Darstellung

$$r_\ell(x_0 + h) = f_\ell(x_0 + h) - f_\ell(x_0) - grad\, f_\ell(x_0) \cdot h = \sum_{n=1}^{N} \lambda_n \left(\frac{\partial f_\ell}{\partial x_n}(\xi_n) - \frac{\partial f_\ell}{\partial x_n}(x_0) \right).$$

Daher gilt die Abschätzung

$$\frac{|r_\ell(x_0+h)|}{|h|} \le \sum_{n=1}^{N} \frac{|\lambda_n|}{|h|} \left| \frac{\partial f_\ell}{\partial x_n}(\xi_n) - \frac{\partial f_\ell}{\partial x_n}(x_0) \right| \le \sum_{n=1}^{N} \left| \frac{\partial f_\ell}{\partial x_n}(\xi_n) - \frac{\partial f_\ell}{\partial x_n}(x_0) \right|.$$

Aufgrund der angenommenen Stetigkeit der partiellen Ableitungen strebt der letzte Ausdruck für $h \to 0$ gegen Null. Also gilt auch $\lim\limits_{h\to 0} \frac{r(x_0+h)}{|h|} \to 0$ für $h \to 0$ und die totale Differenzierbarkeit von f in x_0 (und damit auf X) ist gezeigt. □

Der Beweis der im folgenden Satz angeführten Rechenregeln möge der Übung dienen.

Satz 21.3 *Sind die Funktionen $f, g : X \to \mathbb{R}^L$ total differenzierbar in $x_0 \in X$, dann sind auch $f+g$ und λf ($\lambda \in \mathbb{R}$) in x_0 total differenzierbar, und es gilt*

$$\frac{d(f+g)}{dx}(x_0) = \frac{df}{dx}(x_0) + \frac{dg}{dx}(x_0) \quad \textit{sowie} \quad \frac{d(\lambda f)}{dx}(x_0) = \lambda \frac{df}{dx}(x_0).$$

Satz 21.4 (Kettenregel) *Es seien $X \subset \mathbb{R}^N$ und $Y \subset \mathbb{R}^L$ offene Mengen und die Abbildungen $f : X \to Y$ und $g : Y \to \mathbb{R}^K$ seien differenzierbar im Punkt $x_0 \in X$ bzw. $y_0 = f(x_0)$. Dann ist auch die Hintereinanderausführung $g \circ f$ in x_0 differenzierbar, und es gilt*

$$(g \circ f)'(x_0) = g'(y_0) \cdot f'(x_0).$$

Bemerkung: Die Kettenregel läßt sich also auch im Mehrdimensionalen so schreiben, wie man es von einer Veränderlichen her kennt. Es ist aber zu beachten, daß hier die Reihenfolge der Faktoren nicht beliebig ist, da es sich um die Multiplikation von Matrizen handelt, die bekanntlich nicht kommutativ ist.

Dem Beweis stellen wir einen Hilfssatz voran, der seiner Aussage nach in die Lineare Algebra gehört.

Hilfssatz 21.2 *Zu jeder reellen (L, N)-Matrix A existiert eine Zahl $\alpha \ge 0$ so, daß für alle $x \in \mathbb{R}^N$ die Abschätzung $|A \cdot x| \le \alpha |x|$ gilt.*

Beweis: Die durch $f(x) = A \cdot x$ vermittelte Abbildung $f : \mathbb{R}^N \to \mathbb{R}^L$ ist offenbar stetig (ausschreiben und Satz 18.2 anwenden). Die Sphäre $S^{N-1} := \{\zeta \in \mathbb{R}^N \,|\, |\zeta| = 1\}$ ist nach Satz 17.6 kompakt. Also ist nach Satz 18.3 die Bildmenge $f[S^{N-1}]$ ebenfalls kompakt und somit beschränkt.
Sei α eine Schranke für die Werte $|f(\zeta)|$ ($\zeta \in S^{N-1}$). Dann folgt wegen $\frac{x}{|x|} \in S^{N-1}$:

$$|A \cdot x| = \left| A \cdot \frac{x}{|x|} |x| \right| = \left| A \cdot \frac{x}{|x|} \right| |x| \le \alpha |x|.$$

□

Beweis der Kettenregel: Aufgrund der Voraussetzungen an f und g haben wir Darstellungen $(x \in X)$, $(y \in Y)$

$$f(x) = f(x_0) + f'(x_0)(x - x_0) + r(x) \text{ mit } \frac{r(x)}{|x - x_0|} \overset{x \to x_0}{\longrightarrow} 0$$

sowie

$$g(y) = g(y_0) + g'(y_0)(y - y_0) + R(y) \text{ mit } \frac{R(y)}{|y - y_0|} \overset{y \to y_0}{\longrightarrow} 0.$$

Also ist unter Beachtung von $y_0 = f(x_0)$ und der Assoziativität der Matrizenmultiplikation

$$\begin{aligned} g(f(x)) &= g(f(x_0)) + g'(f(x_0)(f'(x_0)(x - x_0)) + \underbrace{g'(f(x_0) \cdot r(x)) + R(f(x))}_{=:\rho(x)} \\ &= g(f(x_0)) + (g'(f(x_0))f'(x_0))(x - x_0) + \rho(x). \end{aligned}$$

Die Behauptung ist also dann gezeigt, wenn $\dfrac{\rho(x)}{|x - x_0|} \to 0$ für $x \to x_0$ geschlossen werden kann. Nun erhalten wir

$$\begin{aligned} \lim_{x \to x_0} \frac{\rho(x)}{|x - x_0|} &= \lim_{x \to x_0} \frac{g'(f(x_0) \cdot r(x)) + R(f(x))}{|x - x_0|} \\ &= \lim_{x \to x_0} \frac{g'(f(x_0) \cdot r(x))}{|x - x_0|} + \lim_{x \to x_0} \frac{R(f(x))}{|x - x_0|} \\ &= g'(f(x_0)) \lim_{x \to x_0} \frac{r(x)}{|x - x_0|} + \lim_{x \to x_0} \frac{R(f(x))}{|f(x) - f(x_0)|} \frac{|f(x) - f(x_0)|}{|x - x_0|} \\ &= \lim_{x \to x_0} \frac{R(f(x))}{|f(x) - f(x_0)|} \frac{|f'(x_0)(x - x_0) + r(x)|}{|x - x_0|} \\ &= \lim_{x \to x_0} \frac{R(f(x))}{|f(x) - f(x_0)|} \frac{|f'(x_0)(x - x_0)|}{|x - x_0|} = \lim_{x \to x_0} \frac{R(f(x))}{|f(x) - f(x_0)|} \left| f'(x_0) \frac{x - x_0}{|x - x_0|} \right|. \end{aligned}$$

Da der Ausdruck links für $x \to x_0$ gegen Null strebt und der zweite nach dem Hilfssatz beschränkt bleibt, folgt die Kettenregel. □

Zum Schluß dieses Kapitels notieren wir noch die ähnlich zu beweisende

Satz 21.5 (Produktregel) *Es sei $X \subset \mathbb{R}^N$ offen und $f, g : X \to \mathbb{R}$ seien im Punkt $x_0 \in X$ differenzierbare Funktionen. Dann ist auch $f \cdot g$ in x_0 differenzierbar, und es gilt*

$$grad\,(f \cdot g)(x_0) = f(x_0) \cdot grad\,g(x_0) + grad\,f(x_0) \cdot g(x_0).$$

Die Produktregel läßt sich entsprechend auf $L > 1$ und auch auf andere Produktbildungen, wie etwa das „Kreuzprodukt“ im $\mathbb{R}^3$ ausdehnen, was hier aber nicht weiter verfolgt werden soll.

22 Richtungsableitungen

Definition 22.1 *Auf der offenen Menge $X \subset \mathbf{R}^N$ sei die Funktion $f : X \to \mathbf{R}$ erklärt. Weiter sei ein Punkt $x_0 \in X$ und ein Vektor $v \in \mathbf{R}^N$ mit $|v| = 1$ gegeben. Falls der Grenzwert*

$$\frac{\partial f}{\partial v}(x_0) := \lim_{t \to 0} \frac{f(x_0 + tv) - f(x_0)}{t}$$

existiert, so heißt er die Ableitung von f in Richtung v.

Bemerkung: Mit den kanonischen Einheitsvektoren $e_n = (0, \ldots 0, 1, 0, \ldots, 0)$ wie im Beweis von Satz 21.1 gilt

$$\frac{\partial f}{\partial e_n}(x_0) = \frac{\partial f}{\partial x_n}(x_0).$$

Zur Bildung der Ableitung in Richtung v betrachten wir nur die Werte der Funktion längs der Geraden $x_0 + tv$ und ermitteln den Wert der Ableitung der so erhaltenen Funktion $\mathbf{R} \to \mathbf{R}$ im Punkt $t = 0$, der x_0 entspricht.
Ließe man für v Vektoren zu, die nicht notwendig die Länge 1 besitzen, so käme das für die auf die Gerade eingeschränkte Funktion einer Stauchung oder Streckung der t–Achse gleich, was offenbar nicht sinnvoll ist.
Aus der Kettenregel folgt:

Satz 22.1 *Mit den Bezeichnungen der vorstehenden Definition gilt: ist f in x_0 total differenzierbar, so existiert die Richtungsableitung $\frac{\partial f}{\partial v}(x_0)$ für jeden Einheitsvektor $v \in \mathbf{R}^N$, und es gilt*

$$\frac{\partial f}{\partial v}(x_0) = \mathit{grad}\, f(x_0) \cdot v.$$

Satz 22.2 *Es sei $x \subset \mathbf{R}^N$ eine offene Menge und die Funktion $f : X \to \mathbf{R}$ sei in $x_0 \in X$ total differenzierbar und $\mathit{grad}\, f(x_0) \neq 0$. Dann existiert eine für alle v vom Betrag 1 maximale Richtungsableitung, und diese wird genau für $v = \frac{\mathit{grad}\, f(x_0)}{|f(x_0)|}$ angenommen.*

Beweis: Aus der Linearen Algebra ist bekannt, daß das Skalarprodukt zweier Vektoren x, y im $\mathbf{R}^N$ auch geschrieben werden kann in der Form

$$x \cdot y = |x||y| \cos \alpha,$$

wobei $\alpha = \alpha(x, y)$ den Winkel zwischen den Vektoren bezeichnet. Aus dem vorstehenden Satz ergibt sich demnach

$$\frac{\partial f}{\partial v}(x_0) = grad\, f \cdot v = |grad\, f(x_0)||v| \cos\alpha = |grad\, f(x_0)| \cos\alpha \leq |grad\, f(x_0)|,$$

wobei Gleichheit genau für $\cos\alpha = 1$, also für $\alpha = 0$, eintritt. Der Winkel zwischen dem Gradienten und v ist genau dann 0, wenn v in Richtung des Gradienten zeigt. □

Bemerkung: Der vorstehende Satz macht eine interessante Aussage über die geometrische Bedeutung des Gradienten: ist er ungleich dem Nullvektor, so zeigt er stets in Richtung des lokal stärksten Anstiegs der Funktion f. Entsprechend zeigt $-grad\, f$ die Richtung des stärksten Gefälles an.

23 Der Satz von Taylor für mehrere Veränderliche

Es sei $X \subset \mathbf{R}^N$ eine offene Menge und die Funktion $f : X \to \mathbf{R}$ sei $(n+1)$-mal stetig differenzierbar angenommen. Außerdem seien zwei Punkte $a, a+h \in X$ so vorgegeben, daß die Verbindungsstrecke dieser beiden Punkte ganz zu X gehört.
Das Verhalten von f auf der Verbindungsstrecke wird dann durch die Funktion

$$\varphi : [0,1] \to \mathbf{R}, \quad \varphi(t) := f(a+th)$$

ausgedrückt, die ebenfalls $(n+1)$-mal stetig differenzierbar ist. Auf diese können wir die Taylorformel im $\mathbf{R}^1$ (Satz 11.1) anwenden und erhalten

$$\varphi(1) = \sum_{k=0}^{n} \frac{\varphi^{(k)}(0)}{k!} + \frac{\varphi^{(n+1)}(\vartheta)}{(n+1)!} \tag{23.1}$$

mit einem $\vartheta \in]0,1[$.
Nun ist nach der Kettenregel mit $h = (h_1, \ldots, h_N)$

$$\varphi'(t) = grad\, f(a+th) \cdot h = \sum_{\nu=1}^{N} \frac{\partial f}{\partial x_\nu}(a+th) \cdot h_\nu,$$

daher

$$\varphi''(t) = \sum_{\nu=1}^{N} \left(grad \frac{\partial f}{\partial x_\nu}(a+th) \right) \cdot h \cdot h_\nu = \sum_{\nu=1}^{N} \sum_{\mu=1}^{N} \frac{\partial^2 f}{\partial x_\mu \partial x_\nu}(a+th) h_\mu h_\nu$$

und so weiter, allgemein für $k \leq n+1$:

$$\varphi^{(k)}(t) = \sum_{\nu_1=1}^{N} \sum_{\nu_2=1}^{N} \cdots \sum_{\nu_k=1}^{N} \frac{\partial^k f}{\partial x_{\nu_k} \cdots \partial x_{\nu_2} \partial x_{\nu_1}}(a+th) h_{\nu_k} \cdots h_{\nu_2} h_{\nu_1}.$$

Wegen $\varphi(1) = f(a+h)$ und $\varphi(0) = f(a)$ haben wir durch Einsetzen in (23.1) schon den Beweis für den folgenden Satz erbracht.

Satz 23.1 (Taylor) *Es sei $X \subset \mathbf{R}^N$ eine offene Menge und $a, a+h \in X$ so gegeben, daß die Verbindungsstrecke dieser beiden Punkte in X enthalten ist.*
Außerdem sei $f : X \to \mathbf{R}$ eine $(n+1)$-mal stetig differenzierbare Funktion auf X.
Dann existiert ein $\vartheta \in [0,1]$ mit

$$f(a+h) = f(a) + \sum_{k=1}^{n} \sum_{\nu_1=1}^{N} \sum_{\nu_2=1}^{N} \cdots \sum_{\nu_k=1}^{N} \frac{\partial^k f}{\partial x_{\nu_k} \cdots \partial x_{\nu_2} \partial x_{\nu_1}}(a) \frac{h_{\nu_k} \cdots h_{\nu_2} h_{\nu_1}}{k!}$$
$$+ \sum_{\nu_1=1}^{N} \sum_{\nu_2=1}^{N} \cdots \sum_{\nu_k=1}^{N} \frac{\partial^{(n+1)} f}{\partial x_{\nu_{n+1}} \cdots \partial x_{\nu_2} \partial x_{\nu_1}}(a+\vartheta h) \frac{h_{\nu_{n+1}} \cdots h_{\nu_2} h_{\nu_1}}{(n+1)!}.$$

Bemerkung: Für jede $N \times N$-Matrix $A = (a_{\ell m})_{\substack{\ell=1,\ldots,N \\ m=1,\ldots,N}}$ gilt

$$(h_1, \ldots, h_N) \cdot \begin{pmatrix} a_{11} \cdots a_{1N} \\ \cdot \; \cdots \; \cdot \\ \cdot \; \cdots \; \cdot \\ \cdot \; \cdots \; \cdot \\ a_{N1} \cdots a_{NN} \end{pmatrix} \cdot \begin{pmatrix} h_1 \\ \cdot \\ \cdot \\ \cdot \\ h_N \end{pmatrix} = \sum_{\ell=1}^{N} \sum_{m=1}^{N} a_{\ell m} h_m h_\ell,$$

wie man durch Ausführen der Matrizenmultiplikation sofort bestätigt. Deshalb können wir im Fall $n = 1$ der Taylorformel ein gefälligeres Aussehen wie folgt geben.

Die sogenannte Hesse-Matrix von f enthält die partiellen Ableitungen zweiter Ordnung von f

$$Hf := \begin{pmatrix} \frac{\partial^2 f}{\partial x_1 \partial x_1} \cdots \frac{\partial^2 f}{\partial x_N \partial x_1} \\ \cdot \; \cdots \; \cdot \\ \cdot \; \cdots \; \cdot \\ \cdot \; \cdots \; \cdot \\ \frac{\partial^2 f}{\partial x_1 \partial x_N} \cdots \frac{\partial^2 f}{\partial x_N \partial x_N} \end{pmatrix}.$$

Im Fall $n = 1$ ist $f \in \mathcal{C}^2(X)$ vorausgesetzt. Nach dem Satz von Schwarz ist die Hesse-Matrix also symmetrisch. Demnach haben wir im Fall $n = 1$ für alle hinreichend nahe dem Nullpunkt gelegenen h (mit h^T ist h als Zeilenvektor gemeint, sonst als Spaltenvektor) und einem $\vartheta = \vartheta(h) \in]-1, 1[$ die Darstellung

$$f(a+h) = f(a) + grad\, f(a) \cdot h + \frac{1}{2} h^T \cdot Hf(a + \vartheta h) \cdot h.$$

Diese Gleichung wird es uns im übernächsten Kapitel ermöglichen, unter bestimmten Gegebenheiten auf lokale Extremwerte schließen zu können.

24 Quadratische Formen

In diesem Kapitel geht es um einen Gegenstand der Linearen Algebra, der für das Verständnis der folgenden Resultate zu lokalen Extremwerten unerläßlich ist.

Die erforderlichen Ergebnisse sollen hier ohne Beweis referiert werden. Wer diese Dinge nicht schon aus einer Lehrveranstaltung zur Linearen Algebra kennt und die Beweise kennenlernen möchte, findet sie zum Beispiel in [3].

Definition 24.1 *Es sei* $A = (a_{\ell m})_{\substack{\ell=1,\dots,N \\ m=1,\dots,N}}$ *eine reelle* $N \times N$*-Matrix und* $x \in \mathbf{R}^N$ *ein Spaltenvektor* (x^T *der entsprechende Zeilenvektor). Dann ist durch* $Q(x) := x^T \cdot A \cdot x$ *eine Abbildung* $Q : \mathbf{R}^N \to \mathbf{R}$ *gegeben, die wir als die von* A *erzeugte quadratische Form bezeichnen. Es gilt mit* $x = (x_1, \dots, x_N)$ *die Darstellung*

$$Q(x) = \sum_{\ell=1}^{N} \sum_{m=1}^{N} a_{\ell m} x_\ell x_m.$$

Das mögliche Werteverhalten quadratischer Formen zeigen die folgenden Beispiele im Fall $N = 2$ (wobei für $(x_1, \dots, x_N)$ kurz (x, y) notiert werde):

Beispiele: 1. Zur Matrix $A = \begin{pmatrix} 1 & 0 \\ 0 & 1 \end{pmatrix}$ gehört die quadratische Form $Q(x, y) = x^2 + y^2$.
Es gilt $Q(x, y) > 0$ für alle $(x, y) \neq (0, 0)$.

2. Die Matrix $A = \begin{pmatrix} 1 & 2 \\ 0 & 1 \end{pmatrix}$ erzeugt $Q(x, y) = x^2 + 2xy + y^2$.
Es gilt $Q(x, y) \geq 0$ und $Q(x, -x) = 0$ für alle $x, y \in \mathbf{R}$.

3. Zu $A = \begin{pmatrix} 1 & 0 \\ 0 & -1 \end{pmatrix}$ gehört $Q(x, y) = x^2 - y^2$.
Hier nimmt $Q(x, y)$ sowohl positive wie negative Werte an.

Definition 24.2 *Es sei* A *eine reelle* $N \times N$*-Matrix und* Q *die zugehörige quadratische Form. Die Matrix* A *heißt*

(a) *positiv definit, falls* $Q(x) > 0$ *gilt für alle* $x \in \mathbf{R}^N \setminus \{0\}$;

(b) *negativ definit, falls* $Q(x) < 0$ *gilt für alle* $x \in \mathbf{R}^N \setminus \{0\}$;

(c) *indefinit, falls sowohl ein* $x \in \mathbf{R}^N$ *existiert mit* $Q(x) > 0$ *wie auch eines mit* $Q(x) < 0$.

Bemerkung: : Die drei Möglichkeiten der positiven bzw. negativen Definitheit sowie der Indefinitheit stellen keine vollständige Fallunterscheidung dar. Das 2. Beispiel gehört zu keiner dieser drei Kategorien.

Mit Hilfe von Determinanten läßt sich die Frage nach der positiven oder negativen Definitheit entscheiden.

Satz 24.1 *Es sei* $A = (a_{ij})$ *eine* symmetrische, *reelle* $N \times N$*-Matrix und dazu für* $k = 1, \ldots, N$ *die Zahlen*

$$\Delta_k = \det \begin{pmatrix} a_{11} \cdots a_{1N} \\ \cdot \quad \cdots \quad \cdot \\ \cdot \quad \cdots \quad \cdot \\ \cdot \quad \cdots \quad \cdot \\ a_{N1} \cdots a_{NN} \end{pmatrix}$$

gebildet, die als k*-te Hauptunterdeterminante von* A *bezeichnet seien. Dann gilt*

1. *A ist dann und nur dann positiv definit, wenn $\Delta_k > 0$ für alle $k = 1, \ldots, N$ gilt;*
2. *A ist dann und nur dann negativ definit, wenn $(-1)^k \Delta_k > 0$ für alle $k = 1, \ldots, N$ gilt.*

Im Fall $N = 2$ läßt sich das wie folgt konkretisieren:

Satz 24.2 *Die reelle Matrix* $\begin{pmatrix} a & b \\ b & c \end{pmatrix}$ *ist*

1. *positiv definit* $\Longleftrightarrow a > 0$ *und* $ac - b^2 > 0$,
2. *negativ definit* $\Longleftrightarrow a < 0$ *und* $ac - b^2 > 0$,
3. *indefinit* $\Longleftrightarrow ac - b^2 < 0$.

25 Lokale Extrema

Für Funktionen $f : \mathbf{R}^N \to \mathbf{R}$ ist die Frage nach lokalen Extremwerten sinnvoll und wichtig. Viele aus der Praxis stammenden Probleme laufen auf die Bestimmung von minimalen oder maximalen Werten und der zugehörigen Urbildpunkte hinaus. Bei Vorliegen entsprechender Voraussetzungen kann das Konzept der totalen Differenzierbarkeit hier von sehr großem Nutzen sein.
Die folgende Definition überträgt die zugehörigen Grundbegriffe auf den mehrdimensionalen Fall.

Definition 25.1 *Es sei A eine Teilmenge des $\mathbf{R}^N$, auf der die Funktion $f : A \to \mathbf{R}$ erklärt ist sowie a ein innerer Punkt von A.*
Falls eine Umgebung $U(a)$ existiert mit $f(x) \leq f(a)$ (bzw. $f(x) \geq f(a)$) für alle $x \in U(a)$, so heißt a ein lokales Maximum (bzw. lokales Minimum).
Der Punkt a heißt ein strenges lokales Maximum bzw. ein strenges lokales Minimum, wenn $f(x) \neq f(a)$ in $U(a) \setminus \{a\}$ gilt.
Ein (strenges) lokales Extremum ist ein (strenges) lokales Maximum oder Minimum.

Satz 25.1 *Es sei a ein innerer Punkt der Menge $A \subset \mathbf{R}^N$ und auf dieser eine Funktion $f : A \to \mathbf{R}$ gegeben. Besitzt f in a ein lokales Extremum und existiert $\operatorname{grad} f(a)$, so ist notwendig $\operatorname{grad} f(a) = (0, \ldots, 0)$.*

Beweis: Für jedes $j = 1, \ldots, N$ besitzt die Ausschnittfunktion

$$g_j(t) := f(a_1, \ldots, a_{j-1}, t, a_{j+1}, \ldots, a_N)$$

ein lokales Extremum im Punkt a_j und ist wegen der vorausgesetzten Existenz des Gradienten von f in a im Punkt a_j differenzierbar. Nach Satz 9.7 gilt

$$g_j'(a_j) = 0 = \frac{\partial f}{\partial x_j}(a).$$

□

Die Kandidaten für lokale Extrema sind also die (inneren) Punkte von A, in denen der Gradient von f gleich dem Nullvektor ist. Umgekehrt muß aber ein solcher Punkt nicht tatsächlich auch schon ein lokales Extremum sein (im Fall von Funktionen $\mathbf{R} \to \mathbf{R}$ verhält es sich nicht anders, wie das Beispiel $f(x) = x^3$ zeigt).

Das Vorliegen bestimmter Gegebenheiten der partiellen Ableitungen zweiter Ordnung in solchen Punkten erweist sich als hinreichend für das Vorliegen eines lokalen Extremums.

Satz 25.2 *Die Funktion $f : X \to \mathbf{R}$ sei auf der offenen Menge $X \subset \mathbf{R}^N$ zweimal stetig differenzierbar. Weiter gelte $\operatorname{grad} f(a) = (0, \ldots, 0)$.*

Ist die Hesse-Matrix $Hf(a)$ negativ (bzw. positiv) definit, so ist a ein strenges lokales Maximum (bzw. Minimum) für f.

Ist $Hf(a)$ indefinit, so besitzt f in a kein lokales Extremum.

Beweis: Nach der Bemerkung zu Satz 23.1 existiert zu jedem hinreichend nahe am Nullpunkt gelegenen h ein $\vartheta \in]-1,1[$ mit

$$\begin{aligned} f(a+h) &= f(a) + \operatorname{grad} f(a) \cdot h + \frac{1}{2} h^T \cdot Hf(a+\vartheta h) \cdot h \qquad (25.1) \\ &= f(a) + \frac{1}{2} h^T \cdot Hf(a+\vartheta h) \cdot h \end{aligned}$$

Die Hauptunterdeterminanten Δ_k (s. Satz 24.1) sind stetige Funktionen ihrer Koeffizienten, und es ist $f \in \mathcal{C}^2(X)$ vorausgesetzt. Somit ist die Hesse-Matrix $Hf(a)$ genau dann positiv definit (bzw. negativ definit bzw. indefinit), wenn eine Umgebung $U(a)$ so existiert, daß $Hf(x)$ in jedem Punkt $x \in U(a)$ diese Eigenschaft besitzt. Dies folgt für positive bzw. negative Definitheit unmittelbar aus Satz 24.1 und der Stetigkeit der Hauptunterdeterminanten zur Matrix $Hf(x)$ sowie für Indefinitheit aus der Stetigkeit der Koeffizienten dieser Matrix und der Definition der Indefinitheit.

Also existiert ein $\varepsilon > 0$ so, daß für alle h mit $|h| < \varepsilon$ und $\vartheta = \varepsilon(h)$ wie oben gilt

$$h^T \cdot Hf(a+\vartheta h) \cdot h \begin{cases} < 0 & \text{falls } Hf(a) \text{ negativ definit ist,} \\ > 0 & \text{falls } Hf(a) \text{ positiv definit ist.} \end{cases}$$

Für indefinite Hesse-Matrix $Hf(a)$ kommen in jeder ε-Umgebung von Null für $h^T \cdot Hf(a+\vartheta h) \cdot h$ sowohl strikt positive wie strikt negative Werte vor.

Aus der Gleichung (25.1) folgt nun die Behauptung. □

Im Fall $N = 2$ können wir dem Satz 24.2 noch eine handlichere Form geben.

Satz 25.3 *Es sei $X \subset \mathbf{R}^2$ offen, $f : X \to \mathbf{R}$ in $\mathcal{C}^2(X)$ und ein Punkt $a \in X$ gegeben mit $\operatorname{grad} f(a) = (0,0)$. Weiter gelte*

$$\frac{\partial^2 f}{\partial x^2}(a) \frac{\partial^2 f}{\partial y^2}(a) - \left(\frac{\partial^2 f}{\partial x \partial y}(a) \right)^2 > 0.$$

Dann ist a ein strenges lokales Extremum von f, und zwar ein Maximum, falls $\frac{\partial^2 f}{\partial x^2}(a) < 0$, sonst ein Minimum.

Beispiel: Wir betrachten die Funktion $f(x,y) = x^2 + y^2 - e^{xy}$ auf $X = \mathbb{R}^2$. Gezeigt werden soll

(a) f besitzt genau ein lokales Extremum, und zwar ein strenges lokales Minimum im Nullpunkt.

(b) f besitzt *kein* absolutes Minimum.

Zu (a): Die partiellen Ableitungen errechnen sich zu

$$\frac{\partial f}{\partial x} = 2x - ye^{xy}, \quad \frac{\partial f}{\partial x} = 2y - ye^{xy}$$

Durch Nullsetzen, Multiplikation der ersten Gleichung mit x, der zweiten mit y und anschließende Subtraktion folgt $x^2 = y^2$. Wir unterscheiden drei Fälle:

1. $(x_1, y_1) = (0,0)$.

   Die Ausgangsgleichungen $(grad\, f = (0,0))$ sind erfüllt.

2. $x = y \neq 0$.

   Einsetzen in die Ausgangsgleichungen liefert $2 = \exp(x^2)$. Diese sind also erfüllt für die beiden Punkte $(x_2, y_2) = (\sqrt{\ln 2}, \sqrt{\ln 2})$ und $(x_3, y_3) = (-\sqrt{\ln 2}, -\sqrt{\ln 2})$.

3. $x = -y \neq 0$.

   Dann müßte gelten $-2 = \exp(x^2)$, was nicht möglich ist.

Die drei Punkte sind damit die einzigen Kandidaten für Extrema. Die Hesse-Matrix von f errechnet sich zu

$$Hf(x,y) = \begin{pmatrix} 2 - y^2 e^{xy} & -(1+xy)e^{xy} \\ -(1+xy)e^{xy} & 2 - x^2 e^{xy} \end{pmatrix}$$

und somit ergibt sich $\det Hf(0,0){=}3$ und $\dfrac{\partial^2 f}{\partial x^2}(0,0) = 2$, so daß nach Satz 25.3 ein lokales Minimum in $(x_1, y_1) = (0,0)$ vorliegt.
Weiter erhalten wir $\det Hf(x_2, y_2) = Hf(x_3, y_3) = -16 \ln 2 < 0$, so daß keiner dieser beiden Punkte ein lokales Extremum ist.

Zu (b): Es ist

$$\lim_{t \to \infty} f(\sqrt{t}, \sqrt{t}) = \lim_{t \to \infty} (2t - e^t) = -\infty$$

und die Behauptung ist gezeigt.

Für eine (stetige) Funktion $\mathbb{R} \to \mathbb{R}$ ist ein Verhalten wie im vorstehenden Beispiel nicht möglich, da mit dem Vorhandensein eines lokalen Minimums und der Unbeschränktheit nach unten die Existenz eines lokalen Maximums notwendig ist (Übung). Im Mehrdimensionalen ist aber noch nicht einmal das Auftreten der beiden Sattelpunkte (ein Punkt, über dem sich die Funktion in einer Geradenrichtung wie ein lokales Maximum und in einer anderen wie ein Minimum verhält) $(x_2, y_2), (x_3, y_3)$ des vorstehenden Beispiels für diesen Effekt erforderlich.

Dazu läßt sich das Beispiel $f(x,y) = x^2 + y^2 - e^{xy}$ wie folgt abwandeln.

Wir setzen $F(x,y) := (x, \frac{\arctan y}{2})$ und definieren $g : \mathbb{R}^2 \to \mathbb{R}$ als $g = f \circ F$.
Dann gilt $grad\, g = (0,0)$ nur im Nullpunkt, und dort befindet sich wiederum ein lokales Minimum.
Auch die Eigenschaft der Unbeschränktheit nach unten ist erhalten geblieben, wie die für $y \geq \frac{\pi}{4}$ gültige Abschätzung zeigt:

$$g(x,y) = x^2 + \frac{\arctan^2 y}{4} - \exp(\frac{x \arctan y}{2}) < x^2 + \frac{\pi^2}{16} - \exp(\frac{x}{2}) \overset{x \to +\infty}{\longrightarrow} -\infty.$$

Die Graphen der Funktionen $f(x,y)$ und $g(x,y)$ sind in den beiden folgenden Abbildungen dargestellt.

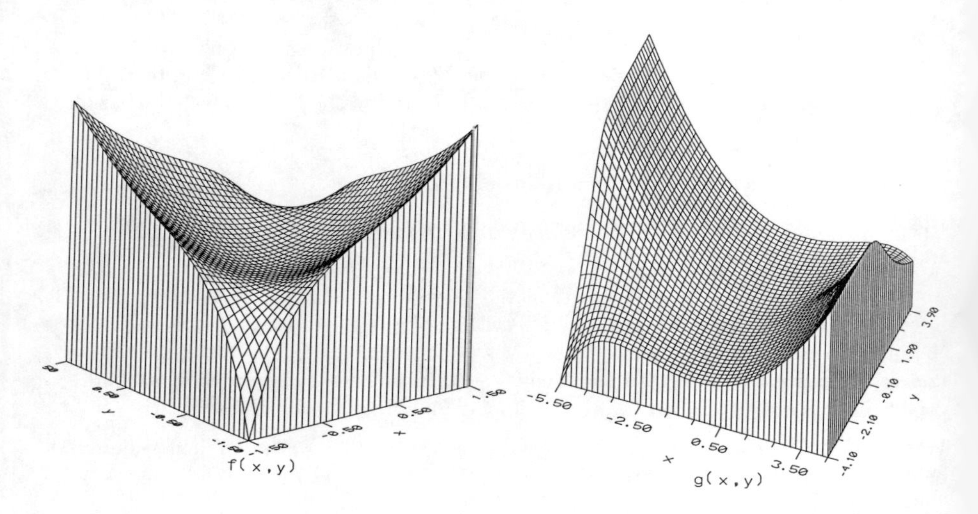

26 Implizite Funktionen

Wir beginnen mit einer Veranschaulichung der Problemstellung, um die es in diesem Kapitel geht.
Die Oberfläche einer Berg- und Tallandschaft werde beschrieben durch den Graphen der Funktion $f : \mathbb{R}^2 \to \mathbb{R}$ (Abbildung links). Die zugehörige Höhenlinienkarte ist

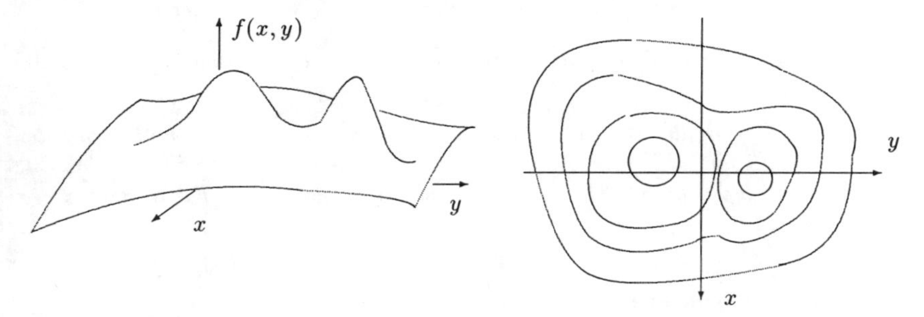

rechts skizziert. Unter einer Höhenlinie verstehen wir dabei die Menge der Punkte $(x, y) \in \mathbb{R}^2$, für die $f(x, y)$ einen bestimmten festen Wert besitzt.

Wenn wir einen Punkt auf einer solchen Höhenlinie auswählen, so läßt sich „meistens" ein achsenparalleles Rechteck so um diesen Punkt legen, daß der im Rechteck befindliche Ausschnitt der Höhenlinie sich als Graph einer dort erklärten Funktion $y = y(x)$ oder $x = x(y)$ auffassen läßt. Das geht in der Zeichnung nur an dem Punkt nicht, in dem sich die Höhenlinien zu den beiden Gipfeln hin verzweigen.

Es soll, allerdings in einem weiter gesteckten Rahmen, die Frage untersucht werden, wann eine solche lokale Darstellung einer „Höhenlinie" als Funktion geeigneter Variablen dargestellt werden kann und welche Information über diese lokalen Darstellungen zu erhalten ist. Ein derartiges „Höhenlinienproblem" tritt immer auf, wenn eine Gleichung mit mehreren Unbekannten gelöst werden soll. Etwa die Frage nach Lösungen der Gleichung $\sin(x + yz) = x - y + \exp(xz)$ wäre beantwortet, wenn man die Höhenlinie $\{(x, y, z) \in \mathbb{R}^3 | f(x, y, z) = 0\}$ zur Funktion $f(x, y, z) = \sin(x+yz) - x + y - \exp(xz)$ kennt.

Wir präzisieren zunächst die Begriffe.

Definition 26.1 *Es sei* $X \subset \mathbb{R}^N, Y \subset \mathbb{R}^L$ *und* $f : X \times Y \to \mathbb{R}^L$, *geschrieben als*

$$f(x,y) = f(x_1, \ldots, x_N, y_1, \ldots, y_L) \quad (x \in X, y \in Y).$$

Ist $U \subset X$ *und* $\varphi : U \to Y$ *eine Funktion mit* $f(x, \varphi(x)) = 0$ *für alle* $x \in U$, *so heißt* φ *auf* U *implizit durch die Gleichung* $f(x,y) = 0$ *gegeben oder eine Lösung dieser Gleichung für* $x \in U$.

Beispiel: Die Gleichung $f(x,y) := x \cdot (x^2 - y) = 0$ wird für $x \in U = \mathbb{R}$ durch die Funktion $y = \varphi(x) := x^2$ gelöst. Natürlich ist hier eine explizite Auflösung der Gleichung möglich, aber z.B. bei $x + y - \exp(xy) = 0$ ist das nicht der Fall.

Wir behandeln zunächst den Spezialfall $L = 1$.

Satz 26.1 *Es seien offene Mengen* $X \subset \mathbb{R}^N$, $Y \subset \mathbb{R}^1$ *gegeben und je ein Punkt* $x_0 \in X, y_0 \in Y$ *gewählt. Weiter sei* $f : X \times Y \to \mathbb{R}$ *eine stetige Funktion mit der Eigenschaft, daß für jedes* $x_1 \in X$ *die Restriktion* $f(x_1, y)$ *in* y *streng monoton ist. Dann existiert eine Umgebung* $U(x_0) \subset \mathbb{R}^N$ *und darauf genau eine Funktion* $\varphi : U \to Y$ *mit*

$$\varphi(x_0) = y_0 \text{ und } f(x, \varphi(x)) = f(x_0, y_0) \qquad (x \in U(x_0)).$$

Diese Funktion φ *ist auf* $U(x_0)$ *stetig.*

Beweis: Es reicht, $f(x_0, y_0) = 0$ anzunehmen, da sonst zu $f(x,y) - f(x_0, y_0)$ übergegangen werden kann.
Wegen der Offenheit von Y finden wir ein $\varepsilon > 0$ so, daß gilt $\{x_0\} \times \overline{U_\varepsilon(y_0)} \subset X \times Y$.
Aufgrund der vorausgesetzten strengen Monotonie gilt dann entweder

$$f(x_0, y_0 - \varepsilon) < 0 = f(x_0, y_0) < f(x_0, y_0 + \varepsilon) \text{ oder}$$

$$f(x_0, y_0 - \varepsilon) > 0 = f(x_0, y_0) > f(x_0, y_0 + \varepsilon).$$

Ohne inhaltliche Einschränkung dürfen wir das erste annehmen (sonst betrachten wir $-f$ statt f).
Wegen der Offenheit von X finden wir ein $\delta > 0$ mit

$$U_{\delta(x_0)} \times \overline{U_\varepsilon(y_0)} \subset X \times Y$$

und (Stetigkeitsargument!) es darf auch gleich

$$f(x, y_0 - \varepsilon) < 0 < f(x, y_0 + \varepsilon) \qquad (x \in U_\delta(x_0))$$

angenommen werden.
Nun halten wir ein $x \in U_\delta(x_0)$ für den Moment fest und betrachten die Funktion

$$h : \overline{U_\varepsilon(y_0)} \to \mathbb{R}, \; h(y) = f(x,y)$$

(also die entsprechende Einschränkung von f).

Dann gilt

1. h ist stetig auf $\overline{U_\varepsilon(y_0)}$,
2. h ist streng monoton steigend,
3. $h(y_0 - \varepsilon) < 0 < h(y_0 + \varepsilon)$.

Nach dem Korollar 7.12 zum Zwischenwertsatz existiert ein $y \in \overline{U_\varepsilon(y_0)}$ mit $h(y) = 0$, und dieses ist wegen 2. eindeutig.

Damit haben wir gezeigt: zu jedem $x \in U_\delta(x_0)$ gibt es *genau ein* $y =: \varphi(x) \in \overline{U_\varepsilon(y_0)}$ mit $f(x, y) = 0$.

Es bleibt der Nachweis der Stetigkeit von φ. Dazu sei $\tilde{x} \in U_\delta(x_0)$ und eine Folge $x_n \to \tilde{x}$ in $U_\delta(x_0)$ gewählt. Dann gilt $y_n := \varphi(x_n) \in \overline{U_\varepsilon(y_0)}$ und wegen der Kompaktheit dieser Menge besitzt die Folge y_n nach dem Satz von Bolzano und Weierstraß (Satz 4.11) einen Häufungswert $\tilde{y}$ in $\overline{U_\varepsilon(y_0)}$.

Es sei y_{n_k} eine gegen $\tilde{y}$ konvergente Teilfolge. Die Stetigkeit von f zeigt dann

$$f(x_{n_k}, y_{n_k}) = f(x_{n_k}, \varphi(x_{n_k})) = 0 = f(\tilde{x}, \tilde{y}).$$

Zu $\tilde{x}$ existiert genau ein $y \in \overline{U_\varepsilon(y_0)}$ mit $f(\tilde{x}, y) = 0$, und zwar $y = \varphi(\tilde{x})$. Daraus folgt, daß die Folge y_n nur diesen einen Häufungswert $\tilde{y}$ besitzt, also gegen diese Zahl konvergiert.

Damit ist die Stetigkeit von φ in $\tilde{x}$ und somit auf $U_\delta(x_0)$ gezeigt. □

Bemerkung: Es sei $f : X \times Y \to \mathbb{R}$, wobei $X \subset \mathbb{R}^N$ eine offene Menge und $Y \subset \mathbb{R}$ ein offenes Intervall ist. Falls f nach $y \in Y$ auf ganz $X \times Y$ partiell differenzierbar ist und überall dort gilt $\dfrac{\partial f}{\partial y} \neq 0$, so ist die Restriktion $f(x_1, y)$ für jedes $x_1 \in X$ eine streng monotone Funktion in der Variablen y. Das folgt unmittelbar aus Satz 9.6.

Ist darüber hinaus die partielle Ableitung von f nach y im Punkt (x_0, y_0) stetig und deren Wert dort von Null verschieden, so existiert eine Umgebung $\tilde{X}$ von x_0 und ein offenes Intervall $\tilde{Y}$ um y_0 so, daß $\dfrac{\partial f}{\partial y}$ auf $\tilde{X} \times \tilde{Y}$ nicht den Wert 0 annimmt. Aus Satz 9.6 folgt die strenge Monotonie in y-Richtung auf $\tilde{X} \times \tilde{Y}$ wie oben.

Da es sich um lokale Betrachtungen handelt, spielen solche Verkleinerungen der Grundmengen keine Rolle.

Noch besser wird die Situation, wenn wir sogar $f \in C^1(X \times Y)$ annehmen. Dann überträgt sich die stetige Differenzierbarkeit auf φ.

Satz 26.2 *Es seien offene Mengen $X \subset \mathbb{R}^N$, $Y \subset \mathbb{R}^1$ gegeben und Punkte $x_0 \in X$, $y_0 \in Y$ gewählt. Ist $f \in \mathcal{C}^1(X \times Y)$ und gilt*

$$\frac{\partial f}{\partial y}(x_0, y_0) \neq 0,$$

so existiert eine Umgebung $U(x_0) \subset \mathbb{R}^N$, ein offenes Intervall $I \subset Y$ mit $y_0 \in I$ und genau eine Funktion $\varphi : U \to I$ mit

$$\varphi(x_0) = y_0 \text{ und } f(x, \varphi(x)) = f(x_0, y_0) \text{ für alle } x \in U(x_0).$$

Die Funktion φ besitzt auf $U(x_0)$ stetige partielle Ableitungen erster Ordnung, und es gilt dort

$$\frac{\partial f}{\partial x_j}(x, \varphi(x)) + \frac{\partial f}{\partial y}(x, \varphi(x)) \cdot \frac{\partial \varphi}{\partial x_j}(x) = 0 \quad (j = 1, \ldots, N).$$

Beweis: Bis auf die Behauptung über die Existenz der partiellen Ableitungen folgt die Aussage schon aus der vorangegangenen Bemerkung. Es sei ein $a \in U(x_0)$ gewählt. Mit e_j bezeichnen wir wieder den j-ten kanonischen Einheitsvektor und nehmen an, daß $a + te_j \in U(x_0)$ für alle $t \in [0, \varepsilon[$ gilt. Dann ist

$$f(a + te_j, \varphi(a + te_j)) = 0$$

für alle diese t.
Wir notieren $k(t) := \varphi(a + te_j) - \varphi(a)$ und können dann schreiben:

$$f(a + te_j, \varphi(a) + k(t)) = 0.$$

Für jedes t existiert nach dem Satz von Taylor (Satz 23.1), angewendet auf die Funktion $f(x, y)$ im Punkt $(a, \varphi(a))$ mit $h := (te_j, k(t))$, ein $\vartheta \in]0, 1[$ mit

$$0 = f(a + te_j, \varphi(a) + k(t)) =$$

$$f(a, \varphi(a)) + \frac{\partial f}{\partial x_j}(a + \vartheta \cdot te_j, \varphi(a) + \vartheta \cdot k(t)) \cdot t + \frac{\partial f}{\partial y}(a + \vartheta \cdot te_j, \varphi(a) + \vartheta \cdot k(t)) \cdot k(t).$$

Wegen $f(a, \varphi(a)) = 0$ folgt daraus

$$\frac{k(t)}{t} = \frac{\varphi(a + te_j) - \varphi(a)}{t} = -\frac{\frac{\partial f}{\partial x_j}(a + \vartheta \cdot te_j, \varphi(a) + \vartheta \cdot k(t))}{\frac{\partial f}{\partial y}(a + \vartheta \cdot te_j, \varphi(a) + \vartheta \cdot k(t))}.$$

Nach Satz 26.1 ist φ stetig auf $U(x_0)$, daher konvergiert $k(t)$ für $t \to 0$ gegen 0 und die Stetigkeit der im rechts stehenden Quotienten vorkommenden partiellen Ableitungen (der Nenner ist nach Vorausetzung nicht Null!) zeigt den Grenzwert des mittleren Ausdrucks. Somit ist φ wie behauptet nach (allen) x_j partiell differenzierbar, und es gilt

$$\frac{\partial \varphi}{\partial x_j}(a) = -\frac{\frac{\partial f}{\partial x_j}(a, \varphi(a))}{\frac{\partial f}{\partial y}(a, \varphi(a))}.$$

Dies läßt auch die behauptete Stetigkeit der partiellen Ableitungen von φ ablesen, da die von f stetig sind. □

Bemerkung: Wenn man die Stetigkeit der partiellen Ableitungen erst einmal weiß, so folgt die zuletzt bewiesene Gleichung ganz einfach aus der Kettenregel. Man muß also diese Beziehung nicht auswendig lernen, sondern kann sie sich nach Bedarf so herleiten.

Beispiel: Wir betrachten die Gleichung

$$f(x,y) := (x+y)e^y - (x-y)e^x = 0 \quad (x, y \in \mathbb{R}).$$

Für $(x_0, y_0) := (0,0)$ ist $f(x_0, y_0) = 0$ und $\dfrac{\partial f}{\partial y}(0,0) = 2 \neq 0$.

Der vorstehende Satz garantiert also eine eindeutig bestimmmte lokale Auflösung $\varphi \in \mathcal{C}^1(U(0))$ mit $\varphi(0) = 0$.

In $U(0)$ gilt $0 = (x + \varphi(x))e^{\varphi(x)} - (x - \varphi(x))e^x$. Durch Ableiten dieser Gleichung und Auflösen nach φ' erhalten wir

$$\varphi'(x) = \frac{e^x(1 + x + \varphi(x)) - e^{\varphi(x)}}{e^{\varphi(x)}(2 + \varphi(x)) + e^x} \tag{26.1}$$

und daraus $\varphi'(0) = 0$. Die rechte Seite von Gleichung (26.1) ist wieder differenzierbar in 0 und durch Ableiten ließe sich $\varphi''(x)$, daraus $\varphi''(0)$ und, sukzessive weiter so fortfahrend, immer mehr Information über φ ermitteln. Mittels der Taylorformel könnte φ nahe 0 mit kontrollierbarem Fehler angenähert werden.

Eine (n,n)-Matrix reeller Zahlen A heißt regulär oder invertierbar, wenn sie eine multiplikative Inverse besitzt (also eine (n,n)-Matrix B existiert mit $B \cdot A = E$, wobei E die Einheitsmatrix $(e_1, e_2, \ldots, e_n)$ bezeichnet).
In der Linearen Algebra (s. etwa [3]) wird gezeigt: A ist genau dann regulär, wenn $\det A \neq 0$ ist. Die bisherige Einschränkung auf den Fall $L = 1$ wird nun fallengelassen, und wir zeigen den zentralen Satz dieses Kapitels.

Satz 26.3 (Hauptsatz über implizit gegebene Funktionen) *Es seien $X \subset \mathbb{R}^N$ und $Y \subset \mathbb{R}^L$ offene Mengen und die Funktion $f : X \times Y \to \mathbb{R}^L$ sei sowohl nach allen x_j $(j = 1, \ldots, N)$ als auch nach allen y_k $(k = 1, \ldots, L)$ auf $X \times Y$ partiell differenzierbar. Sämtliche partiellen Ableitungen seien stetig.*
Außerdem sei ein Punkt $(x_0, y_0) \in X \times Y$ gegeben, und die Matrix

$$\left(\frac{\partial f_\ell}{\partial y_k}(x_0, y_0) \right)_{\substack{\ell=1,\ldots,L \\ k=1,\ldots,L}}$$

soll regulär sein.

Dann existiert eine Umgebung $U(x_0) \subset X$ und eine Umgebung $V(y_0) \subset Y$ mit der Eigenschaft:

Es gibt genau eine Funktion $\varphi : U(x_0) \to V(y_0)$ mit stetigen partiellen Ableitungen erster Ordnung, für die gilt

$$\varphi(x_0) = y_0 \text{ und } f(x, \varphi(x)) = f(x_0, y_0) \quad (x \in U(x_0).$$

Mit den Bezeichnungen

$$\frac{\partial f}{\partial x}(u,v) = \left(\frac{\partial f_\ell}{\partial x_j}(u,v)\right)_{\substack{\ell=1,\dots,L \\ j=1,\dots,N}} \quad \text{und}$$

$$\frac{\partial f}{\partial y}(u,v) = \left(\frac{\partial f_\ell}{\partial y_k}(u,v)\right)_{\substack{\ell=1,\dots,L \\ k=1,\dots,L}}$$

gilt

$$\frac{\partial f}{\partial x}(u, \varphi(u)) + \frac{\partial f}{\partial y}(u, \varphi(u)) \cdot \frac{d\varphi}{dx}(u) \quad (u \in U(x_0)).$$

Beweis: Wie schon im Beweis von Satz 26.1 erwähnt, darf $f(x_0, y_0) = 0$ vorausgesetzt werden.
Wir gliedern den Beweis in mehrere Teile. Zunächst zeigen wir die
Behauptung 1: Für kleine Umgebungen $U = U(x_0)$ und $V = V(y_0)$ existiert höchstens eine Funktion $\varphi : U \to V$ mit $f(x, \varphi(x)) = 0$ für alle $x \in U$.
Denn: Es seien U, V zunächst frei gewählt und $a \in U$, $b, c \in V$ mit

$$f(a, b) = f(a, c) = 0.$$

Die Verbindungsstrecke der Punkte b und c möge in V enthalten sein.
Nach dem Satz von Taylor (Satz 23.1), angewendet auf die Koordinatenfunktionen f_ℓ von f, existiert zu jedem $\ell = 1, \dots, L$ ein $\vartheta_\ell \in]0, 1[$ mit

$$f_\ell(a,b) = f_\ell(a,c) + \left(\frac{\partial f_\ell}{\partial y_1}(a, b + \vartheta_{ell}(b-c)), \dots, \frac{\partial f_\ell}{\partial y_L}(a, b + \vartheta_{ell}(b-c))\right)(c-b)$$

und daraus folgt

$$\begin{pmatrix} \frac{\partial f_1}{\partial y_1}(a, b + \vartheta_1(c-b)) & \cdots & \frac{\partial f_1}{\partial y_L}(a, b + \vartheta_1(c-b)) \\ \cdots & \cdots & \cdots \\ \cdots & \cdots & \cdots \\ \frac{\partial f_L}{\partial y_1}(a, b + \vartheta_L(c-b)) & \cdots & \frac{\partial f_L}{\partial y_L}(a, b + \vartheta_L(c-b)) \end{pmatrix} \cdot (c-b) = 0. \qquad (*)$$

Aufgrund des schon im Beweis für Satz 25.2 vorgetragenen Stetigkeitsarguments für Determinanten und der vorausgesetzten Regularität der Matrix $\frac{\partial f}{\partial y}(x_0, y_0)$ ist für hinreichend kleines U und V auch die Matrix in $(*)$ regulär.
Multiplikation mit der inversen Matrix zeigt dann $c = b$, also die behauptete Eindeutigkeit.

Behauptung 2: Für hinreichend kleines U existiert eine dort partiell differenzierbare Funktion $\varphi : U \to \mathbb{R}^L$ mit stetigen partiellen Ableitungen und $\varphi(x_0) = y_0$ sowie $f(x, \varphi(x)) = (0, \ldots, 0)$ für alle $x \in U$.
Wir zeigen dies durch Induktion über L.

Der Induktionsanfang $L = 1$ ist mit Satz 26.2 schon erledigt.

Die Behauptung 2 sei richtig für ein $L \geq 1$.
Zur Durchführung des Induktionsschlusses setzen wir eine $\mathcal{C}^1$-Funktion $f : X \times Y \to \mathbb{R}^{L+1}$ mit $Y \subset \mathbb{R}^{L+1}$ voraus und nehmen an, daß im Punkt $(x_0, y_0) \in X \times Y$ die Matrix $\mathcal{A} := \frac{\partial f}{\partial y}(x_0, y_0)$ regulär ist.

Eine Determinante läßt sich durch Entwicklung nach einer Zeile oder Spalte (s. etwa [3]) berechnen. Wir entwickeln $\mathcal{A}$ nach der ersten Zeile. Dann muß mindestens eine der dabei auftretenden $L \times L$-Unterdeterminanten von Null verschieden sein, da $\det \mathcal{A} \neq 0$ ist. Gegebenenfalls nach geeigneter Umnumerierung der Variablen dürfen wir annehmen, daß die Teilmatrix

$$\mathcal{B} := \begin{pmatrix} \frac{f_2}{\partial y_2}(x_0, y_0) & \cdots \frac{f_2}{\partial y_{L+1}}(x_0, y_0) \\ \cdots & \cdots \qquad \cdots \\ \cdots & \cdots \qquad \cdots \\ \frac{\partial f_{L+1}}{\partial y_2}(x_0, y_0) & \cdots \frac{\partial f_{L+1}}{\partial y_{L+1}}(x_0, y_0) \end{pmatrix}$$

regulär ist.
Die „überschüssige“ Variable y_1 soll nun zum Varablenvektor x hinzugefügt werden. Wir definieren dazu die neuen Variablenvektoren

$$x^* = (x, y_1) = (x_1, \ldots, x_N, y_1) \in \mathbb{R}^{N+1} \text{ und } y^* = (y_2, \ldots, y_{L+1})$$

sowie entsprechend $x_0^* = (x_0, y_{01})$ und $y_0^* = (y_{02}, y_{0(L+1)})$, wobei die Zahlen y_{0k} die Komponenten von y_0 sind.
Weiter definieren wir

$$g(x^*, y^*) := (f_2(x, y), \ldots, f_{L+1}(x, y)).$$

Dann ist $\frac{\partial g}{\partial y^*}(x_0^*, y_0^*) = \mathcal{B}$ und damit regulär.

Aufgrund der Induktionsvoraussetzung finden wir eine Umgebung U^* von x_0^* im $\mathbb{R}^{N+1}$ und eine $\mathcal{C}^1$-Funktion $\varphi^* : U^* \to \mathbb{R}^L$ mit

$$\varphi^*(x_0^*) = y_0^* \text{ und } g(x^*, \varphi^*(x^*)) = 0 \quad (x^* \in U^*). \qquad (I)$$

Damit bilden wir nun

$$h(x, y_1) := f_1(x, y_1, \varphi^*(x, y_1))$$

und möchten Satz 26.2 (also den Induktionsanfang) auf die Gleichung $h(x, y_1) = 0$ anwenden.

Dazu überprüfen wir die Voraussetzungen:

1) $h \in \mathcal{C}^1(U^*)$ folgt aus der entsprechenden Voraussetzung an f.

2) $h(x_0, y_{01}) = f_1(x_0, y_{01}, \varphi^*(\underbrace{x_0, y_{01}}_{=x_0^*})) = f_1(x_0, y_{01}, y_0^*) = f_1(x_0, y_0) = 0.$

3) $\dfrac{\partial h}{\partial y_1}(x_0, y_{01}) \neq 0$. Das erfordert etwas mehr Aufwand:

Aus der Kettenregel ersehen wir

$$\frac{\partial h}{\partial y_1}(x_0, y_{01}) = \frac{\partial f_1}{\partial y_1}(x_0, y_0) + \frac{\partial f_1}{\partial y^*}(x_0, y_0) \cdot \frac{\partial \varphi^*}{\partial y_1}(x_0, y_{01}). \qquad (II)$$

Offenbar läßt sich schreiben

$$\frac{\partial f}{\partial y} = \begin{pmatrix} \frac{\partial f_1}{\partial y_1} & \frac{\partial f_1}{\partial y^*} \\ \frac{\partial g}{\partial y_1} & \frac{\partial g}{\partial y^*} \end{pmatrix} \qquad (III)$$

wobei die Matrix in jedem Punkt aus einer Zahl (oben links), einem Zeilenvektor (oben rechts), einem Spaltenvektor (unten links) und einer $L \times L$-Matrix (unten rechts) aufgebaut ist.
Partielles Ableiten der Gleichung (I) nach y_1 liefert

$$\frac{\partial g}{\partial y_1}(x^*, \varphi^*(x^*)) + \frac{\partial g}{\partial y^*}(x^*, \varphi^*(x^*)) \cdot \frac{\partial \varphi^*}{\partial y_1}(x^*) = (0, \ldots, 0) \qquad (IV)$$

und somit gilt

$$\frac{\partial g}{\partial y_1}(x_0^*, y_0^*) + \frac{\partial g}{\partial y^*}(x_0^*, y_0^*) \cdot \frac{\partial \varphi^*}{\partial y_1}(x_0^*) = (0, \ldots, 0).$$

Wegen der vorausgesetzten Regularität der Matrix $\dfrac{\partial f}{\partial y}(x_0, y_0)$ ist

$$\frac{\partial f}{\partial y}(x_0, y_0) \cdot \begin{pmatrix} 1 \\ \frac{\partial \varphi^*}{\partial y_1}(x_0) \end{pmatrix} \neq (0, \ldots, 0)$$

(der Vektor $\dfrac{\partial \varphi^*}{\partial y_1}(x_0)$ ist dabei als Spaltenvektor aufzufassen).
Das Produkt einer regulären Matrix mit einem Vektor y ergibt nur dann den Nullvektor, wenn y der Nullvektor ist.
Aus (II) und (III) erhalten wir somit

$$(0, \ldots, 0) \neq \begin{pmatrix} \frac{\partial f_1}{\partial y_1}(x_0, y_0) & \frac{f_1}{\partial y^*}(x_0, y_0) \\ \frac{\partial g}{\partial y_1}(x_0^*, y_0^*) & \frac{\partial g}{\partial y^*}(x_0^*, y_0^*) \end{pmatrix} \cdot \begin{pmatrix} 1 \\ \frac{\partial \varphi^*}{\partial y_1}(x_0) \end{pmatrix} = \left(\frac{\partial h}{\partial y_1}(x_0, y_{01}), 0 \right).$$

Damit ist 3) gezeigt.

Nach Satz 26.2 existiert eine Umgebung $V = V(x_0)$ um x_0, ein offenes Intervall I um y_{01} und dazu genau eine $\mathcal{C}^1$-Funktion $\sigma : V \to I$ mit $\sigma(x_0) = y_{01}$ sowie $h(x, \sigma(x)) = 0$ für alle $x \in V$.

Aufgrund der Stetigkeit von σ ist die Menge

$$U := \{x \in V | (x, \sigma(x)) \in U^*\}$$

eine Umgebung von x_0. Für $x \in U$ erklären wir nun

$$\varphi(x) := \begin{pmatrix} \sigma(x) \\ \varphi^*(x, \sigma(x)) \end{pmatrix}.$$

Dann ist offenbar $\varphi \in \mathcal{C}^1(U)$ und auf U gilt

$$f(x, \varphi(x)) = (f_1(x, \varphi(x)), f_2(x, \varphi(x)), \ldots, f_L(x, \varphi(x)))$$

$$= (\underbrace{f_1(x, \sigma(x), \varphi^*(x, \sigma(x)))}_{=h(x,\sigma(x)}, \underbrace{f_2(\overbrace{x, \sigma(x)}^{x^*}, \varphi^*(\overbrace{x, \sigma(x)}^{x^*})), \ldots}_{=g(x^*, \varphi^*(x^*))})$$

$$= (0, 0, \ldots, 0).$$

Schließlich bleibt noch nachzuprüfen

$$\varphi(x_0) = \begin{pmatrix} \sigma(x_0) \\ \varphi^*(x_0, \sigma(x_0)) \end{pmatrix} = \begin{pmatrix} y_{01} \\ \varphi^*(x_0^*) \end{pmatrix} = \begin{pmatrix} y_{01} \\ y_0^* \end{pmatrix} = y_0.$$

Der Rest folgt unmittelbar durch Ableiten der Gleichung $f(x, \varphi(x)) = 0$ mittels der Kettenregel. □

27 Lokale Umkehrbarkeit

In diesem Kapitel soll der Frage nach Existenz und Eigenschaften einer eventuell vorhandenen Umkehrfunktion im Mehrdimensionalen nachgegangen werden. Bevor wir Antworten auf solche Fragen suchen können, stellt sich das Problem, für welche Funktionen die Fragestellung im Rahmen der Analysis sinnvoll ist. Für beliebige bijektive (und damit umkehrbare) Abbildungen gilt das sicher nicht.

Es existiert beispielsweise eine Bijektion des Einheitsquadrates $Q = [0,1] \times [0,1]$ auf das Intervall $I = [0,1]$ (mittels Dezimalbruchentwicklung ist das leicht zu erhalten: $((0,a_1a_2\ldots;0,b_1b_2\ldots) \leftrightarrow 0,a_1b_1a_2b_2dots)$ und somit ist das Einheitsquadrat in diesem Sinne nicht „unendlicher" als das Einheitsintervall. Allerdings sind solche Abbildungen niemals stetig, was wie folgt zu sehen ist:
Annahme, es gibt eine stetige Abbildung $f: Q \to I$. Wir wählen einen Punkt $q \in Q$ mit $p := f(q) \in]0,1[$. Die Einschränkung von f auf $Q_q := Q \setminus \{q\}$ ist dann eine stetige Abbildung auf $I_p := I \setminus \{p\}$.
Es seien a, b diejenigen Punkte aus Q_q mit $f(a) = 0, f(b) = 1$. Es existiert ein innerhalb Q_q verlaufender Weg $\gamma : [0,1] \to Q_q$ mit dem Anfangspunkt $\gamma(0) = a$ und dem Endpunkt $\gamma(1) = b$ (Übung: man gebe einen solchen an). Dann ist $g := f \circ \gamma$ ein Weg in I_p mit dem Anfangspunkt 0 und dem Endpunkt 1, der eine stetige Abbildung von $[0,1]$ in die reellen Zahlen darstellt. Es $g(0) = 0$ und $g(1) = 1$, aber $p \neq g(t)$ für alle $t \in [0,1]$. Das widerspricht dem Zwischenwertsatz (Satz 7.11).

Das eben benutzte Argument läßt sich ausbauen, um zu zeigen, daß sich schon Eigenschaften wie Stetigkeit nur dann von der Originalfunktion auf eine eventuell vorhandene Umkehrfunktion vererben können, wenn Urbild- und Bildraum dieselbe Dimension besitzt.

Satz 27.1 *Es sei $X \subset \mathbb{R}^N$ offen und $f : X \to \mathbb{R}^N$ eine Funktion aus $C^1(X)$. Ein Punkt $x_0 \in X$ sei vorgegeben.*
Ist die Matrix $\dfrac{df}{dx}(x_0)$ regulär, so existiert eine Umgebung U von x_0 und eine Umgebung V von $y_0 := f(x_0)$ mit den Eigenschaften:

1. *die Einschränkung $f|U$ ist eine bijektive Abbildung von U auf V; somit existiert eine Umkehrfunktion $f^{-1} = (f|U)^{-1} : V \to U$,*

2. *die Abbildung $f^{-1} : V \to U$ gehört zu $C^1(V)$, und für alle $u \in U$ gilt*

$$\frac{df^{-1}}{dy}(f(u)) = \left(\frac{df}{dx}(u)\right)^{-1},$$

wobei rechts die inverse Matrix zu $\dfrac{df}{dx}(u)$ gemeint ist.

Beweis: Wir betrachten die Funktion $g : X \times \mathbf{R}^N \to \mathbf{R}^N$, gegeben durch

$$g(x,y) := f(x) - y.$$

Nach Voraussetzung ist $y_0 = f(x_0)$, also $g(x_0, y_0) = (0, \ldots, 0)$.
Weiter gilt $\frac{\partial g}{\partial x}(x_0) = \frac{df}{dx}(x_0)$ und diese Matrix ist nach Voraussetzung regulär.

Damit ist der Satz 26.3 anwendbar und garantiert die Existenz einer Umgebung $U(x_0)$, einer Umgebung $\tilde{V}(y_0)$ sowie einer eindeutig bestimmten $\mathcal{C}^1$-Funktion $\varphi : \tilde{V}(y_0) \to U(x_0)$ mit $\varphi(y_0) = x_0$ und $f(\varphi(y)) - y = 0$ für alle $y \in \tilde{V}$.
Aufgrund der Stetigkeit von φ ist $V := \varphi^{-1}[U]$ eine Umgebung von y_0. Damit ist $\varphi : V \to U$ eine surjektive Abbildung. Nun betrachten wir die Einschränkung $f|U$ von f auf U.
Da $f \circ \varphi : V \to V$ die identische Abbildung ist, muß $f|U : U \to V$ surjektiv sein.
Es muß $f|U : U \to V$ auch injektiv sein, da $\varphi[V] = U$ gilt und $f \circ \varphi : V \to V$ als die Identität auf V injektiv ist.

Somit gilt, daß $f|U : U \to V$ umkehrbar ist und aus $f \circ \varphi = id$ auf V folgt $\varphi = (f|U)^{-1}$.
Aus dem Hauptsatz über implizit gegebene Funktionen erhalten wir die Existenz und die Stetigkeit der partiellen Ableitungen erster Ordnung von φ und daraus mit Satz 21.2 die totale Differenzierbarkeit.
Damit ist die Kettenregel anwendbar, und wir ersehen durch Ableiten der Gleichung $(f \circ \varphi)(y) = y$ die Beziehung (mit $a \in U$ und $b = f(a)$, also auch $a = \varphi(b)$)

$$\frac{df}{dx}(\varphi(b)) \cdot \frac{d\varphi}{dy}(b) = E,$$

wobei E die Einheitmatrix bezeichnet.
Also ist

$$\frac{d\varphi}{dy}(b) = \frac{d(f|U)^{-1}}{dy}(b) \stackrel{b=f(a)}{=} \frac{d(f|U)^{-1}}{dy}(f(a)) = \left(\frac{df}{dx}(a)\right)^{-1}$$

und die Behauptung des Satzes ist gezeigt. □

Beispiel: Die durch $f(x,y) = (e^x \cos y, e^x \sin y)$ erklärte Funktion $f : \mathbf{R}^2 \to \mathbf{R}^2$ ist lokal überall umkehrbar, aber nicht global. Dieses sehen wir wie folgt.
Die Existenz und die Stetigkeit der partiellen Ableitungen ist evident, und für die Funktionalmatrix erhalten wir

$$\frac{df}{dx}(u,v) = \begin{pmatrix} e^u \cos v & -e^u \sin v \\ e^u \sin v & e^u \cos v \end{pmatrix}.$$

Wegen $\det \frac{df}{dx}(u,v) = e^{2u} \neq 0$ ist Satz 2 in jedem Punkt $x_0 = (u_0, v_0)$ anwendbar und liefert die lokale Umkehrbarkeit. Wegen $f(x,y) = f(x, y + 2\pi)$ ist die Funktion jedoch auf $\mathbf{R}^2$ nicht injektiv, so daß eine globale Umkehrfunktion nicht existiert.

Bei diesem Beispiel handelt es sich übrigens um die reell geschriebene Exponentialfunktion $\exp : \mathbb{C} \to \mathbb{C}$ (vgl Seite 68). Zum tieferen Verständnis des gerade aufgezeigten Phänomens ist es nützlich, das Abbildungsverhalten von f näher zu betrachten. Als Übungsaufgabe sei dazu empfohlen, die Bilder achsenparalleler Geraden unter f zu berechnen.

28 Kurvenintegrale

Wir betrachten einen rektifizierbaren Weg $\gamma : I := [a,b] \to \mathbb{R}^N$, auf dessen Träger $X := \gamma(I)$ eine stetige Funktion $f : X \to \mathbb{R}^N$ erklärt sei. Wie schon bei der Bildung Riemannscher Summen geben wir eine Zerlegung Z des Intervalls I vor, wählen einen dazu passenden Satz von Zwischenpunkten $\zeta = (\xi_1, \ldots, \xi_p)$ (vgl. Seite 123) und setzen

$$\Delta(Z,\zeta) := \sum_{j=1}^{p} f(\gamma(\xi_j)) \cdot (\gamma(t_j) - \gamma(t_{j-1})) .$$

Bevor wir den Begriff des Kurvenintegrals definieren können, muß zeigt werden, daß die Zahlen $\Delta(Z,\zeta)$ konvergieren, wenn die Feinheit $|Z|$ gegen 0 strebt.

Es sei $Z' \in \mathcal{Z}(I)$ eine Verfeinerung von Z und $\zeta' = (\xi'_1, \ldots, \xi'_m)$ ein passender Satz von Zwischenpunkten zu Z'. Dann gilt

$$\Delta(Z,\zeta) - \Delta(Z',\zeta') = \sum_{j=1}^{p} f(\gamma(\xi_j)) \cdot \big(\gamma(t_j) - \gamma(t_{j-1})\big) - \sum_{k=1}^{m} f(\gamma(\xi'_k)) \cdot \big(\gamma(t'_k) - \gamma(t'_{k-1})\big) .$$

Da Z' eine Verfeinerung der Zerlegung Z ist, gibt es zu jedem j ein $k = k_j$ mit $t_j = t'_{k_j}$. Daher können wir diese Gleichung auch notieren als

$$\Delta(Z,\zeta) - \Delta(Z',\zeta') = \sum_{j=1}^{p} \sum_{\ell=k_{j-1}+1}^{k_j} \big(f(\gamma(\xi'_\ell)) - f(\gamma(\xi_{k_j}))\big) \big(\gamma(t'_\ell) - \gamma(t'_{\ell-1})\big) .$$

Da $f \circ \gamma$ auf dem kompakten Intervall I gleichmäßig stetig ist, finden wir zu gegebenem $\varepsilon > 0$ ein $\delta > 0$ mit der Eigenschaft:
Ist $|Z| < \delta$ und Z' eine Verfeinerung von Z, so gilt mit den obigen Bezeichnungen und Beziehungen der Indizes j, l und k_j

$$\left| f(\gamma(\xi'_\ell)) - f(\gamma(\xi'_{k_j})) \right| < \varepsilon.$$

Daraus gewinnen wir die Abschätzung

$$|\Delta(Z,\zeta) - \Delta(Z',\zeta')| \le \sum_{j=1}^{p} \sum_{\ell=k_{j-1}+1}^{k_j} \varepsilon \left| \gamma(t'_\ell) - \gamma(t'_{\ell-1}) \right|$$

$$= \varepsilon \sum_{k=1}^{m} \left| \gamma(t'_k) - \gamma(t'_{k-1}) \right| \le \varepsilon \cdot L(\gamma).$$

Wir geben uns nun eine Folge Z_n von Zerlegungen des Intervalls $[a, b]$ und jeweils einen passenden Satz von Zwischenpunkten ζ_n vor, wobei die Feinheit von Z_n mit $n \to \infty$ gegen 0 streben soll. Zu zeigen ist die Konvergenz der zugehörigen Zahlenfolge $\Delta(Z_n, \zeta_n)$.

Zum Nachweis sei ein $\varepsilon > 0$ gegeben und dazu ein δ wie oben gewählt.
Es gelte $|Z_n| < \delta$ für $n \geq n_0$. Zu natürlichen Zahlen $n, m \geq n_0$ betrachten wir nun die Überlagerung $Z_{nm} := Z_n \sqcup Z_m$ der Zerlegungen Z_n und Z_m (s. Kapitel 13).
Ist nun ζ_{nm} ein zu Z_{nm} passender Satz von Zwischenpunkten, so erhalten wir aufgrund der obigen Überlegung

$$|\Delta(Z_n, \zeta_n) - \Delta(Z_m, \zeta_m)| \leq$$

$$|\Delta(Z_n, \zeta_n) - \Delta(Z_{nm}, \zeta_{nm})| + |\Delta(Z_{nm}, \zeta_{nm}) - \Delta(Z_m, \zeta_m)| \leq 2\varepsilon L(\gamma).$$

Also ist $\Delta(Z_n, \zeta_n)$ eine Cauchy-Folge und damit konvergent.

Der Grenzwert $\lim_{n\to\infty} \Delta(Z_n, \zeta_n)$ hängt nicht von der gewählten Folge Z_n oder der Auswahl der Zwischenpunktsätzen ζ_n ab. Denn andernfalls wäre es möglich, aus zwei solchen Folgen mit angeblich unterschiedlichen Δ-Grenzwerten eine neue herzustellen, deren zugehörige Δ-Folge divergent wäre, indem man abwechselnd ein Element der einen und der anderen Folge zusammenstellt.

Diese Überlegung zeigt auch, daß der Grenzwert $\lim\limits_{|Z|\to 0} \Delta(Z, \zeta)$ ebenfalls nicht von der speziellen Parametrisierung von γ abhängt. Es kann daher auch gleich $I = [0, 1]$ als Parameterintervall betrachtet werden (vgl. Seite 169).

Wir kommen nun zur Definition des reellen Kurvenintegrals.

Definition 28.1 *Es sei $\gamma : I = [0, 1] \to \mathbf{R}^N$ ein rektifizierbarer Weg und auf dem Träger $X = \gamma[I]$ sei eine stetige Funktion $f : X \to \mathbf{R}^N$ erklärt. Dann heißt*

$$\lim_{|Z|\to 0} \Delta(Z, \zeta) =: \int_\gamma f(x)\, dx =: \int_\gamma f_1(x) dx_1 + \ldots + f_N(x) dx_n$$

das Kurvenintegral von f längs γ.

Bemerkung: Das so definierte Kurvenintegral besitzt einen physikalischen Hintergrund: verläuft $\gamma([a, b])$ innerhalb eines durch f beschriebenen Kraftfeldes, so mißt $\int_\gamma f(x)\, dx$ die Arbeit, die während der Verschiebung eines normierten Probeteilchens längs γ zu leisten ist.

Ganz ähnlich wie bei der Länge eines Weges wird die Berechnung eines Kurvenintegrals komfortabler, wenn entsprechende stärkere Voraussetzungen (an den Weg) gestellt werden.

Satz 28.1 *Ist $\gamma : I = [0,1] \to X \subset \mathbf{R}^N$ ein $\mathcal{C}^1$-Weg und $f : X \to \mathbf{R}^N$ eine stetige Funktion, so gilt*

$$\int_\gamma f(x)\,dx = \int_a^b f(\gamma(t)) \cdot \gamma'(t)\,dt.$$

Beweis: Es sei eine Zerlegung $Z = (t_0, \ldots, t_p) \in \mathcal{Z}(I)$ gegeben. Den Weg stellen wir in der Form $\gamma = (\gamma_1, \ldots, \gamma_N)$ dar und wenden den 1. Mittelwertsatz der Differentialrechnung auf die Koordinatenfunktionen γ_k an.
Nach diesem existieren Zwischenpunkte $\tau_{kj} \in]t_{j-1}, t_j[$ mit

$$\gamma_k(t_j) - \gamma_k(t_{j-1}) = \gamma_k'(\tau_{kj})(t_j - t_{j-1}) \quad (j = 1, \ldots, p,\ k = 1, \ldots, N).$$

Mit einem zu Z passenden Satz von Zwischenpunkten $\zeta = (\xi_1, \ldots, \xi_p)$ bilden wir nun die Riemannsche Summe

$$\sigma(Z, \zeta) := \sum_{j=1}^{p} f(\gamma(\xi_j)) \cdot \gamma'(\xi_j)(t_j - t_{j-1}).$$

Die Differenz zu der oben erklärten Zahl $\Delta(Z, \zeta)$ schätzen wir nun ab:

$$\begin{aligned} |\sigma(Z,\zeta) - \Delta(Z,\zeta)| &= \left| \sum_{j=1}^{p} \sum_{k=1}^{N} f_k(\gamma(\xi_j)) \left(\gamma_k'(\xi_j) - \frac{\gamma_k(t_j) - \gamma_k(t_{j-1})}{(t_j - t_{j-1})} \right) (t_j - t_{j-1}) \right| \\ &\leq \sum_{j=1}^{p} \sum_{k=1}^{N} |f_k(\gamma(\xi_j))|\, |\gamma_k'(\tau_{kj}) - \gamma_k'(\xi_j)|\, (t_j - t_{j-1}). \qquad (28.1) \end{aligned}$$

Da die γ_k' auf dem kompakten Intervall I gleichmäßig stetig sind, existiert zu jedem $\varepsilon > 0$ ein $\delta = \delta(\varepsilon) > 0$ so, daß für $|Z| < \delta$ gilt $|\gamma_k'(\tau_{kj}) - \gamma_k'(\xi_j)| < \varepsilon$.
Mit

$$M := \max\{|f_k(\gamma(t))| \mid t \in [a, b], k = 1, \ldots, N\}$$

erhalten wir dann aus (28.1)

$$|\sigma(Z, \zeta) - \Delta(Z, \zeta)| \leq M\,\varepsilon\,(b - a)\,N$$

für alle $Z \in \mathcal{Z}(I)$ mit $|Z| < \delta$.

Das zeigt, daß $\sigma(Z, \zeta)$ und $\Delta(Z, \zeta)$ für $|Z| \to 0$ (jeweils mit einem zu Z passend gewähltem Zwischenpunktsatz) dasselbe Grenzwertverhalten aufweisen.

Für $\sigma(Z, \zeta)$ als Riemannsche Summe gilt (Korollar 13.6 und Satz 13.16)

$$\sigma(Z, \zeta) \overset{|Z| \to 0}{\longrightarrow} \int_0^1 f(\gamma(t)) \cdot \gamma'(t)\,dt$$

und andererseits nach Definition des Kurvenintegrals

$$\Delta(Z,\zeta) \overset{|Z|\to 0}{\longrightarrow} \int_\gamma f(x)\,dx.$$

Damit ist der Satz bewiesen. □

In mehrfacher Hinsicht sind diejenigen Integranden f eines Kurvenintegrals von besonderem Interesse, für die der Wert des Kurvenintegrals zu f nur vom Anfangs- und Endpunkt des Weges abhängt. Die dazu folgenden Überlegungen sind mit dem 1. Teil des Hauptsatzes der Differential- und Integralrechnung (Seite 125) eng verwandt. Auch dort hängt der Wert des Integrals (bei festem Integranden) nur von den Eckpunkten des Integrationsintervalls ab.

Definition 28.2 *Es sei $G \subset \mathbf{R}^N$ ein Gebiet (also offen und wegzusammenhängend) und darauf eine stetige Funktion $f : G \to \mathbf{R}^N$ gegeben.*
Dann heißt f auf G wegunabhängig integrierbar, wenn für jede Wahl von C^1-Wegen $\gamma : [0,1] \to G$ und $\tau : [0,1] \to G$ mit $\gamma(0) = \tau(0), \gamma(1) = \tau(1)$ gilt

$$\int_\gamma f(x)\,dx = \int_\tau f(x)\,dx.$$

Bemerkung: Es ist leicht einzusehen, daß die Überlegungen dieses Abschnitts auch für stückweise C^1-Wege gelten. Wir wollen aber auf die Ausführung (wie etwa die Aufteilung des Integrals im vorstehenden Satz in die Summe der Einzelintegrale über die jeweiligen -endlich vielen- Teilintervalle) verzichten.

Für den Rest des Kapitels seien alle vorkommenden Wege stetig differenzierbar angenommen, ohne das immer explizit anzuführen.

Eine „Addition" von Wegen läßt sich als die Durchlaufung nacheinander erklären, sofern der Endpunkt des ersten gleich dem Anfangspunkt des zweiten ist.
Diese „Wegsumme" kann wie folgt parametrisiert werden.

Es seien zwei Wege $\gamma : [0,1] \to \mathbf{R}^N$ und $\tau : [0,1] \to \mathbf{R}^N$ mit $\gamma(1) = \tau(0)$ gegeben. Dazu erkären den Weg $\gamma + \tau : [0,1] \to \mathbf{R}^N$ als

$$(\gamma+\tau)(t) = \begin{cases} \gamma(2t) & \text{für } 0 \le t \le \frac{1}{2} \\ \tau(2t-1) & \text{für } \frac{1}{2} \le t \le 1 \end{cases}.$$

Der umgekehrt durchlaufene Weg $-\gamma$ ist als $-\gamma(t) := \gamma(1-t)$ $(t \in [0,1]$ definiert.

Unter den obigen Voraussetzungen gelten dann die Rechenregeln:

$$\int_{\gamma+\tau} f(x)\,dx = \int_\gamma f(x)\,dx + \int_\tau f(x)\,dx \quad , \quad \int_{-\gamma} f(x)\,dx = -\int_\gamma f(x)\,dx.$$

Ein Weg heißt geschlossen, wenn sein Anfangs- und Endpunkt übereinstimmen.

Eine erste Antwort auf die Frage nach der wegunabhängigen Integrierbarkeit liefert nun der folgende Satz:

Satz 28.2 *Auf dem Gebiet* $G \subset \mathbb{R}^N$ *sei eine stetige Funktion* $f : G \to \mathbb{R}^N$ *gegeben. Genau dann ist* f *auf* G *wegunabhängig integrierbar, wenn für jeden geschlossenen Weg* $\omega : [0,1] \to G$

$$\int_\omega f(x)\,dx = 0$$

gilt.

Beweis: Ist f wegunabhängig integrierbar und ist $\omega : [0,1] \to G$ ein geschlossener Weg, so ist der Wert des Integrals über ω gleich dem über den Punktweg $t \to \omega(0)$, und dieser ist 0.

Sind umgekehrt zwei Wege γ, τ mit demselben Anfangs- bzw. Endpunkt gegeben, so liefert $\omega := \gamma + (-\tau)$ einen geschlossenen Weg, über den das Integral voraussetzungsgemäß verschwindet. Die oben angegebenen Rechenregeln liefern dann $\int_\gamma f(x)\,dx = \int_\tau f(x)\,dx$. □

Definition 28.3 *Es sei* $G \subset \mathbb{R}^N$ *ein Gebiet und* $f : G \to \mathbb{R}^N$ *eine Funktion. Dann heißt* $g : G \to \mathbb{R}$ *eine Stammfunktion von* f*, wenn* g *auf* G *partiell differenzierbar ist und*

$$f(x) = \mathit{grad}\, g(x) = \left(\frac{\partial g}{\partial x_1}(x), \ldots, \frac{\partial g}{\partial x_N}(x)\right)$$

für alle $x \in G$ *gilt.*

Bemerkung: Besitzt f stetige partielle Ableitungen erster Ordnung, so folgt aus $f = \mathit{grad}\, g$ die Stetigkeit sämtlicher partieller Ableitungen zweiter Ordnung der Funktion g auf G. Nach dem Satz von Schwarz (Seite 171) muß dann gelten

$$\frac{\partial f_j}{\partial x_k} = \frac{\partial f_k}{\partial x_j} \quad (j, k = 1, \ldots, N). \tag{28.2}$$

Diese Gleichungen heißen die „Integrabilitätsbedingungen" (an f).
Sie sind also für die Existenz einer Stammfunktion notwendig.

Satz 28.3 *Die Funktion* $f : G \to \mathbb{R}^N$ *sei auf dem Gebiet* $G \subset \mathbb{R}^N$ *stetig erklärt und besitze dort eine Stammfunktion* g*. Dann gilt für jeden Weg* $\gamma : [a,b] \to G$

$$\int_\gamma f(x)\,dx = g(\gamma(b)) - g(\gamma(a))\,.$$

Insbesondere ist f *dann auf* G *wegunanhängig integrierbar.*

Beweis: Wir erhalten aus der Kettenregel und dem Hauptsatz der Differential- und Integralrechnung (1. Teil, Seite 125)

$$\int_\gamma f(x)\,dx = \int_a^b \operatorname{grad} g\,(\gamma(t)) \cdot \gamma'(t)\,dt$$

$$= \int_a^b (g(\gamma(t)))'\,dt = g\,(\gamma(b)) - g\,(\gamma(a)).$$

□

Die Umkehrung dieses Sachverhalts gilt ebenfalls und entspricht dem 2. Teil des Hauptsatzes der Differential- und Integralrechnung (Seite 132).

Satz 28.4 *Ist die stetige Funktion $f : G \to \mathbb{R}^N$ auf dem Gebiet $G \subset \mathbb{R}^N$ wegunabhängig integrierbar, so besitzt f auf G eine Stammfunktion.*
Diese läßt sich als Wegintegral schreiben: es sei ein Punkt $x_0 \in G$ ausgezeichnet und zu jedem $x \in G$ ein $\mathcal{C}^1$– Weg $\gamma_x : [0,1] \to G$ mit $\gamma(0) = x_0$ und $\gamma(1) = x$ gewählt. Dann definiert

$$g(x) := \int_{\gamma_x} f(y)\,dy$$

eine Stammfunktion für f auf G.

Bemerkung: Es muß überlegt werden, ob stets ein $\mathcal{C}^1$-Weg zu x_0 und x gefunden werden kann, der diese beiden Punkte innerhalb G verbindet.
Wir wollen nur die Idee angedeuten, wie dieses bewerkstelligt werden kann. Ein (stetiger) Verbindungsweg $\gamma : [0,1] \to G$ kann aufgrund des Wegzusammenhangs von G gefunden werden.
Den Träger $\gamma([0,1])$, eine kompakte Menge, überdecken wir durch endlich viele offene Kugeln, die ganz in G enthalten sind Man kann sich elementar überlegen, daß in einer offenen Kugel je zwei ihrer Punkte durch einen $\mathcal{C}^1$-Weg so verbunden werden können, daß auch der Tangentenvektor im Anfangspunkt vorgegeben sein kann.
Daraus läßt sich nun Stück für Stück ein $\mathcal{C}^1$-Weg in G der gesuchten Art erhalten.

Beweis des Satzes: Zu einem vorgegebenem $\varepsilon > 0$ und einem Punkt $x \in G$ sei ein $\delta > 0$ so gewählt, daß die offene Kugel $U_{2\delta}(x)$ um x mit dem Radius 2δ in G enthalten ist und $|f(x) - f(y)| < \varepsilon$ für alle $y \in U_{2\delta}(x)$ gilt.
Mit e_j bezeichnen wir wieder den j-ten kanonischen Basisvektor des $\mathbb{R}^N$.
Zu festem $j \in \{1, \ldots, N\}$ betrachten wir den Weg $\tau(t) := x + te_j$ für $0 \le t \le \delta$.
γ_x sei der ausgewählte, die Punkte x_0 und x verbindende Weg.

Aus der wegunabhängigen Integrierbarkeit von f folgt dann für die wie im Satz angegebene Funktion g

$$g(x + \delta e_j) = \int_{\gamma_x + \tau} f(y)\,dy.$$

Daraus erhalten wir die folgenden Abschätzungen ($f = (f_1, \ldots, f_N)$):

$$\left| \frac{g(x+\delta e_j) - g(x)}{\delta} - f_j(x) \right| = \left| \frac{1}{\delta} \int_\tau f(y)\, dy - f_j(x) \right|$$

$$= \left| \int_0^1 (f_j(x + s\delta e_j) - f_j(x))\, ds \right| \leq \int_0^1 |f_j(x+s\delta e_j) - f_j(x)|\, ds \leq \int_0^1 \varepsilon\, ds = \varepsilon.$$

Also ist g nach x_j partiell differenzierbar, und es gilt $grad\, g = f$. □

Noch erheblich einfacher gestalten sich die Dinge, wenn die betrachteten Gebiete wie folgt weiter eingeschränkt werden.

Definition 28.4 *Ein Gebiet $G \subset \mathbb{R}^N$ heißt sternförmig bezüglich des Punktes $a \in G$, wenn die Verbindungsstrecke $\{a + t(x-a) \,|\, 0 \leq t \leq 1\}$ für jedes $x \in G$ in G enthalten ist.*

Zum Abschluß zeigen wir nun, daß für ein sternförmiges Gebiet das Bestehen der oben angegebenen Integrabilitätsbedingungen (28.2) schon die wegunabhängige Integrierbarkeit von f auf G zur Folge hat.

Satz 28.5 *Das Gebiet $G \subset \mathbb{R}^N$ sei sternförmig bezüglich eine Punktes $a \in G$, und es sei eine stetig differenzierbare Funktion $f : G \to \mathbb{R}^N$ gegeben, die auf G die Integrabilitätsbedingungen*

$$\frac{\partial f_j}{\partial x_k} = \frac{\partial f_k}{\partial x_j} \qquad (j, k = 1, \ldots, N)$$

erfüllt.
Dann besitzt f auf G eine Stammfunktion.

Beweis: Zur Darstellung einer Stammfunktion g versuchen wir es mit einem Wegintegral, wobei sich als Weg hier die geradlinige Verbindung vom Punkt a zum jeweiligen Punkt x anbietet, also $\gamma_x(t) = a + t(x-a) \quad (t \in [0,1])$.
Wir erhalten dann (die Vertauschbarkeit von Ableitung und Integral diene als Übungsaufgabe) für jedes $k = 1, \ldots, N$

$$\frac{\partial g}{\partial x_k}(x) = \frac{\partial}{\partial x_k} \int_{\gamma_x} f(y)\, dy = \frac{\partial}{\partial x_k} \int_0^1 f(a + t(x-a)) \cdot x\, dt$$

$$= \int_0^1 \frac{\partial}{\partial x_k} (f(a+t(x-a)) \cdot x)\, dt$$

$$= \int_0^1 f_k(a + t(x-a)) + \sum_{\ell=1}^N \frac{\partial f_\ell}{\partial x_k}(a + t(x-a)) x_\ell t\, dt$$

$$= \int_0^1 f_k(a + t(x-a)) + \sum_{\ell=1}^{N} \frac{\partial f_k}{\partial x_l}(a + t(x-a))x_\ell t\,dt$$

$$= \int_0^1 \frac{\partial}{\partial t}(t f_k(a + t(x-a)))\,dt = f_k(x).$$

Die Gleichung $grad\, g = f$ auf G ist damit gezeigt. □

Der vorstehende Satz bedeutet für konkrete Anwendungen einen großen Komfort, wenn seine Voraussetzungen erfüllt sind. Er gestattet nämlich den Nachweis der Wegunabhängigkeit von Kurvenintegralen, ohne daß wirklich integriert oder eine Stammfunktion geraten werden müßte. Zur Überprüfung der Integrabilitätsbedingungen sind lediglich Ableitungen zu bilden.

Symbolverzeichnis

Literaturverzeichnis

[1] Ch. Blatter. *Analysis I,II,III.* Springer-Verlag, Heidelberg, 1980.

[2] K.A. Bronstein, I.N. und Semendjajew. *Taschenbuch der Mathematik.* Verlag Harri Deutsch, 19. Auflage, 1980.

[3] G. Fischer. *Lineare Algebra.* Vieweg u. Sohn, Braunschweig, 1986.

[4] M. Gardner. *Logik unterm Galgen.* Vieweg u. Sohn, Braunschweig, 1971.

[5] H. Heuser. *Lehrbuch der Analysis 1, 2.* B. G. Teubner, Stuttgart, 4. Auflage, 1986.

[6] E. A. Poe. *Meistererzählungen.* Manesse Verlag, Zürich, 1984.

[7] G. Schmieder. *Grundkurs Funktionentheorie.* B. G. Teubner, Stuttgart, 1993.

Sachwortverzeichnis